# El laberinto cuántico

DRAKONTOS

Director:
JOSÉ MANUEL SÁNCHEZ RON

# El laberinto cuántico

## Cómo Richard Feynman y John Wheeler revolucionaron el tiempo y la realidad

Paul Halpern

Traducción castellana de
Joandomènec Ros

CRÍTICA
BARCELONA

Primera edición: abril de 2019
Primera edición en esta nueva presentación: abril de 2026

*El laberinto cuántico.*
*Cómo Richard Feynman y John Wheeler*
*revolucionaron el tiempo y la realidad*
Paul Halpern



Título original: *The Quantum Labirynth. How Richard Feynman and John Wheeler Revolutionized Time and Reality*


Av. Diagonal, 662-664, 08034 Barcelona (España)
Crítica es un sello editorial de Editorial Planeta, S. A.

editorial@ed-critica.es
www.ed-critica.es

ISBN: 978-84-9199-872-3
Depósito legal: B. 24.828-2026
*Printed in Spain* - Impreso en España

PEFC Certificado
Este libro procede de bosques gestionados de forma sostenible
PEFC/14-38-00305
www.pefc.es

*Dedicado a mis hermanos, Rich, Alan y Ken.*

¿Y por qué el tiempo? No basta con decir en broma que «el tiempo es la manera que tiene la naturaleza de impedir que todo ocurra a la vez».

JOHN A. WHEELER, «Time Today»

Pensé en un laberinto de laberintos, en un sinuoso laberinto creciente que abarcara el pasado y el porvenir y que implicara de algún modo los astros.

JORGE LUIS BORGES,
*El jardín de senderos que se bifurcan*

# Introducción: Una revolución en el tiempo

> Tigre, tigre, que ardes brillante,
> en las selvas de la noche:
> ¿qué mano u ojo inmortal,
> osó trazar tu terrible simetría?*
>
> WILLIAM BLAKE, «El tigre»

Es de noche en Princeton, y nos dedicamos a cazar fantasmas. La ciudad está inquietantemente tranquila; todas las tiendas están cerradas. Una luna llena y fría ilumina el frondoso campus de la universidad.

Hace más de setenta y cinco años —que corresponden más o menos con el inicio de la segunda guerra mundial—, aquí se inició una revolución silenciosa en nuestra manera de comprender la naturaleza del tiempo. Las discusiones entre dos físicos brillantes, Richard Phillips «Dick» Feynman y John Archibald «Johnny» Wheeler, pusieron en marcha una cadena de acontecimientos que fundamentalmente reestructuraron la noción del tiempo y de la historia en la física cuántica. En último término, sus ideas transformaron el concepto de tiempo, desde una única corriente que fluía de forma inalterable en una sola dirección hasta un laberinto de alternativas que se extienden tanto hacia atrás como hacia delante. Al indagar en el pasado de Princeton, queremos descifrar cómo nació este cambio radical y comprender su impacto en la búsqueda contemporánea de una explicación completa de la realidad física.

Empezamos nuestra incursión por la historia científica en el edificio Nassau Hall, el núcleo más tradicional de la universidad. Tigres de bronce, uno a cada lado, protegen su antigua entrada en una maravillosa simetría espacial. Al caminar hacia el norte, pasamos a través de la FitzRandolph Gate, el engalanado portal del campus, con sus águilas gemelas de piedra erguida sobre dos columnas monumentales. Llegamos a Nassau

* *Tyger Tyger burning bright, / In the forests of the night: / What immortal hand or eye, / Dare frame thy fearful symmetry?*

Street, la principal vía pública de Princeton: la línea que separa la ciudad de la toga.*

Cuando miramos al otro lado de la calle, en contraste con el elegante equilibrio arquitectónico de los edificios del campus, advertimos una notable asimetría. Hacia el este, a la derecha, está el edificio Lower Pyne, una maravilla del diseño victoriano, modelado al estilo de las casas del siglo XVI en Chester, Inglaterra. Es realmente asombroso. Hacia el oeste, a la izquierda, hay un banco sin ornamentaciones. Frío y austero, con forma de caja, parece un compañero indigno del edificio de la derecha, amable y delicado.

Cruzamos la calle y nos vemos arrastrados por una bruma inesperada. De repente, la noche clara se ha tornado neblinosa. Como un fantasma en la niebla, vemos Upper Pyne, el compañero de Lower Pyne, perdido desde hace tiempo; su característica más prominente es un reloj de sol con el lema en latín *Vulnerant omnes: ultima necat*: «Todas [las horas] hieren, la última mata». El edificio fue demolido a principios de la década de 1960 para dejar espacio al banco. Pero para nuestros cansados ojos, al menos, parece estar en pie y en buen estado. Se ha restablecido la simetría.

Palmer Square, más al oeste incluso, aparece como un espacio verde y reciente. Sus tiendas se construyeron durante una fase de gentrificación a finales de la década de 1930. Pero, de manera extraña, es como si acabaran de abrir. Un quiosco muestra un titular sobre la invasión de Polonia por Adolf Hitler —que recordamos ocurrió en septiembre de 1939—. Un poster anuncia la película *El mago de Oz*. Tengo la sensación de que ya no estamos en el siglo XXI.

## El graduado

Después de andar un poco más nos encontramos en la Facultad de Graduados de Princeton, una especie de castillo situado fuera de la parte principal del campus. El complejo es un claustro dentro de otro, que ofrece un ambiente aislado para afanosos graduados. Aquí, los estudiantes residen en dormitorios universitarios sencillos pero confortables, almuerzan y cenan en el comedor central y asisten a elegantes eventos sociales, como bailes y tés.

* «Between town and gown»; el juego de palabras se pierde en español. (*N. del t.*)

La mayor parte de los residentes duermen. Pero hay luz en una pequeña y recargada biblioteca, donde un joven de veintiún años, desgarbado, de pelo castaño, encorvado en una silla, con la boca insinuando una sonrisa, mira atentamente un libro de mecánica clásica que sostiene en su regazo. Es un estudiante graduado de primer año que se prepara para un curso inicial en el que desempeñará el cargo de profesor ayudante. Aunque la materia le es familiar, ha decidido echar un vistazo rápido a los temas que tendrá que tratar una vez avanzado el curso. Se está preparando para el reto inminente de hundirse entre montones de trabajos de estudiantes, de comprobar sus cálculos y corregir sus errores de una manera que los motive para afinar sus habilidades de resolución de problemas.

Una lámpara de sobremesa de forma piramidal ilumina el pasaje que el joven graduado está leyendo. Se trata de la colisión frontal de dos carretas sobre una pista sin fricción. Repasa mentalmente el problema. Dadas las masas de los vehículos y sus velocidades iniciales, las leyes de la física dictan exactamente qué es lo que ocurrirá a continuación. Según la tercera ley del movimiento de Isaac Newton, para cada acción hay una reacción de igual magnitud y dirección opuesta. Esto quiere decir que cada carreta experimenta la misma cantidad de fuerza que la otra, pero dirigida de manera opuesta. Siguiendo la segunda ley de Newton, la fuerza es cambio de momento: el producto de la masa por la velocidad. Debido a que cada carreta siente la misma fuerza, cambia su momento en la misma cantidad: una da y la otra recibe. Este equilibrio universal se denomina «ley de conservación del momento».

Con simetría perfecta, las carretas se apartan una de otra con el mismo impulso de momento, pero en direcciones opuestas. ¿Qué hay de sus velocidades? Bueno, puesto que el momento es la masa multiplicada por la velocidad, la carreta más ligera saldrá disparada más deprisa que la más pesada. Esta es la belleza de la física newtoniana clásica —en este contexto, «clásica» se refiere a la escala familiar de la vida cotidiana, en oposición a la escala «cuántica» subatómica—. Podemos hacer una predicción precisa mediante una ley de conservación sencilla.

En otra parte, el libro incluye una sección sobre movimiento armónico simple: el comportamiento de muelles, bandas de goma, péndulos y cualquier cosa que retorne rápidamente al equilibrio (la posición de equilibrio) cuando se estire, se comprima o se haga oscilar. A menudo se usan muelles para representar cualquiera de estos objetos elásticos. Al igual que en el caso de las colisiones, los principios clásicos garantizan que el movimiento del muelle es completamente predecible. Si se ignora la fricción, un muelle que se estira y después se suelta encontrará la manera de volver a su posición no distendida. Para cuando llegue a este punto no distendido, llamado «equilibrio», se moverá a su velocidad máxima. Esto es así porque su energía se recicla de una forma a otra. La energía asociada a su posición inicial, llamada «energía potencial», se transforma en energía conectada con su movimiento, o «energía cinética». Pero el drama no acaba aquí. El muelle sigue moviéndose hasta que se comprime. En el punto de máxima compresión, se detiene por un momento y vuelve a distenderse. Su energía cinética ha retornado por completo a energía potencial, esta vez asociada a la compresión, no al estiramiento. El muelle retorna al equilibrio y sigue hasta que se distiende de nuevo. El reciclado de energía desde potencial a cinética, de cinética a potencial y de potencial a cinética, y así sucesivamente, se denomina «conservación de la energía».

Un péndulo simple hace lo mismo. Oscila de un lado a otro, de un lado a otro, convirtiendo la energía potencial en cinética, y esta de nuevo en potencial. Si no existiera fricción, continuaría oscilando de manera indefinida. Un reloj, de hecho, podría seguir en marcha para siempre en esta situación ideal. Es un ritmo perfecto, perpetuo, fijado por el metrónomo de las leyes de la conservación.

El joven estudioso empieza a golpear con un ritmo simple la mesa que tiene al lado. Pum, pum. Pum, pum. Patapum, pum, pum, pum. Todo es ritmo.

El tiempo cíclico, la idea de que el tiempo es repetitivo y que determinadas pautas de acontecimientos ocurren una y otra vez, surge de forma directa del reciclado que la naturaleza hace de la energía mecánica. Los sistemas cerrados que conservan a la perfección dicha energía suelen repetirse una y otra vez. Para disposiciones complejas, tales ciclos podrían ser astronómicamente largos. No obstante, los sistemas finitos que reciclan su energía acaban por recurrir, de la misma manera que cuando se juega a tres en raya de manera indefinida se acaban por repetir los mismos movimientos. A la naturaleza le gustan las pautas rítmicas.

Pero otros tipos de energía no pueden volverse a usar completamente, como el calor generado por los motores debido a la fricción o a la resistencia del aire. Esta acumulación de energía sobrante engendra una flecha natural de irreversibilidad que apunta hacia el futuro. En consecuencia, aunque algunos sistemas ideales siguen una especie de tiempo cíclico, muchos procesos físicos realistas obedecen a un modelo de tiempo lineal. La cuestión de los ciclos frente a las flechas lineales ha figurado en el meollo de las discusiones del tiempo durante milenios.

El estudiante graduado bosteza. Su tamborileo sobre la mesa va disminuyendo. El libro cae al suelo. De repente, su propio reloj interno le indica que tiene sueño. Se levanta, arrastra los pies hasta su dormitorio y cae sobre la cama. Necesitará dormir; por la mañana está programado que se dirija a un edificio llamado Fine Hall para encontrarse con su tutor. El alba le obligará a aplazar sus deberes como profesor ayudante.

## Perfiles cuánticos

Fine Hall —que ahora se denomina Jones Hall— se halla a un kilómetro y medio de distancia en dirección este a través del campus de la Facultad de Graduados. Un paseo fácil para un estudiante joven y enérgico. Construido específicamente para el Departamento de Matemáticas, tiene ventanas gruesas y emplomadas, adornadas con símbolos matemáticos. En el semestre de otoño de 1939, alojaba las oficinas de varios físicos teóricos, entre ellos Eugene Wigner y John Wheeler. Hasta la primavera de aquel año, servía además como sede del Instituto de Estudios Avanzados (IAS, por sus siglas en inglés), un laboratorio de ideas independiente que entre sus miembros originales contaba con el físico Albert Einstein, el matemático húngaro John von Neumann, el matemático austríaco Kurt Gödel y otros muchos científicos notables.

Para Einstein, el investigador más famoso del instituto, el IAS servía como una especie de claustro en el que él era libre de dedicarse a su sueño de una teoría unificada de la gravitación y el electromagnetismo, al tiempo que ofrecía una crítica iconoclasta de la mecánica cuántica probabilista: la física que aplicada a los átomos y a las partículas subatómicas. Sus persistentes discusiones en contra del «lanzamiento de dados» cuántico y su creencia en el determinismo puro lo aislaban de la comunidad dominante de físicos. En este contexto, el determinismo significa que, si se conocieran perfectamente todas las condiciones iniciales de un sistema físico, como un péndulo o un muelle, se podría predecir con exactitud qué es lo que ocurriría de forma indefinida en el futuro. Einstein aspiraba a «completar» la mecánica cuántica al eliminar los aspectos aleatorios que surgen al tomar medidas.

Von Neumann, en cambio, desarrolló una concepción más matizada de la mecánica cuántica, en la que tanto el determinismo como el azar desempeñan un papel durante fases diferentes. En su manual clásico de 1932, *Fundamentos matemáticos de la mecánica cuántica*, presentó un análisis en dos fases de los procesos cuánticos. Antes de que un experimentador tome una medida de un sistema cuántico, como un electrón en un átomo, su dinámica fluye de manera suave y predecible. Sin embargo, una vez que pone en marcha su dispositivo de medición —un potente imán, pongamos por caso— y efectúa una lectura, interviene el azar, y el resultado puede ser uno de muchos, seleccionado tan aleatoriamente como el lanzamiento de una moneda. ¿Por qué habría de desempeñar el observador un papel tan esencial? ¿Qué significa observar? ¿Podría ser cualquiera o cualquier cosa un observador? ¿Podría este formar parte del propio sistema? Estas preguntas caen dentro del ámbito de lo que se denomina «el problema de la medición cuántica».

La cuestión de la medición cuántica es peliaguda. A diferencia de la mecánica clásica, en la cuántica no se puede acceder directamente a toda la información sobre una partícula, es decir, su posición, su velocidad, etcétera. En lugar de ello, hay que considerar una entidad denominada «función de onda», que contiene todos los datos acerca del estado cuántico de una partícula. En vez de contener los valores exactos, ofrece una extensión probabilista que muestra las probabilidades de que la partícula responda de una determinada manera si se mide —técnicamente, el «cuadrado» de la función de onda da la distribución de probabilidades—. Los picos representan probabilidades mayores, los valles ofrecen otras menores. Es como una curva de campana que muestra que, si lanzamos cuatro monedas al aire, lo más probable es que obtengamos combinaciones de dos caras y dos cruces, en cualquier orden, siendo menos probable obtener cuatro caras o cuatro cruces.

Tal como señalaba Von Neumann, la función de onda experimenta dos tipos de procesos cuánticos: evolución continua mediante la ecuación de onda de Schrödinger, y «colapso» discreto siempre que un observador toma una medida. Por ejemplo, supongamos que un observador efectúa un experimento dirigido a registrar la ubicación exacta de un electrón. Antes de la observación, la función de onda del electrón obedecería de manera continua la ecuación de Erwin Schrödinger que le dicta con exactitud cómo comportarse. Nada se dejaría al azar. Sin embargo, inmediatamente después de la observación, la función de onda se desplomaría de forma aleatoria desde una extensión regular de probabilidad hasta un pico nítido, que representaría un valor posicional concreto.

Aunque el primer tipo de proceso es en su totalidad determinista y reversible, el segundo es aleatorio e irreversible. Cada uno de ellos representa diferentes conceptos de tiempo: el primer mecanismo corresponde al tiempo cíclico de un péndulo o muelle clásicos, mientras que el segundo encarna el tiempo lineal e irreversible de un motor que se desgasta y al final acaba deteniéndose.

Hacia finales de la década de 1930, la imagen dual de Von Neumann de evolución continua y reversible seguida de colapso instantáneo e irreversible se había convertido en la visión ortodoxa de la medición cuántica, lo que se ha llegado a conocer como «interpretación de Copenhague». Sin embargo, de una manera torpe aceptaba una extraña combinación de tiempo cíclico y tiempo lineal que realmente no encajaba; como si se tratara de un reloj, por lo demás perfecto, que se detuviera de manera brusca e irreparable cada vez que lo miráramos. La observación rompería el mecanismo, algo inaceptable en un Rolex, pero que se consideraba creíble en mecánica cuántica. Puesto que los datos experimentales encajaban a la perfección con la teoría, la mayoría de científicos aceptaron simplemente la extraña idea de que la observación cambiaba la dinámica de un sistema cuántico desde una continuidad predecible hasta saltos aleatorios. Solo unos cuantos críticos notables, tales como Einstein, Schrödinger y Louis de Broglie —que había desarrollado la idea original de ondas materiales que motivaban la ecuación de onda de Schrödinger—, reclamaban que este diseño se repensara.

## Un maravilloso fenómeno del destino

En la primavera de 1939, el IAS se trasladó a un campus nuevo y lleno de vegetación. Einstein, Von Neumann y otros miembros se mudaron a despachos nuevos y confortables en el Fuld Hall, un edificio de estilo colonial. Al marcharse los miembros del instituto, Fine Hall perdió a muchos pensadores prominentes. Pero dentro de sus paredes cubiertas de hiedra se inició una revolución que ofrecería una tercera manera de considerar el tiempo: más allá de cíclico y lineal. Este nuevo enfoque, que se denominaría «suma de historias», presentaba el tiempo como un laberinto de alternativas.

¿Fue el determinismo o el azar lo que condujo al joven Richard Feynman a Princeton, donde viviría en la Facultad de Graduados y trabajaría con John Wheeler en su despacho de Fine Hall y en el edificio adyacente del Laboratorio de Física Palmer? Fue un emparejamiento monumental de pensadores originalísimos que tuvieron las agallas de reconstruir la física cuántica desde los mismos cimientos, sobre la base de principios nuevos.

Cuando fue admitido en Princeton, a Feynman se le asignó originalmente ser profesor ayudante de Wigner. Este era un físico húngaro que acabó compartiendo la pasión por la teoría de la medición cuántica y que tenía sobre el tema ideas similares a las de Von Neumann. En el último minuto, se decidió que Feynman ayudara a Wheeler.

En retrospectiva, ambos consideraron que esta sustitución fue uno de los momentos más propicios de su carrera: «Por algún maravilloso fenómeno del destino, acabaron asignándome a Feynman»,[1] reconocería posteriormente Wheeler. «Tuve mucha suerte al llegar a Princeton ... y ser el profesor ayudante de Wheeler —dijo Feynman— ... se podría decir que mi éxito fue el resultado de todo lo que aprendí de él.»[2]

Resultó que la colaboración de Feynman y Wheeler llevaría a repensar los aspectos fundamentales de la física cuántica mediante el concepto de la «suma de historias», que Feynman introdujo y al que Wheeler dio nombre. Este enfoque revolucionario considera que la actualidad es una composición de todas las posibilidades, como una canción con múltiples pistas mezcladas juntas. ¿Cómo atraviesa la calle un electrón? Tal como demostraron Feynman y Wheeler, la respuesta cuántica correcta es que toma todas las rutas físicamente posibles... y la realidad es una combinación de todas ellas.

Los dos físicos demostrarían ser el equipo perfecto: Feynman, cauto y riguroso en sus cálculos brillantes; Wheeler, atrevido e imaginativo en sus ideas trascendentales. Refinar y reelaborar hipótesis extrañas para que dieran soluciones operativas se convertiría en su especialidad conjunta. En el despacho de Wheeler en Princeton se iniciaría así toda una vida de exploraciones intrépidas.

## El forastero

Richard Feynman era un forastero en Princeton, y parecía que hubiera llegado de otro planeta. Nacido el 11 de mayo de 1918, en el seno de una familia judía laica, en la ciudad de Nueva York y criado en el barrio de Queens, tenía un acento tosco, de clase obrera (similar al de Brooklyn), y modales nada refinados que lo hacían notablemente diferente de los alumnos blancos, protestantes y ricos de la escuela secundaria —al menos los de primer año— que llenaban las aulas de la universidad en aquella época. En esas circunstancias, algunos hubieran preferido desvanecerse en el fondo y mantenerse en silencio. Pero no Feynman, quien desde una edad temprana se dio cuenta de que la vida es demasiado corta y el tiempo demasiado precioso para basar las propias acciones en lo que piensen los demás. Sabía que llamaba la atención, pero, en lugar de avergonzarse, encontró en ello una fuente de humor y de fortaleza.

«Princeton tiene una cierta elegancia —recordaría más tarde Feynman—. Y yo no era una persona elegante. En cualquier evento social, era realmente torpe... Tosco, un personaje simple, en lo que a la sociedad se refiere. Pero no me preocupaba. Solo me sentía medio orgulloso de ello.»[3]

En su primer día en el campus ya había notado el hablar pijo y la pretenciosidad que marcaba a la clase afectada que lo rodeaba. Se resistía a las togas académicas que los estudiantes debían llevar en las reuniones sociales. Apenas una hora después de que su padre, Melville Feynman, lo dejara en Princeton y se fuera, un pomposo «maestro de residencia», con un afectado acento inglés de clase alta, le dio la bienvenida en su habitación y le invitó al té de la tarde con el decano de la Facultad de Graduados, Luther Eisenhardt. Feynman se hubiera sentido mucho más a gusto junto al puesto de perritos calientes de Nathan, en Coney Island, pero aceptó: no había estado nunca antes en un té de etiqueta, y tenía mucha curiosidad.

De manera muy parecida a Margaret Dumont en las películas de los hermanos Marx, la esposa del decano se envolvió en decoro. De manera protocolaria, dio la bienvenida a cada uno de los estudiantes que iban llegando y les ofreció té con leche o con limón. Se acercó a Feynman, que estaba considerando dónde sentarse, para preguntarle qué prefería. Sin prestar atención, Feynman contestó: «Tomaré ambas cosas, gracias».[4] La desconcertada respuesta de la señora, «¿Está usted de broma, señor Feynman?», acompañada de una risita nerviosa, se convertiría en el golpe de efecto de una anécdota muy repetida —y, posteriormente, en el título de su libro más conocido—. De hecho, el acento y las excentricidades de Feynman inspirarían al escritor C. P. Snow para decir que era «como si Groucho Marx sustituyera de repente a un gran científico».[5]

La misión de Feynman no era amoldarse a los estilos y caprichos de la élite de la Hiedra,* ni, de hecho, a las expectativas de nadie. En lugar de ello, sentía una gran curiosidad por el mundo y consideraba Princeton

* Liga de la Hiedra: conjunto de ocho universidades privadas y de excelencia académica del noreste de Estados Unidos, entre ellas Harvard, Yale, Princeton y Columbia. (*N. del t.*)

como un lugar que podía equiparlo con las herramientas para desentrañar sus secretos. En particular, había oído hablar de su fenomenal ciclotrón, una máquina en el sótano del laboratorio Palmer que utilizaba potentes imanes para hacer girar partículas en círculos ajustados, impulsos de voltaje de alta tensión para acelerarlas en cada ciclo y objetivos sobre los que estas chocaban una vez que alcanzaban la energía suficiente. Por aquel entonces, la máquina ya había producido generosos resultados, y Feynman estaba entusiasmado con verla.

## Hijo de la curiosidad

El padre de Feynman, que aunque se dedicaba al negocio de los uniformes era un gran aficionado a la ciencia, le inculcó una fascinación insaciable por descubrir el funcionamiento más básico de las cosas. Siendo Feynman un niño —cuando aún lo apodaban «Ritty»—, le regalaba un rompecabezas tras otro, como teselas de vivos colores que había que juntar en determinados dibujos. A menudo, ambos exploraban las maravillas de la naturaleza, como los crustáceos que encontraban en la playa, y disfrutaban leyendo detenidamente artículos de enciclopedias sobre diversos temas.

Gracias al estímulo de su padre, Richard aprendió cálculo integral cuando solo tenía trece años. Para entonces, la familia se había mudado a una casa confortable en el barrio Far Rockaway de Queens, cerca de una conocida playa. Lucille, la madre de Richard, que antaño había aspirado a ser maestra de jardín de infancia, apoyaba el énfasis en la ciencia y las matemáticas de su marido, pero también estimulaba el interés literario de su hijo compartiendo a menudo con él divertidas historias.

En la escuela secundaria Far Rockaway High School, Richard iba tan adelantado que uno de sus profesores, al advertir que se aburría, le dio un libro de cálculo para que lo leyera por su cuenta durante la clase. Por aquel entonces, supo del principio del tiempo mínimo de Pierre de Fermat, una manera natural de explicar por qué la luz se desplaza en línea recta. También se familiarizó con el concepto de tiempo como la cuarta dimensión, y otros temas avanzados de física. Haber ganado el primer puesto en una competición interescolar de matemáticas de la Universidad de Nueva York en 1935[6] le hizo merecedor de una medalla de oro y de una mención en *The New York Times*.

Feynman solía pensar en cómo explicarle cosas a su padre, que de forma regular lo acribillaba con cuestiones profundas sobre física fundamental, incluso después de haber ido a la facultad. «¿Qué es lo que hace que funcione?»,[7] le preguntaba con frecuencia acerca de fenómenos naturales. Por ejemplo, un verano, después de que Feynman hubiera iniciado su educación universitaria en el Instituto de Tecnología de Massachusetts (MIT, por sus siglas en inglés), su padre le pidió que le explicara el proceso atómico por el que un electrón cae a un nivel más bajo de energía mediante la emisión de un fotón (partícula de luz). «¿Se halla el fotón en el átomo antes de tiempo, de manera que pueda salir? —le preguntó Melville—. ¿O acaso no hay fotón en el átomo, para empezar?»[8]

Feynman hizo un esfuerzo e intentó explicarle a su padre que, al igual que un chico cuando habla no gasta una palabra tras otra, los fotones también son ilimitados. De la misma manera que no hay una asignación máxima de vocablos que una persona pueda decir, no hay ningún saco de fotones dentro de un átomo que puedan agotarse con el tiempo. Para decepción de Richard, su padre seguía perplejo ante lo que ocurría en realidad cuando un electrón emitía un fotón. Irónicamente, el trabajo posterior de Feynman que le valió el premio Nobel implicaba dichas interacciones.

Influido por su padre, Feynman conservaría cierta admiración infantil por el mundo a lo largo de toda su vida. Tal como describiría más tarde su amigo Ralph Leighton: «Siempre sabe contemplar las cosas de la manera en que lo hace un niño. Ve las cosas con curiosidad y asombro, encontrando algo nuevo en ellas y transformándolo en un pequeño enigma en el que pensar».[9]

Incluso teniendo en cuenta los estándares de una de las principales universidades del mundo para la ciencia y la tecnología, Feynman era un estudiante brillante. Era extraordinario en los cálculos mentales, y un puntal en lo que se refiere a integración y otras técnicas de cálculo. En la primavera de 1939, durante su último año en el MIT, lo invitaron a participar en la prestigiosa Competición Matemática Putnam, como parte del equipo de cinco personas de su universidad. Al principio se opuso, aduciendo que no era un estudiante de matemáticas. Sin embargo, cuando se dio cuenta de que no había suficientes estudiantes de último curso adecuados para integrarse en el grupo, accedió. Para gran sorpresa suya, obtuvo, con mucho, la mayor puntuación del país en aquel año. Su victoria se convirtió en una noticia nacional y le consiguió la admisión automática en Harvard y una beca completa en su programa de graduados.

Al principio, Feynman estaba dispuesto a continuar con sus estudios de graduado en el MIT. Sin embargo, John Slater, el catedrático del Departamento de Física y un consumado teórico cuántico, lo animó a considerar otro lugar. Cuando Feynman insistió en que el MIT era el mejor sitio para la investigación científica y que debería quedarse allí, este replicó que otras instituciones eran comparables y ofrecían nuevas oportunidades. Al final, Slater se puso firme e impidió que Feynman continuara en el MIT.

Aunque Harvard habría sido otra elección excelente, Feynman eligió Princeton. Además de haber oído hablar de su ciclotrón, estaba familiarizado con la investigación de Wigner en física cuántica y esperaba poder trabajar con él. Para Feynman supuso una cierta conmoción cuando, apenas llegado a Princeton, se enteró de que la administración de la universidad había decidido de repente que trabajara con Wheeler. Esta decisión resultó crucial para las carreras de ambos hombres.

## Excentricidades de juventud

Nacido en Jacksonville, Florida, el 9 de julio de 1911, Wheeler apenas era siete años mayor que Feynman. Como él, había crecido influido por unos progenitores educados y atentos. Su padre, Joseph Wheeler, era un bibliotecario respetado que había dirigido varios centros diferentes por todo el país, entre ellos la Biblioteca Libre Enoch Pratt, de Baltimore, y había propugnado y supervisado la construcción de muchas sucursales. Aunque la familia se desplazara de un lugar a otro —entre ellos California, Ohio, Vermont y Maryland— cuando el padre cambiaba de empleo, su hogar siempre estaba lleno de libros. A la madre de John, Mabel —apodada «Archie»—, también bibliotecaria, le encantaba leer, y concedió a su hijo un amor de por vida por la palabra impresa. Cuando era niño, John solía atosigar a su madre con preguntas sobre el universo del estilo de «Si salgo al espacio y continúo, ¿acaso llegaré al final?».[10]

Aunque ambos se convirtieron en teóricos, Feynman y Wheeler compartirían una pasión infantil por la ciencia experimental práctica. Cada uno de ellos tenía una curiosidad tremenda por cómo funcionan las cosas. A ambos les gustaban los juegos de química, las radios, los motores y los equipos eléctricos. Motivado por una observación de su padre sobre la importancia de la electroquímica, una vez, Feynman conectó a la electricidad un montón de sustancias químicas secas para ver qué ocurriría. Al encontrar innumerables maneras de apañar objetos domésticos, puso en marcha un sistema de intercomunicación improvisado en la casa, y motorizó la cuna de su hermanita Joan para que se meciera automáticamente.[11]

De niño, Wheeler era también muy eficiente a la hora de fabricar cosas desde cero. Construyó aparatos de radio de galena, un telégrafo entre su casa y la de un amigo, una máquina de sumar y una cerradura de combinación. Experimentó con pólvora y casi perdió un dedo encendiendo petardos de dinamita cerca de una cochiquera.[12]

Si Feynman y Wheeler hubieran crecido juntos, es probable que hubieran pasado muchas horas de divertidas travesuras al encontrar maneras creativas de hacer que las cosas se iluminaran y las sustancias químicas explotaran. Cuando se conocieron como jóvenes adultos, un trasfondo de exuberancia juvenil cargaba sus interacciones. Les gustaba hacer chapuzas juntos, con cualquier cosa, desde un equipo mecánico al tejido mismo del espacio y el tiempo.

## Una simetría notable

La relación entre un director de tesis de doctorado y su alumno suele ser desequilibrada. Después de todo, el primero tiene un poder enorme sobre la carrera del segundo. Un director mediocre o malicioso podría dar malos consejos a un estudiante, prolongar su trabajo de tesis, bloquear que se le conceda el doctorado e impedirle de manera efectiva que emprenda una carrera académica.

El caso de Feynman y Wheeler ofrece la rara excepción en la que la relación estudiante-tutor floreció en una amistad genuina e igualitaria. La alianza entre los dos físicos no hizo más que reforzarse a lo largo de los años, a medida que cada uno promovía el crecimiento del otro. Cada uno de ellos era un pensador audaz y de mente abierta, preparado para contemplar incluso las sugerencias más descabelladas. Ideas extrañas fluían de ambas mentes creativas, desde partículas que se desplazaban hacia atrás en el tiempo hasta hebras paralelas de realidad; desde un universo construido a partir de la geometría pura hasta uno basado en la información digital. Puede decirse que gran parte del trabajo visionario en física teórica de finales del siglo XX y del siglo XXI procede de su atrevido discurso, incluidos la base del Modelo Estándar de la física de partículas y todo tipo de conceptos astrofísicos, como las propiedades de los agujeros negros y de los agujeros de gusano.

Cada uno mantuvo en su corazón una visión jovial del mundo como un lugar maravilloso que explorar: lleno de rompecabezas que había que ensamblar, de códigos secretos que descifrar, de pasajes secretos que cartografiar y de enigmas que resolver. Al igual que Tom Sawyer y Huckleberry Finn, estaban insatisfechos con los ires y venires mundanos y anhelaban la aventura.

Algunas simetrías no son evidentes de manera inmediata. A juzgar por su imagen externa, sería difícil advertir de inmediato la perspectiva común de Feynman y Wheeler. Mientras que Feynman odiaba las cosas aburridas, hablaba a menudo en un escueto lenguaje improvisado y desafiaba de manera exuberante las expectativas públicas de un «científico serio», Wheeler era tranquilo, mesurado y educado en su habla y sus acciones. En público, Feynman destacaba por ser el más excéntrico de los dos. Pero en las pesquisas científicas, Wheeler resultaba incluso menos convencional que este: bajo su apariencia de formalidad se ocultaba un inconformista. Juntos, no tenían ningún miedo a la hora de rechazar las viejas explicaciones de los libros de texto y empezar de nuevo. Quizá dos palabras son las que describen mejor sus interacciones: «ideas locas».

Sus investigaciones despegaron con el inesperado nombramiento de Feynman como profesor ayudante de Wheeler para un curso de mecánica. La formalidad se disolvió pronto, cuando los dos se unieron rápidamente como exploradores de posibilidades extraordinarias en el campo de la física. En último término, reformularon el concepto del propio tiempo, lo que permitió realidades alternativas y viajes hacia el pasado.

—— 1 ——

# El reloj de Wheeler

Este chaval del MIT: Mirad sus notas de la prueba de aptitud en matemáticas y física. ¡Fantásticas! Nadie de los que están matriculándose aquí en Princeton se acerca tanto al máximo absoluto... Tiene que ser un diamante en bruto. Nunca hemos dejado entrar a nadie con notas tan bajas en historia e inglés. Pero mirad la experiencia práctica que tiene en química y en trabajar con fricción.

JOHN A. WHEELER, sobre la reacción del Comité de Graduados a la solicitud de Feynman de ingresar en Princeton

John Wheeler sacó su reloj del bolsillo y lo puso sobre la mesa. Quería cronometrar la reunión con su nuevo doctorando colaborador en tareas docentes, Richard Feynman. Para un joven profesor ayudante que imparte asignaturas y tiene intereses de investigación, el tiempo es esencial. Dar clase requiere tiempo. La concentración profunda necesaria para abordar cuestiones fundamentales en física requiere tiempo. Escribir artículos requiere tiempo. Reunirse con los estudiantes requiere tiempo.

Asimismo, había un reloj que marchaba globalmente. Los nazis estaban avanzando y había que detenerlos. Si continuaban su conquista de Europa, era solo cuestión de tiempo que Estados Unidos se viera en la obligación de unirse al esfuerzo bélico. Combatir las armas mortíferas que posiblemente estaban desarrollando los nazis podría requerir nuevos hallazgos científicos. Tal como Wheeler había sabido en enero de 1939 por medio de su tutor Niels Bohr y del ayudante de Bohr, Léon Rosenfeld, investigadores en Alemania habían descubierto que los enormes núcleos de uranio podían dividirse bajo determinadas circunstancias, y liberar gran cantidad de energía en un proceso denominado «fisión».

La «reacción en cadena» que condujo a esta sorprendente noticia había sido rápida. La física austríaca Lise Meitner, que había trabajado con los químicos alemanes Otto Hahn y Fritz Strassmann en el descubrimiento de la fisión, se lo había contado a su sobrino Otto Frisch. Radicado por aquel entonces en el Instituto de Física Teórica de Copenhague, Dinamarca, Frisch transmitió estos resultados a Bohr, su director. Dándose cuenta de inmediato de la importancia monumental de los mismos, Bohr se lo dijo a Rosenfeld y decidió hacer un anuncio durante un congreso inminente sobre física teórica, que tenía que celebrarse en la Universidad George Washington, en Washington D. C., el 26 de enero. Sin embargo, durante una reunión en el Journal Club del Departamento de Física de Princeton —celebrada el 16 de enero, el día en que Bohr y Rosenfeld llegaron a Estados Unidos—, Rosenfeld se fue de la lengua, con lo que Wheeler y otros de Princeton supieron acerca del descubrimiento de la fisión. Cuando Bohr anunció de manera pesimista los hallazgos en el congreso de Washington, la gravedad de sus palabras resonó en la comunidad física más amplia.

Muchos físicos que se enteraron de esta noticia, en particular los que hacía poco que habían huido de los regímenes fascistas de Europa, se horrorizaron ante la idea de que los nazis pudieran desarrollar una bomba que empleara la energía liberada al dividir núcleos atómicos. Entre los que estaban especialmente preocupados ante la perspectiva de un arsenal alemán de armas nucleares figuraban Enrico Fermi, que había huido a Estados Unidos desde la Italia de Benito Mussolini, así como Eugene Wigner, Leo Szilard y Edward Teller, todos ellos emigrados desde Hungría. Dos meses después del anuncio de Bohr, Fermi se reunió con funcionarios de la marina en Washington. Aquel verano, Szilard, acompañado de forma alternativa por Wigner y Teller, alertó a Albert Einstein, quien escribió una carta, que había de hacerse famosa, al presidente Franklin Roosevelt. Dada la amenaza nazi y la posibilidad de una implicación norteamericana, ¿quién podía saber cuándo el gobierno de Estados Unidos rogaría a los teóricos nucleares que abandonaran sus estudios abstractos y se dedicaran a la investigación militar?

Debido a su trabajo con Bohr, Wheeler se había convertido en uno de los principales expertos mundiales en fisión nuclear, y era probable que quisieran contar con sus conocimientos en el caso de que el país entrara en la guerra. La investigación conjunta de la pareja había empezado cinco años antes, en el otoño de 1934, cuando Wheeler visitó el instituto de Bohr. Recién acabados sus estudios de doctorado en la Universidad Johns Hopkins, bajo la dirección del físico austríaco-estadounidense Karl Herzfeld, y un trabajo posdoctoral en la Universidad de Nueva York, bajo la tutoría de Gregory Breit, Wheeler estaba ansioso por desci-

Retrato informal de John Archibald Wheeler en el Instituto Niels Bohr de Física Teórica en Copenhague, a mediados de la década de 1930. (*Fuente*: AIP Emilio Segrè Visual Archives, Wheeler Collection.)

frar los misterios del núcleo atómico. Consideró que un aprendizaje con Bohr, el sabio venerado de la física cuántica que atraía a científicos de todo el mundo, era la manera ideal de obtener experiencia en el tema. Wheeler trabajó en Copenhague hasta junio de 1935, centrándose en las interacciones entre los núcleos y los rayos cósmicos (partículas energéticas procedentes del espacio).

El estilo de investigación de Bohr ejerció un poderoso efecto sobre Wheeler. Aunque era conocida su voz suave y tenía la reputación de hablar entre dientes, Bohr tenía facilidad para plantear agudas preguntas que revelaban nuevas maneras de pensar sobre un tema. Tal como Wheeler recordaba, «Bohr tiene esta aproximación inquisitiva a todo, quiere ir al meollo del asunto y simplemente probar los límites más alejados hasta donde algo puede defenderse».[1]

A su regreso de Europa, Wheeler disfrutó de una temporada de tres años en la Universidad de Carolina del Norte, en Chapel Hill, antes de ser nombrado profesor ayudante en Princeton en el otoño de 1938. Incluso antes de que Bohr anunciara el programa de fisión alemán, los tiempos eran alarmantes para la región. El día de Halloween de aquel año, un informe de la radio alertaba de una invasión marciana en la cercana Grover's Mill. La noticia, falsa, contó en la autorizada voz de Orson Welles y provocó el pánico. La reacción aterrorizada del público reflejaba un temor generalizado ante nuevas y devastadoras armas. Cuando, varios meses después, Bohr alertó a los físicos en el congreso de Washington sobre el descubrimiento de la fisión nuclear en Alemania y de la posibilidad concomitante de que los nazis construyeran bombas atómicas, las peores pesadillas de todo el mundo contenían visiones de ataques terroristas devastadores.

Bohr permaneció en Princeton desde enero hasta mayo de 1939, trabajando en un despacho en el mismo piso que el de Wheeler, en el edificio que entonces se conocía como Fine Hall, y residiendo en el Nassau Club. Al intentar determinar los mecanismos precisos de la fisión, los dos hombres emplearon el «modelo de la gota líquida» de Bohr, una imagen flexible del núcleo como algo parecido a una yema de huevo distendida que si se estiraba lo suficiente podía dividirse. Tras trabajar juntos a lo largo de la primavera de 1939, determinaron de manera precisa las condiciones bajo las cuales podría ocurrir la fisión cuando una muestra de uranio es bombardeada con neutrones, ya fueran rápidos (de elevada energía) o lentos (de baja energía).

Wheeler dibujó imágenes de las barreras de energía que los neutrones necesitarían atravesar para los diversos isótopos (tipos nucleares) de uranio con el fin de impactar en sus núcleos y dividirlos. Modeló dichas barreras como algo parecido a colinas a las que unos esquiadores necesitaban ascender antes de alcanzar una cumbre y empezar un descenso rápido. Para el isótopo más común, uranio-238, la colina inicial era muy empinada y requería neutrones rápidos (parecidos a esquiadores olímpicos) para hacer el salto. Para un isótopo raro, el uranio-235, la barrera era más baja y vadeable por neutrones lentos: algo parecido a esquiadores inexpertos. Por lo tanto, Bohr y Wheeler llegaron a la conclusión de que el uranio-235 se podía fisionar mucho más fácilmente que el uranio-238. Además, descubrieron que un determinado isótopo artificial, llamado plutonio-239 y que todavía no se había producido, podría dividirse de manera similar empleando neutrones lentos.

Dado que el proceso de fisión crea más neutrones, estos, si se reduce su velocidad, podrían inducir la desintegración de otros núcleos, lo que en determinadas circunstancias conduciría a una reacción en cadena y a la producción controlada de energía... o quizá a una enorme explosión. Bohr y Wheeler publicaron sus resultados en un artículo trascendental, «El mecanismo de la fisión nuclear», que apareció el 1 de septiembre de 1939 —precisamente la fecha en que Adolf Hitler invadió Polonia y la segunda guerra mundial empezó en Europa—. Sus hallazgos se demostrarían más tarde indispensables para el Proyecto Manhattan, el programa estadounidense en época de guerra para desarrollar una bomba nuclear.

Aquel otoño, Wheeler había abandonado su trabajo colaborativo y estaba ansioso por dejar su propia marca en la física teórica. También esperaba convertirse en un tutor de confianza, como Bohr lo era para él, con los elementos ideales para un profesor: reflexión profunda y cálculos tranquilos en el lado privado, pedagogía equilibrada de manera precisa en el lado público. Mantener esta simetría requería una sincronización perfecta; de ahí el reloj sobre la mesa.

Con solo veintiocho años, Wheeler apenas sabía que le quedaban casi siete décadas en esta tierra para reflexionar sobre cuestiones desconcertantes, tales como «¿Por qué existimos?» —como se preguntaría a menudo en sus años posteriores—. El Wheeler mayor podría haber aconsejado a su yo más joven que se relajara y gozara de sus interacciones con los estudiantes. Pero a medida que el segundero daba vueltas una y otra vez solo para hacer que el minutero avanzara cada vez más, el joven Wheeler se tomó muy en serio la tarea de equilibrar sus responsabilidades.

## Tontería excelente

El despacho de Wheeler en aquel entonces, el 214, se hallaba en el segundo piso de Fine Hall, así llamado en honor a Henry Burchard Fine, el fundador del Departamento de Matemáticas de Princeton, que había muerto trágicamente en 1928 atropellado por un coche mientras iba en bicicleta. El edificio, un recargado templo dedicado a la investigación matemática, había sido financiado mediante una donación de su amigo Thomas D. Jones. Pero sus funciones se extendieron también a la física teórica. Cada despacho incluía revestimiento de roble, una pizarra, archivadores integrados y ventanas que daban a un frondoso rincón del campus de Princeton. El fresco aroma del otoño se mezclaba con el olorcillo del polvo de tiza mientras los profesores intentaban representar a través de sus garabatos el mundo natural exterior. Era un lugar espléndido para llevar a cabo investigación fundamental.

Jones, el matemático Oswald Veblen y otros habían diseñado Fine Hall para que fuera tan adecuado para la colaboración como fuera posible. A tal fin, un acogedor salón de té, donde los profesores se podían reunir y discutir ideas, remataba la serie rectangular de despachos en el segundo piso. Grabada sobre la chimenea de esta habitación había una inscripción en alemán tomada de una de las conferencias de Einstein: «Raffiniert ist der Herrgott, aber boshaft ist er nicht» («El Señor es ingenioso, pero no es malicioso»). La máxima reflejaba la creencia de Einstein de que aunque la búsqueda de las ecuaciones adecuadas de la física teórica podría presentar muchos giros, vueltas y callejones sin salida, la naturaleza sería cruel si no proporcionara una solución última.

Las escaleras y los corredores interconectados del edificio eran lugares de paso muy frecuentados. Profesores y alumnos se solían retirar al tercer piso, donde una amplia biblioteca contenía miles de volúmenes relacionados con las matemáticas y la física. A veces se dirigían abajo, a la primera

Facultad de Graduados de Princeton. (*Fuente*: Fotografía de Paul Halpern.)

planta, para asistir a seminarios en el auditorio central. O, como hacían Bohr y Wheeler cuando trabajaban juntos, caminaban por los pasillos circulares del segundo piso, enfrascados en la discusión. Tal como se concibió, el edificio latía con el flujo circulatorio de los investigadores: arriba, abajo y alrededor.

Para promover la colaboración entre matemáticos y físicos, un puente conectaba Fine Hall con el Laboratorio Palmer, el principal centro de física, donde se daban clases y se hacía investigación. Dada la necesidad de un sitio amplio para el equipo, Palmer era mucho más espacioso. Para inspirar a los experimentadores, las estatuas de dos titanes de la física norteamericana (Benjamin Franklin y Joseph Henry) flanqueaban la entrada principal del edificio.

Cuando conoció a Wheeler, Feynman se sorprendió de la juventud de este. No era como aquellas estatuas de profesores que aún conservaban su apariencia mucho después de la plenitud de su vida; sino que su aspecto resultaba muy juvenil y vital. Feynman se sintió muy cómodo. Después observó que Wheeler sacaba el reloj y lo ponía sobre la mesa para cronometrar su reunión. Discutieron las responsabilidades de Feynman e hicieron planes para volver a reunirse.

No muy seguro de qué significaba el reloj, Feynman decidió jugar al mismo juego. Compró un reloj barato y se preparó para su siguiente encuentro. La segunda vez que se reunieron, tan pronto como Wheeler puso la mano en el bolsillo, Feynman hizo lo mismo. El reloj de Feynman siguió inmediatamente al de Wheeler sobre la mesa, como un movimiento de réplica en una partida de ajedrez.

La traviesa imitación hizo añicos la formalidad de su relación. Wheeler empezó a reír con ganas. Feynman también lo hizo. Los accesos de risa histérica parecían no acabar nunca, pues cada uno hacía todo lo que podía para desternillarse más que el otro. La reunión había degenerado en pura tontería.

Finalmente, Wheeler decidió que ya era hora de volver al trabajo. «Mira, hemos de ponernos serios y seguir adelante», dijo.[2]

«Sí, señor», replicó Feynman con una sonrisita, y ambos volvieron a reírse a carcajadas. Una y otra vez, reunión tras reunión, las discusiones conducían a chistes, accesos de risa que los dejaban sin aliento, súplicas entrecortadas de seriedad, y de nuevo vuelta al discurso creativo. Feynman estaba acostumbrado a cambiar de registro; su madre, Lucille, solía bromear, y su padre, Melville, era científico y serio. Con Wheeler, Feynman podía expresar ambas caras de su personalidad. El camino estaba preparado para una amistad larga, productiva... pero a menudo llena de tonterías.

## La mecánica de enseñar mecánica

Wheeler se sentía orgulloso de enseñar e impartía lecciones bien estructuradas de mecánica clásica. Planteaba problemas exigentes para que los estudiantes los resolvieran en casa. Cuando los entregaban, era el turno de Feynman para poner a prueba la capacidad de los alumnos. Leía de manera detenida y meticulosa los trabajos, buscando señales de fallos lógicos o de errores de cálculo, escribía comentarios detallados en los márgenes y devolvía a su tutor montones de trabajos corregidos minuciosamente. Los estudiantes tenían pocas probabilidades de salir airosos con trabajos descuidados o planteamientos erróneos.

Satisfecho de que su profesor ayudante hiciera un trabajo tan ejemplar, Wheeler incluso permitió que Feynman impartiera al menos una de las clases de mecánica, lo que le brindó una valiosa experiencia docente. Sintiéndose honrado por la invitación, Feynman se pasó toda la noche preparando la lección. Escribió a su madre que estaba orgulloso de la clase, que se desarrolló «de forma magnífica y fluida»,[3] y que esperaba que algún día impartiese muchas como aquella. Bajo la tutela de Wheeler, y después por su cuenta, las explicaciones de concepto físicos de Feynman llegarían a ser famosas.

Una de las características distintivas de Wheeler como profesor, que tuvo una profunda influencia en Feynman, fue el uso de ingeniosos diagramas. Cuando estructuraba una idea, casi siempre empezaba con un esquema, delineando los actores implicados y sus interacciones, como si planeara una estrategia de fútbol. Tal como contó más tarde: «No sé cómo pensar sin imágenes».[4]

Ambos físicos consideraban que enseñar un tema era la mejor manera de aprenderlo. Esto podría parecer paradójico: ¿cómo se puede explicar algo si no se es un experto? Ciertamente, en el caso de algo relativamente estático, como el latín o el griego antiguo, uno necesita dominar la materia antes de impartir una clase magistral. Sin embargo, la física se construye desde cero, mediante principios fundamentales que podrían enunciarse o interpretarse de muchas maneras. Incluso los conceptos que suelen abordarse en las primeras semanas de un curso introductorio, como fuerza e inercia, tienen matices.

Inercia es la propiedad de que los objetos en reposo permanecen quietos, mientras que los que están en movimiento siguen desplazándose a la misma velocidad en la misma dirección, a menos que sobre ellos actúe una fuerza externa. Esta es la razón por la que, en una bolera, una bola que rueda por una superficie plana y sin fricción sigue moviéndose en línea recta antes de golpear los bolos. Por extraño que parezca, no es una fuerza, sino la falta de fuerza lo que hace que la bola se dirija ininterrumpidamente hacia su objetivo. De manera intuitiva pensamos que esto lo debe estar haciendo una fuerza, pero la realidad nos dice otra cosa. Ayudar a los estudiantes a comprender esta distinción es un reto intelectual que hace que la mente piense en otros aspectos del mundo físico. Explicar dichas ideas podría revelar nuevas conexiones que diluciden el funcionamiento fundamental de la naturaleza.

Por ejemplo, planificar el curso de mecánica hizo que Wheeler y Feynman discutieran el principio de Mach, la idea de que las estrellas distantes, de alguna manera, causan inercia. En contraste con Isaac Newton, cuya física plantea la inercia en términos de abstracciones denominadas «espacio absoluto» (referencias fijas) y «tiempo absoluto» (relojes abstractos que funcionan igual en todas partes y en todos los tiempos), el físico Ernst Mach propuso que la inercia debe tener una causa física. Conjeturó que los tirones combinados de cuerpos remotos inducen a un objeto estacionario a que permanezca en reposo, y a un objeto móvil, a que mantenga su velocidad.

## La visión cósmica de Einstein

Como Wheeler sabía muy bien, la teoría general de la relatividad de Einstein —su magistral conjunto de ecuaciones que describen la gravitación— intentaba comprobar el principio de Mach y desechar la idea nada física de Newton de un armazón absoluto e invisible para medir la inercia. Este último imaginaba que las distancias espaciales y las duraciones temporales eran invariantes de un punto a otro y de un momento a otro, como las coordenadas fijas que usan los matemáticos. Nada físico puede afectar a estas referencias inertes. En fuerte contraste con las varas de medir permanentes y de acero de Newton, en la relatividad general, materia y energía deforman el tejido del espacio-tiempo (el espacio y el tiempo combinados), como un pesado nido en la endeble rama de un árbol.

Además de proscribir el espacio y el tiempo absolutos, el uso de la geometría que hacía Einstein para explicar la gravedad eliminaba otro misterio de la física newtoniana, llamado «acción a distancia»: fuerzas, tales como la gravitación, que actuaban al instante y remotamente. Para cualesquiera dos objetos voluminosos, Newton imaginaba una especie de «hilo» abstracto que los conectaba mediante su gravitación mutua. Nada tangible en el espacio serviría como intermediario.

En el enfoque de Newton, la atracción instantánea a grandes distancias encamina a los planetas en sus órbitas alrededor del Sol. Si el Sol desapareciera de repente, los «cordeles» desaparecerían y los planetas empezarían a moverse inmediatamente en líneas rectas, siguiendo su propia inercia. Este cambio de comportamiento ocurriría incluso antes de que los últimos rayos solares alcanzaran cada planeta, pues la luz tarda un tiempo en desplazarse.

Pensando que esta acción instantánea y remota no era física —algo así como la telepatía—, Einstein construyó la relatividad general de tal manera que el tejido arrugado del espacio-tiempo sirve como mediador. La presencia enorme del Sol crea un pozo gravitatorio al deformar el espacio-tiempo a su alrededor, de manera algo parecida a cuando entramos en una bañera y desplazamos el agua. Estas perturbaciones se propagan desde el origen y afectan al movimiento de otras cosas. En la bañera, esto puede significar que los patitos de goma, las barquitas y otros juguetes que flotan empiecen a moverse de arriba abajo. En el caso del sistema solar, la perturbación gravitatoria del Sol irradia hacia fuera a través del espacio-tiempo a la velocidad de la luz, lo que crea depresiones que fuerzan a los planetas a desplazarse en órbitas curvadas. Estos últimos se esfuerzan para desplazarse en línea recta, pero la geometría deformada en sus regiones los obliga a seguir líneas curvas.

Después de completar la teoría general de la relatividad en 1915, Einstein intentó usarla para modelar un universo que es estático en general. Al creer en un determinismo inalterable y en leyes cósmicas eternas, esperaba que aunque la masa pudiera causar perturbaciones locales, el estado global del cosmos permaneciera inalterado a lo largo del tiempo. En otras palabras, aunque las estrellas podrían desplazarse en el cielo, su comportamiento conjunto, tomado en promedio, representaría un universo tan invariable como un bloque de granito. La permanencia no estaría determinada de antemano, como en el constructo de Newton, sino que sería una consecuencia física natural de la teoría.

Pero, con gran decepción de Einstein, las ecuaciones que compuso se rebelaron contra esta rigidez. Sus soluciones ilustraban un universo que o bien se expande o se contrae con el tiempo. En física, la solución de una ecuación es una descripción matemática que coincide correctamente, como una llave que abre una cerradura determinada. Einstein intentó encontrar el ajuste perfecto con un universo estático, pero solo podía hacerlo alterando sus ecuaciones originales, algo parecido a pedirle a un cerrajero que cambie una cerradura para que se acomode a una vieja llave muy querida. La adición que hizo Einstein, denominada «término de la constante cosmológica», era un «factor amañado» adicional, incluido de forma específica para contrarrestar los efectos desestabilizadores de la gravedad y para producir la respuesta que él esperaba. De hecho, produjo soluciones estáticas, pero a costa de hacer que la teoría fuera algo más compleja. Además, el descubrimiento que en 1929 hizo el astrónomo Edwin Hubble —ayudado por el trabajo de otros astrónomos como Vesto Slipher— de que todas las galaxias distantes se alejan unas de otras —y de nosotros— demostraría que el espacio crece efectivamente a lo largo del tiempo. Esto hizo que Einstein eliminara el término adicional y aceptara que el cosmos se expande. Por lo tanto, nunca consiguió su objetivo de vindicar las ideas de Mach sobre la inercia.

Ante estos acontecimientos, Wheeler debatió con Feynman si el principio de Mach tenía todavía sentido y, si era así, cuál era su base física. Le encantaba sacar a colación con Feynman —y con otros— cuestiones filosóficas abstrusas y pensar en maneras de ponerlas a prueba. A Feynman no le gustaban las abstracciones, pero le encantaba la parte de las pruebas. Esta es una de las razones por las que constituían una buena pareja.

Tal como señaló el físico Charles Misner, que fue alumno de Wheeler en la década de 1950, «Wheeler estaba muy influido por Niels Bohr,[5] al que consideraba su segundo tutor. Bohr pertenecía definitivamente a la escuela de pensamiento europea: [ponía énfasis tanto en los aspectos] filosóficos como en los técnicos [de la física]. La mayoría de físicos norteamericanos [como Feynman] pensaban que todos los argumentos acerca de la interpretación [abstracta, filosófica] de la mecánica cuántica eran irrelevantes para lo que estaban haciendo».

## Pimpón de partículas

El diálogo humano es como una partida de tenis de mesa. Una interacción típica podría incluir una transmisión de ideas, un intercambio de bromas, charlas sobre cuestiones personales u otros innumerables modos de conversación. Un jugador sirve, y el otro devuelve, como en una partida de pimpón. Después, el primero responde al juego del segundo, este devuelve, y así sucesivamente hasta que el tema se agota. Wheeler y Feynman se convirtieron en expertos en adecuar su juego al estado de ánimo de la época, yendo si era necesario de las ocurrencias a las intuiciones, y lanzándolas en una dirección y en otra hasta que llegaba el momento de pasar a otro tipo de golpe definitivo.

Las partículas elementales interactúan de manera parecida entre sí en pares mediante una especie de intercambio. Sin embargo, a diferencia de las transacciones humanas, las interacciones entre partículas solo tienen unas pocas clases fundamentales. En la actualidad conocemos que la naturaleza ofrece cuatro tipos básicos: gravitación, electromagnetismo y las fuerzas nucleares fuerte y débil. En la época de los estudios graduados de Feynman, estas dos últimas —que se refieren a las maneras en que los núcleos pueden unirse o desintegrarse— se comprendían más bien poco; Feynman ayudaría a descifrarlas en años posteriores. Los físicos ni siquiera sabían si se trataba de interacciones separadas o de la misma fuerza. Más bien hablaban de la «fuerza de mesón» como el medio por el que protones y neutrones (las partículas nucleares o «nucleones») se agrupan mediante el intercambio de mesones. Hoy en día sabemos que otras partículas, denominadas «gluones», realizan esta adherencia mutua y que todavía otras partículas, llamadas $W^+$, $W^-$ y $Z^0$, transmiten la fuerza débil que induce la desintegración. Wheeler había pasado gran parte de su tiempo con Bohr intentando comprender por qué los núcleos a veces se unen fuertemente y otras veces se separan. Sus modelos funcionaban de manera empírica, pero seguían sin ser completos.

Wheeler poseía una mente inquieta y una imaginación activa. Emitía una idea tras otra como un horno abrasador avivado por energía atómica. Nunca le gustó limitarse a un tema. Ni siquiera quería restringirse al estudio de una única fuerza elemental. A lo largo de toda su vida, sus intereses habrían de girar alrededor de las interacciones nucleares, electromagnéticas y gravitatorias.

En una época distinta, la idea de desarrollar una teoría unificada de todas las fuerzas podría haber atraído a Wheeler. Sin embargo, veía cómo Einstein, en el cercano Instituto de Estudios Avanzados, se daba cabezazos contra la pared, una y otra vez, precisamente con estos intentos, y por lo general caía en el ridículo por hacerlo. Einstein esperaba de manera resuelta que, de alguna manera, pudiera expandir la relatividad general en una teoría del todo: que describiera de manera geométrica todas las fuerzas al tiempo que eliminara la necesidad de la teoría cuántica probabilística.

Wheeler y Einstein vivían en el mismo barrio, compartieron una breve temporada el segundo piso de Fine Hall antes de que el instituto se trasladara a su actual emplazamiento, y se conocían bien. Habiéndose esforzado en vano para dicha unificación desde mediados de la década de 1920, Einstein había ignorado en gran medida en sus trabajos los hallazgos modernos, como la física nuclear y de partículas. Debido a que los físicos, en su mayor parte, lo consideraban una reliquia, pocos se aventuraban en el ámbito esotérico de la teoría gravitatoria, que estuvo asociada con el éxito en la década de 1910, pero con la búsqueda fallida de Einstein desde entonces.

El mayor logro en la teoría gravitatoria de aquel período fue ignorado en gran medida. Un artículo del físico J. Robert Oppenheimer, de la Universidad de California en Berkeley, y de su alumno Hartland Snyder, «Contracción gravitatoria continuada», publicado el 1 de septiembre de 1939, demostraba que una estrella lo suficientemente grande, después de quemar su combustible nuclear, se colapsaría en un objeto compacto tan denso y potente desde el punto de vista gravitatorio que ni siquiera la luz podría escapar de él. En la década de 1960, Wheeler aprovecharía esta situación hipotética, la promovería usando el término «agujero negro», y centraría su atención en sus extrañas implicaciones. Pero en la década de 1930 sus intereses eran otros.

De manera simultánea, en la misma fecha en que apareció el artículo, Bohr y Wheeler publicaron en la misma prestigiosa revista, *Physical Review*, su influyente «El mecanismo de la fisión nuclear», que explicaba por qué determinados tipos de núcleos son más fáciles de dividir; la segunda guerra mundial empezó en Europa, y la familia Wheeler compró una impresionante casa nueva en el 95 de Battle Road, en Princeton, vendida por el instituto para edificar una urbanización. Ya era hora de que Wheeler explorara nuevas vistas teóricas, y Feynman sería el perfecto compañero de viaje.

## Lloviznas dispersas

Mucho antes de dedicarse al estudio de la fisión nuclear, Wheeler había desarrollado un fuerte interés por la dispersión. La dispersión tiene lugar cuando unas partículas interactúan entre sí y son desviadas, como cuando una pelota, golpeada con una raqueta, sale rebotada en una dirección aparentemente al azar. Esto ocurre tanto en la escala clásica (rutinaria), como en la cuántica. A la física le gusta hacer predicciones, de modo que, en el caso de una maniobra de tenis, un teórico avispado podría emplear datos acerca de la aproximación de la pelota a la raqueta para calcular su desviación probable. Este es un problema clásico, que las venerables leyes del movimiento de Newton solventan perfectamente.

Wheeler estaba más interesado en la dispersión de Compton: un proceso cuántico al nivel subatómico que la física newtoniana no explicaba fácilmente. Identificado por el físico estadounidense Arthur Compton, que obtuvo el premio Nobel por su descubrimiento, el efecto Compton implica luz dispersada por un electrón. Si se hace incidir luz sobre un electrón, este adquiere energía y momento (masa por velocidad), que lo eleva en una dirección determinada, como una jabalina que es lanzada. En el proceso, emite luz de una longitud de onda (distancia entre picos) más larga que la original, dirigida en un ángulo diferente al del electrón. Para la luz visible, la longitud de onda corresponde al color, de modo que la luz emitida tendrá un tono diferente del original, desviándose hacia el extremo más rojo del espectro. Pero, normalmente, la dispersión de Compton utiliza rayos X, que son invisibles, en cuyo caso la luz emitida serán rayos X de una longitud de onda más larga.

La importancia del efecto Compton es que la teoría cuántica predice de manera precisa la diferencia entre las longitudes de onda inicial y final, junto con los ángulos de dispersión del electrón y de la luz emitida. La manera como efectúa esta hazaña revela la esencia de la idea cuántica, propuesta por primera vez por Max Planck en 1900 y refinada por Einstein en 1905 en lo que se llama el «efecto fotoeléctrico». El término «cuanto», que significa «paquete», se refiere a la idea de que la luz se presenta en paquetes de energía. Estas pequeñísimas cantidades de luz (ondas distribuidas en partículas como si fueran muelles Slinky encerrados en su caja) han acabado por denominarse «fotones». Puesto que la mayor parte del espectro luminoso es invisible, aparte del estrecho rango óptico de los colores rojo al violeta, la enorme mayoría de los fotones de la naturaleza son también invisibles.

Los fotones sirven como partículas de intercambio de la interacción electromagnética. Cada vez que una partícula cargada, como un electrón, atrae o repele a otra partícula cargada mediante electricidad y/o magnetismo, un fotón salta entre ellas. Sin este intercambio, las cargas se ignorarían mutuamente, y no habría atracción ni repulsión. Por lo tanto, si nuestro estimado imán del frigorífico se pega con fuerza, podemos agradecérselo a los fotones —invisibles, a diferencia de los ópticos— en su papel como portadores de fuerza electromagnética.

Tal como habían teorizado Planck y Einstein, la cantidad de energía por fotón depende de la frecuencia (tasa de vibración) de la luz con la que está asociado. La frecuencia, a su vez, es inversamente proporcional a la longitud de onda (cuanto mayor es la longitud de onda, menor es la frecuencia, y viceversa). Por lo tanto, longitudes de onda largas, como las de las ondas de radio, corresponden a frecuencias bajas y energías bajas. Las longitudes de onda cortas, en cambio, como las de los rayos X, corresponden a frecuencias elevadas y altas energías. En la dispersión de Compton, el electrón engulle energía y momento del fotón incidente y escupe un fotón más débil de longitud de onda más larga. Los investigadores han medido el cambio de longitud de onda de Compton innumerables veces, y siempre concuerda con lo que esperaban de la ganancia de energía del electrón.

Al darse cuenta del virtuosismo matemático de Feynman —por ejemplo, su asombrosa facilidad para resolver integrales difíciles— y su aguda intuición sobre la física, Wheeler propuso que se embarcaran en un estudio de investigación conjunto sobre los procesos de la dispersión cuántica. «¡Todo es dispersión!», proclamaría Wheeler como su grito de guerra. Los problemas que Wheeler quería que Feynman investigara se remontaban a un congreso internacional de física al que asistió, que tuvo lugar en Londres y Cambridge en octubre de 1934, donde los investigadores discutieron la manera en que los rayos gamma (el tipo de fotones más enérgico) que incidían sobre plomo producían un tipo de «minillovizna» de partículas dispersas. Se percató de que el análisis de los subproductos de la dispersión ayudaría a afinar la caja de herramientas cuánticas.

Wheeler había sido el primero en proponer, en 1937, un método de recuento para tabular los resultados de la dispersión, que posteriormente se denominó aproximación de la «matriz S» (o matriz de dispersión). Equivale a computar los resultados de un juego de dardos según cuántos de ellos se clavaron en cada anillo concéntrico, así como en la misma diana. Para los dardos, tales datos podrían usarse para resolver la fuerza y la puntería de los jugadores. De manera similar, en los procesos de dispersión, la matriz S podría usarse para intentar reconstruir las interacciones que acontecen. Los físicos denominan «fenomenológicos» a estos análisis basados en el acopio de datos, en contraste con reflexiones teóricas más abstractas.

Wheeler y Feynman pasaron mucho tiempo discutiendo la galaxia de preguntas conectadas con varios tipos de acontecimientos de dispersión. Bajo la guía del maestro, Feynman acabó por conocer muy bien el método de la matriz S. También se aficionó a los diagramas que ilustraban la manera en que las partículas interaccionan. Después de una breve investigación de los rayos gamma sobre el plomo, decidieron dedicarse a estudiar cómo electrones y fotones se escabullían como canicas desviadas a través de materiales con estructuras intrincadas. Este diálogo no se plasmó directamente en ninguna publicación, pero demostró ser una precuela para preguntas todavía más fundamentales acerca de cómo interaccionan los electrones.

## La peonza

En aquella época, la física de partículas experimental se producía mediante dos métodos. Uno era la observación de productos naturales de la desintegración, como las partículas producidas por sustancias radiactivas o por los rayos cósmicos que procedían abundantemente del espacio. Por ejemplo, el positrón (como un electrón, pero de carga positiva) se identificó al principio en un chorro de rayos cósmicos.

La alternativa a los métodos naturales que estaba apareciendo era encontrar una manera artificial de acelerar partículas, hacerlas chocar contra blancos y observar el residuo. El abuelito de este concepto era el famoso experimento diseñado por el físico neozelandés Ernest Rutherford, que bombardeó láminas de oro con partículas alfa —que resultaron ser núcleos de helio—. La inmensa mayoría atravesaron la lámina, pero una reducida minoría rebotó. Al dispersarse en ángulos agudos, revelaron la parte interna, compacta, de los átomos de oro, cargada positivamente: los núcleos del oro. Antes de este descubrimiento, los físicos habían supuesto que los átomos tenían un interior uniforme, como el denso relleno de una cereza cubierta de chocolate. El experimento de la lámina de oro demostró, por el contrario, que los átomos eran sobre todo espacio vacío, y que los núcleos eran partes minúsculas del todo. En lugar de una golosina rellena, imagine el lector la cáscara de un bombón de chocolate del tamaño de un dirigible, hueco casi por completo, con nada dentro excepto un diminuto hueso de cereza en el mismo centro. Esto nos da una idea del tamaño del núcleo, comparado con el átomo. Los sorprendentes resultados demostraron el valor de comprender el proceso de dispersión. No era extraño que Wheeler le hiciera hincapié a Feynman sobre su importancia.

En 1932, los investigadores ingleses John Cockcroft y Ernest Walton, que trabajaban en el Laboratorio Cavendish, en Cambridge, Inglaterra, a las órdenes de Rutherford, construyeron el primer acelerador lineal: un dispositivo que utilizaba impulsos eléctricos para acelerar proyectiles, que eran partículas cargadas hasta las energías deseadas, antes de impactar sobre blancos. Los investigadores descubrieron que alinear varios impulsos consecutivos para crear un acelerador lineal más largo hacía que estos sistemas fueran más potentes todavía. Entonces se utilizaron para romper núcleos y explorar sus propiedades, como parte del ímpetu experimental subyacente al trabajo teórico de Bohr y Wheeler.

Otro avance importante en el diseño de aceleradores, desarrollado en la misma época que el mecanismo de Cockroft-Walton, fue el ciclotrón, del físico estadounidense Ernest Lawrence: un acelerador circular. En lugar de impulsos lineales consecutivos, un ciclotrón utiliza el mismo impulsor muchas veces. Unos imanes conducen a los bombarderos subatómicos para que se desplacen girando, y los exponen una y otra vez al impulso eléctrico, hasta que alcanzan la energía suficiente para liberarlos. Se precipitan sobre sus blancos, chocan contra ellos y generan valiosos datos mediante el análisis de los restos de la colisión. Más compactos que los aceleradores lineales, los ciclotrones se hicieron cada vez más populares a lo largo de la década de 1930. Muchas de las universidades más importantes, incluyendo el MIT y Princeton, poseían dichas máquinas.

Casi lo primero que hizo Feynman al llegar al Laboratorio Palmer fue preguntar para ver el ciclotrón de Princeton. El Departamento de Física lo envió al sótano, donde aquel estaba alojado. Feynman dio una vuelta por una zona de almacenamiento abarrotada y al final encontró el aparato. Ciertamente, no era lo que se había imaginado.

Feynman esperaba que el ciclotrón de Princeton fuera mucho mayor y llamativo que el del MIT. Sabía que había demostrado ser más efectivo a la hora de obtener resultados publicables. Pero, para su sorpresa, descubrió lo contrario. El aparato de destrozar partículas de Princeton era un caos. Así lo recordaba:

> El ciclotrón se encontraba en medio de la habitación. Había cables por todo el lugar, colgando en el aire, que alguien acababa de colocar. Y elementos para el agua: tenía que haber refrigeradores de líquido, y pequeños interruptores, de manera que si el agua se detenía se pusieran en marcha inmediatamente, y había una especie de tuberías y se podía ver ... agua que goteaba. Había cera por todas partes, colgando, allí donde reparaban las fugas. La habitación estaba llena de latas de película situadas sobre las mesas, en ángulos extraños ... Lo comprendí de inmediato, porque ... se parecía a mi laboratorio de cuando era niño, donde yo lo tenía todo desparramado por

el lugar ... Me encantó. Sabía que estaba en el lugar adecuado ... La respuesta es hacer chapuzas. Experimentar es hacer toda clase de chapuzas. Es ... totalmente falto de elegancia, y este era el secreto. De modo que Princeton me encantó desde un principio.[6]

Al ver el ciclotrón, Feynman se dio cuenta de inmediato de por qué John Slater en el MIT le había aconsejado que terminara sus estudios de graduación en Princeton. El laboratorio de física de partículas de Princeton tenía una cualidad improvisada que se había demostrado mucho más adecuada para obtener resultados. En opinión de Feynman, la física tiene que hacerse de una manera versátil, armando diferentes configuraciones, completando una prueba tras otra, hasta que un experimento produzca resultados concluyentes y reproducibles. Por lo general, esto implica una organización flexible. Al sentirse como un muchacho rodeado por un complejo juego de construcción, se sintió satisfecho por haber tomado la decisión adecuada.

Como aspirante a teórico —la dirección a la que parecía encaminarse bajo la guía de Wheeler—, Feynman no esperaba hacer uso del ciclotrón para acopiar datos. Aun así, aquel laberinto de tuberías y cables lo atraía como si fuera una habitación llena de juguetes. Al igual que Wheeler, incluso en medio de cálculos abstractos, soñaba con trastear con elementos reales, como había hecho de niño.

Un día, en la época en la que discutían el principio de Mach, Wheeler y Feynman se enzarzaron en una acalorada polémica acerca de los aspersores de jardín, en forma de «X», que giran. Era evidente que estos artilugios comunes funcionaban sobre la base de la tercera ley de Newton de acción y reacción. El agua que salía en caño de cada una de las cuatro espitas desencadenaba una reacción de igual intensidad, conocida como «retroceso», en la dirección opuesta. Así, los cuatro chorros de agua, que surgían en el sentido de las agujas del reloj, producirían automáticamente cuatro fuerzas de retroceso, que empujarían en sentido contrario al de las agujas del reloj, y que harían que todo el dispositivo girara repetidamente, como un derviche giróvago. Al norte, al sur, al este y al oeste, todo el césped quedaría empapado.

La inversión temporal resultaría un tema importante en la colaboración de Wheeler y Feynman. Lo contrario de expulsar agua es absorberla. Supongamos que las válvulas del aspersor absorbieran agua en lugar de expulsarla. Esto produciría un retroceso de un tipo distinto. ¿Acaso la reacción combinada haría también que el aspersor girara? Es decir, ¿conduciría la acción invertida en el tiempo de hacer brotar agua al resultado invertido en el tiempo: girar en la dirección opuesta? ¿O acaso giraría por el contrario en la misma dirección que en la admisión de agua? ¿O quizá todo sería un fiasco?

Wheeler y Feynman debatieron la cuestión durante un tiempo, vacilando acerca del resultado previsto. Como un abogado instruido, Feynman pensó en argumentos razonables para cada una de las posibilidades, lo que hizo que Wheeler acabara por volverse un poco loco. Wheeler preguntó su opinión a otros miembros del claustro, que dieron toda clase de respuestas. A buen seguro, resolver este enigma de jardinería no debería ser difícil.

Harto de los aspectos hipotéticos, Feynman decidió poner a prueba el asunto construyendo su propio artilugio en miniatura a partir de tubos de vidrio y una manguera de caucho. Lo instaló en la sala del ciclotrón, donde un enorme recipiente de agua, una damajuana, ofrecería una cantidad abundante de líquido. Para generar la presión necesaria y hacer que el agua fuera absorbida en lugar de expulsada, conectó la manguera al suministro de aire comprimido del ciclotrón. Fue aumentando gradualmente la presión del aire, pero apenas ocurría nada. Al final, dio toda la potencia. ¡Bum! El aparato explotó. Fragmentos de vidrio mezclados con agua afectaron al ciclotrón, lo que requirió una limpieza que llevó mucho tiempo. El Departamento de Física reprendió a Feynman y le prohibió acceder al laboratorio.

La solución correcta al problema del rociador inverso ha sido un tema de considerable debate a lo largo de los años. En circunstancias prácticas, debido a varios factores ambientales como la turbulencia de los fluidos, habría una diferencia pronunciada entre las dos direcciones.

## Experimentos con el tiempo

Feynman era un curioso nato, no solo acerca del mundo físico, sino también acerca de su conexión con el ámbito de la experiencia humana. Sin embargo, toleraba muy poco la especulación basada en el puro razonamiento, la intuición o los sentimientos. Consideraba que todo lo que era importante tenía que ser comprobable; de otro modo, ¿por qué perder el tiempo con conjeturas?

Una mezcla de antielitismo y de machismo, que conservaba de la timidez de sus días de instituto, pudo haber sido en parte lo que fomentaba su desprecio por la erudición no científica. Le había aterrorizado que otros le pudieran ver como afeminado y amanerado: como una «nenaza». Aunque le gustaba mucho leer, temía ser visto como un estudioso, como lo que hoy se calificaría de bicho raro o empollón de la ciencia. Su relativa incompetencia en los deportes de equipo, como el béisbol, empeoraba todavía más las cosas. Los concursos de matemáticas no ofrecían la misma imagen varonil. Se sintió aliviado cuando se echó una novia, Arline Greenbaum —una artista en ciernes, dulce pero autoritaria, de Cedarhurst, Nueva York—, y pudo demostrar que era un «chico de verdad». Ella lo llamaba «Rich» (para los demás acabó siendo Dick); mientras que a ella Feynman la apodó «Putzie». Consiguieron mantener una relación romántica a larga distancia durante todo el tiempo que él estuvo en el MIT.

Allí, había asistido a un curso de filosofía, la disciplina más cercana a la ciencia que pudo encontrar y que le permitía cumplir el requisito de humanidades. Lo consideró como una tontería absoluta. Las observaciones que mascullaba el profesor le parecían tan interesantes como la estática en la radio. Feynman se distraía durante las aburridas lecciones utilizando un taladro manual en miniatura con el que perforaba diminutos agujeros en la suela de su zapato.[7]

Un día, un compañero de clase le informó de que era necesario que escribiera un ensayo relacionado con el tema del curso: conciencia. Feynman recordaba vagamente haber oído la frase «corriente de conciencia» surgida de la corriente de jerigonza del profesor. Esto le tocó la fibra sensible, y le recordó la historia de ciencia ficción que su padre le había contado acerca de extraterrestres que nunca dormían. Decidió entonces investigar en qué consiste el duermevela. Para el tema de su ensayo, experimentó de qué manera la conciencia se va apagando cuando nos vamos a dormir. Dos veces al día, durante la siesta de la tarde y después de irse a la cama por la noche, intentaba darse cuenta de cómo su conocimiento consciente cambiaba en los momentos anteriores a adormecerse.

En algún punto de su autosupervisión, Feynman observó algo realmente notable. En el preludio soñoliento al duermevela, parecía como si su conciencia se bifurcara. En lugar de una única corriente, se convertía en dos riachuelos gemelos. En una ráfaga de pensamientos, visualizó cuerdas que rodeaban un cilindro y que se embobinaban mediante un conjunto de poleas, parecidas a alguno de los problemas de mecánica que había estado preparando para Wheeler. Feynman era un pensador visual, de modo que esto no era muy sorprendente. Imaginando vívidamente cada detalle, empezó a preocuparse por si las cuerdas quedaban atascadas y el dispositivo se atoraba. Sin embargo, también advirtió una segunda corriente de pensamiento en el que se aseguraba a sí mismo que la fuerza de tensión garantizaría que el sistema funcionara de manera regular. Curiosamente, en dos facetas paralelas, Feynman era a la vez un estudiante ansioso y un profesor tranquilizador. Pero las perspectivas gemelas se fusionaban de alguna manera como las cuerdas del sistema de poleas.

«Flujo de consciencia», un término que acuñó el psicólogo William James, describe la ilusión de que los pensamientos parecen fluir en una única corriente. El escritor irlandés James Joyce y otros escritores notables de principios del siglo XX, como T. S. Eliot y Gertrude Stein, lo adoptaron como una especie de estilo literario. Las novelas notoriamente abstrusas de Joyce, como *Ulises* (1922) y *Finnegans Wake* (1939), ofrecen diarios literarios de las divagaciones de la mente. Joyce, a su vez, influyó en el escritor argentino Jorge Luis Borges, que en los primeros años de la década de 1940 produjo una asombrosa provisión de relatos cortos sobre el azar, el tiempo y la mente. No es que Feynman leyera o estuviera influido por dicha literatura. Más bien, sus intuiciones surgían por lo general de sus propios pensamientos profundos y de sus experimentaciones.

Una vez que Feynman entregó el ensayo, su comprensión creciente de los patrones de pensamiento lo llevó a experimentar con lo que ahora se denomina «sueños lúcidos»: intentar conservar una sensación de percatación y control al soñar. El tiempo del sueño puede parecer completamente desconectado del tiempo ordinario. En ese extraño ámbito nocturno, el avance uniforme del tiempo ya no parece que pueda aplicarse. Un libro popular de aquella época, *Un experimento con el tiempo*, de J. W. Dunne, imaginaba una especie de viaje en el tiempo en sueños. Las propias indagaciones de Feynman lo sorprendieron en relación a lo mucho que podía forzar a sus sueños a hacer lo que él quisiera.

Los experimentos mentales de Feynman continuaron en Princeton, y se dirigieron de manera más explícita al tema de la conciencia del tiempo. Había oído la teoría de un psicólogo prominente, según la cual procesos químicos en el cerebro que implicaban el metabolismo del hierro regían la manera de percibir el tiempo. Feynman pensaba de otra manera y decidió investigar qué factores influyen en la percepción del tiempo.

¿Podía tener algo que ver con el ritmo cardíaco, pensaba? Subiendo y bajando velozmente las escaleras de la Facultad de Graduados y corriendo a lo largo de sus pasillos, contaba los segundos para sí. Sus compañeros de habitación no tenían ni idea de qué impulsaba sus apresuradas carreras por todo el edificio. Sin aliento, no se lo pudo decir hasta más tarde, cuando estuvieron juntos en el comedor. Pero no había mucho que decir, pues las carreras no suponían mucha diferencia para su sentido del tiempo.

## El hipnotista

El papel de Wheeler en todo esto era sobre todo divertirse ante los relatos de Feynman. Sin embargo, en algunas ocasiones su animado profesor ayudante le invitaba a la Facultad de Graduados para algún acontecimiento, donde presenciaba de primera mano la curiosidad poco convencional del científico.

Por ejemplo, un día se acercó al campus un hipnotista para entretener a un numeroso grupo de estudiantes graduados. Feynman le pidió a su tutor que acudiera como invitado suyo. Con gran sorpresa de Wheeler,

Entrada al Laboratorio de Física Palmer (ahora Centro Frist), flanqueada por estatuas de Benjamin Franklin y Joseph Henry, Universidad de Princeton. (*Fuente*: Fotografía de Paul Halpern.)

cuando el hipnotista pidió voluntarios, Feynman fue directamente al escenario. Unas pocas órdenes más tarde, se hallaba sumido en un profundo trance. El hipnotista le pidió con solemnidad que caminara hasta el otro extremo de la sala, que cogiera un libro, lo colocara sobre su cabeza y volviera. Como un robot programado, Feynman obedeció sin dudar. La audiencia se desternillaba de risa.

Escéptico del hipnotismo, Wheeler creía que Feynman estaba actuando. Pero Feynman no era dado a actuar para otros —a menos que se tratara de una producción teatral real—, y por el contrario afirmó que se sintió verdaderamente obligado a seguir las órdenes. Se dio cuenta de que el cerebro no distinguía siempre la verdad y, por ejemplo, podía hacer que uno creyera que seguir determinadas órdenes era obligatorio. Mediante un autoanálisis perpetuo y su experimentación, Feynman consiguió una buena comprensión de la psicología. Puede afirmarse que su investigación de los estados alterados de percepción le ayudó a prepararse para indagar en una realidad cuántica que mezcla múltiples líneas temporales. Debido a los prejuicios y a las limitaciones de la mente, las cosas no siempre son lo que parecen.

A veces, la Facultad de Graduados celebraba un baile los sábados por la tarde. Cuando Feynman tenía suerte, Arline se tomaba un descanso de los estudios en la escuela de arte y de su trabajo a tiempo parcial dando clases de piano para acudir y pasar con él el fin de semana. Por aquella época ya habían empezado a hablar de matrimonio y se consideraban comprometidos.

Los cálidos abrazos, la sonrisa encantadora y el alegre optimismo de Arline ofrecían a Feynman un feliz descanso de su trabajo de clase y de sus cálculos. Ella fomentaba el lado artístico y expresivo de Feynman, lo que le proporcionaba el equilibrio que necesitaba. No vivas tu vida conforme a lo que digan los demás, le apremiaba. ¡Sé tú mismo!

Gracias en parte a su influencia, en momentos posteriores de su vida, Feynman tuvo aficiones creativas, como dibujar bocetos y tocar los bongós. Atraído por el ritmo de los tambores, acabó convirtiéndose en un gran conocedor de los estilos musicales de varios países africanos y latinoamericanos. Más que ninguna persona en su vida, quizá con la excepción de sus padres, Arline dejó en Feynman una huella indeleble.

Durante esas noches de baile en Princeton, Arline se solía alojar en casa de los Wheeler: John, su esposa, Janette, y sus dos hijos pequeños, Letitia, a la que llamaban «Tita», y James, conocido como «Jamie». Su casa recién edificada en Battle Road se hallaba a solo unas pocas manzanas de distancia de la Facultad de Graduados. John y Janette se habían casado en 1935, cuando los dos vivían en Carolina del Norte. Letitia había nacido en 1936 y Jamie, en 1939 (antes de la llegada de Feynman). Más adelante tendrían otra hija, Alison, nacida en 1942.

A Janette le gustaba mucho Arline, a la que veía como una joven decidida e independiente. Alguien tan testarudo como Feynman necesitaba ese equilibrio. A John y Janette, el amor creciente de la joven pareja les recordaba en muchos aspectos su propio afecto. Pero preocupados porque Arline se encargaba de demasiadas cosas y trabajaba muy duro, le ofrecieron que se relajara cuidando de ella en su casa. Agradecida por su hospitalidad, les obsequió con varias acuarelas que había pintado.

## Dos latas de sopa

Incluso cuando estaba atareado con sus cómputos, Feynman nunca quiso pasar todo su tiempo en el confinamiento solitario de un despacho, una biblioteca o un laboratorio. Por el contrario, encontraba saludable interaccionar con otras personas, en especial cuando sus engranajes mentales se hallaban momentáneamente atascados. Intentaba no tomarse la física teórica tan en serio como para que el resto de la vida le pasara desapercibido. La ciencia tenía que ser una alegría, no algo tedioso. Las personas eran mucho más importantes que las ecuaciones.

Al igual que a su padre, a Feynman le encantaba ver la cara de asombro de los niños cuando les contaba anécdotas científicas divertidas y desconcertantes. En la casa de su infancia, en Queens, le gustaba enseñarle curiosidades científicas a su hermana pequeña, Joan, que tenía casi nueve años menos que él. (Richard también había tenido un hermano, Henry, que murió de una enfermedad infantil en febrero de 1924, cuando solo tenía cuatro semanas de edad; fue una tragedia devastadora para la familia Feynman.)

De niña, Joan había ayudado a Richard con sus experimentos de electrónica, por lo que había ganado una paga de cuatro centavos semanales.[8] Una petición de un vaso de agua se convirtió en una lección de movimiento circular cuando lo hizo girar frente a los ojos de Joan y, milagrosamente, no se derramó... hasta que lo dejó caer. Feynman le enseñó el tenue resplandor verde, como de cuento de hadas, de la aurora boreal, y fomentó decididamente el interés de Joan por la astronomía, lo que finalmente la condujo a una brillante carrera académica en esta disciplina. Mientras

Feynman estuvo en Princeton, continuaron escribiéndose sobre las maravillas del cielo nocturno.

A pesar del interés creciente de Joan por la ciencia, Feynman nunca intentó explicarle sus investigaciones con Wheeler. Quizá pensó que eran demasiado técnicas, o demasiado alejadas de la astronomía. Tampoco le presentó a su tutor de Princeton, incluso cuando ella fue mayor. Tal como Joan recordaba: «No tuve ningún contacto en absoluto con Wheeler, y Feynman no comentaba su trabajo conmigo».[9]

Durante sus muchas visitas a la casa de Wheeler, Feynman acabó por conocer bien a los hijos de este. Le encantaba divertirlos con sus trucos de ciencia. Era parte de un juego que posteriormente convertiría a Feynman en una especie de «mago de la ciencia», que asombraba a otros y los desafiaba a encontrar explicaciones.

Letitia y Jamie recordaban que Feynman fue a su casa cuando eran muy pequeños y que realizó un experimento para divertirles. El científico cogió rápidamente una lata de sopa de la encimera en la que Janette estaba preparando la cena y, tal como recordaba Jamie, les dijo: «Tengo un problema para vosotros. Tenéis dos latas de sopa que son idénticas, pero una está helada. La pregunta es, si las colocáis una al lado de la otra sobre un plano inclinado y las soltáis simultáneamente, ¿cuál será la que llegue antes abajo?».[10]

Aunque no reveló verbalmente la respuesta a los niños, Feynman basó su truco de ciencia en el hecho de que los líquidos tienen una dinámica diferente a la de los sólidos. Los contenidos sólidos, como una sopa helada, giran al unísono con sus recipientes y por lo tanto gastan energía rotatoria, que extrae energía de su movimiento a través del espacio. Los fluidos, como una sopa líquida, en cambio, no giran con sus recipientes y están libres de gastar la mayor parte de su energía en moverse de un lugar a otro. Esto permite que las latas llenas de líquido vayan más rápidas. Por lo tanto, incluso sin abrirla ni agitarla, se puede decir si su contenido es fluido o sólido.

Después de plantear este dilema sobre cómo adivinar el estado del contenido de una lata, Feynman lanzó al aire el bote de sopa. Encontró otra lata que contenía un sólido, también la lanzó y pidió a los niños que se fijaran en cuál caía más rápido. Sobre la base de su observación, adivinaron cuál era la que contenía líquido. Feynman abrió la lata, vertió la sopa y les demostró lo delicioso que es realmente pensar en la física.

Además de la anécdota con la sopa, Letitia recordó que en otra de las visitas de Feynman su comportamiento informal chocó con las opiniones más tradicionales de Janette acerca de cómo debería comportarse un joven. Esta consideraba que era de mala educación permanecer sentado, despatarrado en una silla, sin levantarse a saludarla cuando alguien se le acercaba. «Tengo una recuerdo de Feynman —explicó Letitia—. Tengo la sensación de que mi madre le decía que debía ponerse de pie cuando una señora le hablara».[11]

En aquella época, alojar a estudiantes graduados y a otros académicos jóvenes en la propia casa era relativamente común, sobre todo para profesores familiarizados con la tradición europea de casas privadas que funcionaban también como centros de investigación. Por ejemplo, Niels Bohr y su esposa Margarethe recibían con amabilidad a jóvenes investigadores en su hogar de Copenhague, y entremezclaban amigables debates con la legendaria hospitalidad danesa.

Los Wheeler compensaron el favor acogiendo a los Bohr en varias ocasiones. Para los niños era emocionante tener a un físico famoso y a su esposa en casa. Letitia recordaba con cariño haber conocido a la señora Bohr, y Alison también tenía recuerdos de dichas visitas. Tal como rememoraba, «Niels Bohr se sentaba en el butacón preferido de mi madre, de terciopelo rojo. Hablaba muy bajito y era difícil entender una palabra de lo que decía».[12]

## Reacción en cadena

A pesar de la voz suave de Bohr, sus advertencias tuvieron una influencia considerable en la comunidad de físicos. Sus tranquilas observaciones al seminario de un joven investigador, en función del tono, podían impulsar u obstaculizar la carrera del conferenciante. Si estaba inquieto, como cuando anunció el descubrimiento de la fisión por los alemanes, sus colegas físicos se daban cuenta enseguida.

Después de que varios físicos hicieran sonar la alarma sobre la posibilidad del desarrollo de armas por los nazis, la respuesta inmediata fue el silencio. Washington puede moverse muy lentamente. Aunque Fermi entró en contacto con el Departamento de Marina en marzo de 1939 y Einstein escribió por primera vez a Roosevelt en agosto del mismo año, el presidente no consideró urgente el asunto. Espoleado de nuevo por Szilard, Einstein envió otras dos cartas en 1940. Aquel año, el gobierno de Estados Unidos dedicó unos 6.000 dólares a la investigación de la fisión nuclear (unos 100.000 dólares actuales, ajustados por la inflación). No fue hasta el 6 de diciembre de 1941, el día antes de que los japoneses bombardearan Pearl Harbor y de que Estados Unidos entrara en la guerra, cuando el programa atómico norteamericano, cuyo nombre en código fue Proyecto Manhattan, se inició de verdad y con una financiación mucho mayor.

El artículo de Bohr y Wheeler había revelado dos materiales fisionables posibles para alimentar una reacción en cadena: el uranio-235 y el plutonio-239. Generar ambos en cantidades suficientes iba a requerir enormes avances tecnológicos. El uranio-235, que constituía solo una pequeñísima fracción del mineral de uranio, tenía que separarse del uranio-238, mucho más abundante. La investigación había demostrado que los procesos químicos y otros métodos comunes para distinguir los ingredientes, simplemente, no funcionarían. El plutonio-239 presentaba otro reto diferente por completo. Al ser un elemento artificial, sería necesario crearlo en un reactor nuclear mediante la transmutación del uranio.

Les aguardaban otros muchos obstáculos, como determinar la masa crítica del combustible necesario para crear una reacción en cadena, reunir y almacenar este material, etcétera. El Proyecto Manhattan acabaría siendo una proeza científica y tecnológica sin igual, que convocaría a servir a muchas de las mentes más preclaras de Estados Unidos —y de sus aliados más próximos, Canadá y Reino Unido—. En papeles y lugares distintos, también se reclutaría a Wheeler y Feynman.

Más tarde, Wheeler se preguntaría si los Aliados no habrían tenido que poner una mayor urgencia en el programa de la bomba atómica. Después de todo, pasaron más de dos años entre la primera carta a Roosevelt y el inicio del proyecto, y pasarían casi otros cuatro años hasta que las bombas fueran construidas, probadas y lanzadas. Aunque muchos de sus colegas lamentarían la devastación causada por las armas nucleares, Wheeler sopesaba situaciones alternativas en las que los Aliados frustraban a los nazis mucho antes. Así, se preguntaba: ¿podría un desarrollo y uso de la guerra atómica más rápidos salvar millones de vidas?

Sin embargo, mientras la guerra se encontraba todavía a un océano de distancia, Wheeler pasó 1940 y 1941 profundamente absorto en proyectos teóricos con Feynman. Por aquel entonces consideraba que el conflicto era un problema europeo y prefería lidiar con ideas junto con su brillante y joven protegido. En lugar de pensar en la logística de la fisión nuclear, estudiaban de qué modo las partículas interactúan a un nivel fundamental. Feynman eligió a Wheeler como el director oficial de su tesis doctoral, y este aceptó encantado, formalizando así su estrecha relación de trabajo. Reuniéndose en Fine Hall, en el Laboratorio Palmer y en casa de Wheeler, llamándose por teléfono y encontrando todas las maneras posibles para estimular la imaginación del otro, empezaron a sentar las bases de una revolución en la física fundamental. La guerra era efímera; las verdades científicas, eternas.

## 2

# La única partícula en el universo

Feynman, sé por qué todos los electrones tienen la misma carga y la misma masa... Todos son el mismo electrón.

JOHN A. WHEELER, tal como contó Richard P. Feynman

Su genialidad, la extravagancia de sus ideas, aparentemente imposibles, cayeron en suelo fértil, porque yo nunca puse objeciones a lo que otras personas se hubieran opuesto de inmediato.

RICHARD P. FEYNMAN, al describir su relación de trabajo con John A. Wheeler

El salado Atlántico se estrella una y otra vez en Rockaway Beach, embistiendo a un ritmo incesante. Las olas y la arena siguen ondulando con la misma cadencia que cuando Feynman era un muchacho. Cientos de kilómetros al norte, en el rocoso Maine, el fuerte oleaje golpea repetidamente High Island, donde los Wheeler pasaron algunas temporadas de vacaciones. Los grandes físicos vienen y se van, pero el oleaje del océano ha lamido las costas una y otra vez, sin cambios, desde tiempo inmemorial.

Faros eléctricos tachonan la línea de costa, y cada uno de ellos emite un cono luminoso sobre la tenebrosa oscuridad del mar. De la misma manera que las moléculas de agua en movimiento forman las olas del océano, los electrones cuando se mueven crean las ondas luminosas. En cada caso, las perturbaciones de las partículas generan una cascada de oscilaciones, que se propagan a través del espacio. Pero aquí termina la semejanza.

Mientras que las ondas de agua, las olas, son un fenómeno mecánico que requiere un medio material, la radiación electromagnética, que incluye la luz visible, puede desplazarse a través del espacio vacío, así como de los materiales. La explicación convencional es que las ondas electromagnéticas forman un dúo de campos eléctrico y magnético, que oscilan perpendicularmente uno con respecto al otro a la velocidad de la luz.

Un «campo» es una especie de paisaje de una propiedad determinada (por ejemplo, la intensidad eléctrica) que ilustra de qué modo los valores de esta varían de un punto a otro a través de todo el espacio. Es como un mapa con datos (por ejemplo, coordenadas GPS, elevación, densidad de población) asociados a cada localidad concreta. Los que poseen valores únicos en cada punto se denominan «campos escalares». Los que tienen valores múltiples en cada punto, que detallan cómo la magnitud (la cantidad) y la dirección de la propiedad escogida cambian de un lugar a otro, se denominan «campos vectoriales».

Piense el lector en un mapa del tiempo para comprender la diferencia entre campos escalares y vectoriales. En cualquier momento dado, cada punto tiene una temperatura única. Por lo tanto, las lecturas de temperatura para cada localidad forman un campo escalar. Cada punto tiene también una determinada velocidad del viento que, a diferencia de la temperatura, tiene a la vez una magnitud (velocidad) y una dirección. En consecuencia, el mapa de las velocidades del viento constituye un campo vectorial.

En la teoría electromagnética clásica, los campos vectoriales expresan a la vez las fuerzas eléctricas y magnéticas. Estos llenan el espacio como un mar ilimitado de energía. Los campos eléctricos representan la cantidad y la dirección de la fuerza eléctrica por unidad de carga en cada punto del espacio. Los campos magnéticos caracterizan la cantidad de fuerza magnética por unidad de carga «en movimiento» en cada punto —clásicamente, solo las cargas que se mueven experimentan magnetismo.

Los campos no solo actúan sobre las cargas; también son creados por estas. Una carga eléctrica o un conjunto de cargas genera automáticamente un campo eléctrico. Si resulta que la carga (o un conjunto) se está moviendo, se crea también un campo magnético. Las direcciones de los campos eléctrico y magnético creados por un conjunto de cargas en movimiento se hallan, en general, en ángulos rectos uno con respecto al otro.

Las ecuaciones desarrolladas por James Clerk Maxwell demuestran la manera en que el movimiento de estos campos se propaga mediante una especie de efecto dominó. Un campo eléctrico cambiante crea de manera natural un campo magnético cambiante perpendicular a aquel. El campo magnético cambiante induce un campo eléctrico cambiante, y así sucesivamente, lo que lleva de forma automática a un tren de vibraciones que se desplazan por el espacio. Esto puede ocurrir tanto en un vacío como a través de una sustancia material.

Hacer arrancar esta locomoción requiere solo una carga aceleradora, como un electrón empujado arriba y abajo en una antena. Este movimiento conduce a un campo eléctrico que serpentea hacia arriba y hacia abajo, junto con un campo magnético que serpentea hacia atrás y hacia delante (en ángulos rectos al campo eléctrico). Estos contoneos y sacudidas desencadenan todavía más sacudidas y contoneos, que forman una onda electromagnética. Dicha onda se desplaza a la velocidad de la luz a través del vacío puro y de manera algo más lenta a través de medios materiales.

Si la onda golpea otra antena, libera aquellos electrones que se hallan levemente fijados en su interior, que entonces también se mueven hacia arriba y hacia abajo. De esta manera, el patrón procedente de la antena transmisora podría reproducirse en la antena receptora. Las señales de radio se emiten mediante dicha replicación: las pautas generadas en una emisora de radio podrían transmitirse de este modo a la radio de un automóvil.

En el caso de los faros, las transmisiones (producidas en filamentos más que en antenas) tienen una longitud de onda más corta y una frecuencia mayor, lo que las sitúa en la gama visible. Emiten luz blanca, o algo que se le acerca, que es detectada por los ojos vigilantes de los marineros nocturnos, que aprecian la distinción.

En la actualidad, la idea de campos electromagnéticos —que pulsan a través del espacio en forma de ondas electromagnéticas— se acepta de manera casi universal. Esta aportación maxwelliana ha sido modificada con éxito para que se ajuste a las predicciones de la teoría cuántica. Sin embargo, en los primeros años de la década de 1940, cuando John Wheeler y Richard Feynman realizaban su investigación colaborativa, todavía no estaba claro de qué manera se podía desarrollar una imagen cuántica completa del electromagnetismo. Por esta razón, no veían ninguna obligación de incluir la idea del campo en sus modelos. Por el contrario, consideraron alternativas que recuperaban la idea newtoniana más antigua de «acción a distancia»: interacciones remotas entre partículas.

## El salto cuántico de un electrón

Wheeler y Feynman eran plenamente conscientes de los logros y defectos de la mecánica cuántica. Sabían que, en algunos tipos de medidas, esta ofrecía predicciones espléndidas, mientras que en otras se quedaba corta. Los fracasos incluían los cálculos cuánticos que explotaban hasta el infinito, como dividir por cero en un ordenador moderno y obtener la respuesta «indefinido». En su investigación conjunta, decidieron enfrentarse a tales defectos. Para situar la física cuántica en un terreno más firme, optaron por elegir algunos de sus ingredientes establecidos, juzgando cuáles eran absolutamente necesarios y cuáles podían modificarse o incluso descartarse.

Pero para comprender las transformaciones que nuestros protagonistas decidieron efectuar, volvamos a la historia inicial de la mecánica cuántica. Consideraremos tanto la versión no relativista (de baja velocidad) como la relativista (de velocidad cercana a la de la luz). Entonces veremos qué elementos cuánticos mantuvieron nuestros intrépidos investigadores y cuáles decidieron cambiar o eliminar en sus esfuerzos conjuntos para reformar la física cuántica.

En 1905, la teoría de Albert Einstein del efecto fotoeléctrico mostraba que había algo más allá de la imagen ondulatoria del electromagnetismo. Transmitida por esos «paquetes ondulatorios» que son los fotones, la luz comprende un híbrido de propiedades de tipo ondulatorio y de tipo partícula. La dispersión de Compton, en la que los fotones transportan energía y momentos (características de partículas) relacionados con sus frecuencias y longitudes de onda (características de ondas), ofrece un ejemplo excelente de ello.

Gran parte de la fama inicial de Bohr procedía de su modelo del átomo como algo parecido al sistema solar, con electrones «planetas» que circulaban alrededor de un «sol» nuclear. Sin embargo, en lugar de una gama continua de órbitas posibles, Bohr derivó reglas para un patrón discreto de anillos, cada uno con su propio nivel energético característico. El modelo representa los niveles de energía de los electrones como algo parecido a un estadio redondo con filas circulares de sillas fijas. De la misma manera que en un concierto con asientos asignados hemos de permanecer en nuestra fila a menos que nuestra entrada nos permita cambiar, los electrones deben permanecer en sus niveles a menos que tengan una «entrada» que les permita desplazarse más cerca o más lejos del núcleo. Para aventurarse hacia dentro o hacia fuera han de emitir o absorber un fotón, respectivamente. Cada fotón brilla con una frecuencia asociada con el intercambio concreto de energía que se produce. De manera asombrosa, las frecuencias que predecía el modelo de Bohr para el hidrógeno correspondían a la perfección con el arcoíris de colores que se ve en su espectro: un triunfo de la teoría.

Bohr no pudo explicar adecuadamente las razones para las reglas cuánticas que confinan los electrones a determinadas órbitas cuando no saltan. Las condiciones, simplemente, parecían *ad hoc*. Para ayudar a remediar dicha situación, Louis de Broglie introdujo la idea de ondas materiales: a partir del trabajo de Einstein y Bohr, determinó que los electrones y todos los cuerpos materiales poseen propiedades de onda, así como de partícula. Al igual que los fotones, se propagan de forma ondulatoria, pero están confinados en el espacio y tienen longitudes de onda relacionadas con sus momentos. Su audaz idea puso inmediatamente a los constituyentes de la materia, como los electrones, y a los portadores de fuerza, como los fotones, en una posición casi igual. Casi, pero con una distinción importante.

La diferencia clave entre la sustancia de la materia, los llamados «fermiones» —por un método estadístico cuántico desarrollado por Enrico Fermi y Paul Dirac—, y la esencia de la fuerza, los llamados «bosones» —por las estadísticas del físico indio Satyendra Bose, junto con Einstein—, tiene que ver con un factor cuántico denominado «espín». Este último es un nombre poco apropiado porque, a diferencia del estrafalario aspersor montado en la sala del ciclotrón, no guarda relación con la rotación* real. Más bien tiene que ver con la sociabilidad de una partícula con otras de su tipo. Los fermiones son seres absolutamente antisociales; cada uno tiene su propio estado cuántico. El teórico austríaco Wolfgang Pauli demostró esta regla, llamada «principio de exclusión». Los bosones, en cambio, son lo bastante extrovertidos como para compartir estados cuánticos.

Si pensamos en los estados cuánticos como los asientos de un monovolumen y preguntamos cuántas partículas podrían caber en el habitáculo posterior, la respuesta para los fermiones es una; para los bosones es tantas como quieran. A diferencia de los fermiones, dos o más bosones podrían tener idénticos números cuánticos (un conjunto de parámetros que especifican el estado cuántico preciso). Si un taxista recoge a la vez a dos fermiones, será mejor que tenga al menos dos asientos en el taxi, uno para cada uno, sin compartir. De otro modo tendrían que tomar taxis separados. A los bosones, en cambio, les gusta apretarse juntos en la misma configuración cuántica. Si los imaginamos en una parada de taxis, con su propensión a compartir nunca tendrían que esperar mucho tiempo para subirse a uno.

Supongamos que intentamos obligar a dos electrones a pasar al nivel de energía más bajo de un átomo, es decir, el que se sitúa más cerca del núcleo. En tanto que fermiones, no pueden hallarse en absoluto en el mismo estado cuántico y por lo tanto necesitan distinguirse. Uno de ellos

* En inglés, *spin* significa «girar». (*N. del t.*)

ocupa un estado de espín denominado «espín arriba», y el otro ha de encontrarse en la configuración opuesta, «espín abajo». La nomenclatura pertenece a una propiedad denominada «efecto Zeeman», en la que el átomo está situado en un campo magnético. El electrón de espín arriba se alinea con el campo, y el otro se contraalinea, dividiendo sus niveles de energía en valores ligeramente distintos.

En su origen, los físicos neerlandeses que propusieron el espín, George Uhlenbeck y Samuel Goudsmit, lo denominaron así porque pensaron que los electrones parecían peonzas cargadas que giraban. Su reacción magnética procedía de la dirección de su supuesta rotación: en el sentido contrario a las agujas del reloj tenían un eje dirigido hacia arriba, y en el sentido de las agujas del reloj, dirigido hacia abajo. Cuando esto resultó ser físicamente imposible —las rotaciones habrían tenido que ser más céleres que la velocidad de la luz—, no obstante, se mantuvo el nombre. De ahí que los físicos continúen usando un número cuántico de espín que no tiene nada que ver con la rotación real.

A mediados de la década de 1920, el físico alemán Werner Heisenberg y el austríaco Erwin Schrödinger desarrollaron propuestas rivales para explicar las propiedades atómicas de una manera más satisfactoria que el modelo de Bohr. El programa de Heisenberg era más abstracto, y utilizaba las tablas matemáticas denominadas «matrices» para mostrar las probabilidades de cambiar de un nivel a otro. El método de Schrödinger, mucho más fácil de entender, consistía en una ecuación que demostraba de qué manera las ondas materiales de De Broglie tomarían forma en una región determinada, dado su perfil energético, como gelatina adaptándose a un molde. Cada una de estas teorías se ajustaba bien a los datos experimentales, lo que llevó al teórico alemán Max Born a sugerir combinarlas en una única explicación.

En la aproximación combinada de Born, las soluciones de la ecuación ondulatoria de Schrödinger son ondas de probabilidad, denominadas «funciones de onda», en lugar de pegotes reales de materia. Las ondas de probabilidad cartografían las probabilidades de que las partículas se encuentren en una posición determinada, en lugar de dónde se encuentran en realidad —desde el punto de vista técnico, hay que elevar al cuadrado la función de onda para obtener la probabilidad—. Son como las curvas en forma de campana que describen las probabilidades de que salgan determinados valores cuando se lanzan los dados. Los picos y valles de las funciones de onda muestran, respectivamente, donde será más o menos probable que se encuentren los electrones.

Las funciones de onda están lejos de ser permanentes. A veces, debido a factores ambientales, evolucionan de manera gradual. Un ejemplo es un electrón sometido a un campo magnético que cambia con lentitud; su función de onda evoluciona en correspondencia. Otras veces las funciones de onda se transforman de repente desde una configuración a otra. Al igual que en la mecánica matricial de Heisenberg, estas transiciones abruptas no son perfectamente predecibles, sino que más bien tienen determinadas probabilidades, como ocurre al lanzar una moneda o girar una ruleta.

La ecuación de Schrödinger, aunque útil y elegante, omite varias propiedades clave de los electrones. No tiene en cuenta su espín, ni aborda los efectos de la teoría de la relatividad especial de Einstein, propuesta en 1905, el mismo año milagroso en el que desarrolló el efecto fotoeléctrico. Mientras que la relatividad general se aplica a la gravitación, la relatividad especial, su antecedente, resulta aplicable sobre todo a partículas que se desplazan a velocidades elevadas pero constantes. Cuando tratamos de resolver el funcionamiento de electrones energéticos, ignorar el monumental descubrimiento de Einstein, simplemente, no funcionará.

## Hablar de manera relativa

La motivación de Einstein para desarrollar su teoría especial de la relatividad surgió de una contradicción paradójica entre la mecánica clásica y la teoría electromagnética, conectada con la constancia de la velocidad de la luz. En su juventud, el científico imaginó un experimento mental en el que un corredor intentaba alcanzar una onda luminosa. Si de alguna manera el atleta fuera lo bastante rápido, la mecánica newtoniana clásica le permitiría mantenerse al nivel de la onda; sin embargo, la teoría electromagnética maxwelliana le impediría hacerlo, porque en la teoría de Maxwell la velocidad de la luz les parece la misma a todos los observadores, incluso a aquellos que se desplazan a una velocidad extraordinaria. Como si intentara alcanzar un espejismo del desierto que siempre desaparece, el corredor nunca podría llegar a atrapar la onda.

La resolución del enigma por parte de Einstein, la relatividad especial, sostiene que las medidas del espacio y el tiempo dependen de las velocidades relativas de los observadores. Un corredor rápido y un observador rígido podrían registrar valores diferentes para la distancia recorrida por un haz de luz y para la duración de su trayecto. Desde el punto de vista del observador fijo, en relación al móvil, el espacio podría comprimirse y el tiempo, dilatarse. Sin embargo, al dividir la distancia por el tiempo para obtener la velocidad, cada observador mediría la misma velocidad de la luz. Así, la velocidad de la luz, y no los registros efectuados con reglas y relojes, sirve como patrón universal.

Poco después de que Einstein propusiera su teoría, el matemático Hermann Minkowski descubrió que situar el espacio y el tiempo en una base casi igual expresaba esta idea de manera más elegante. Minkowski inventó el concepto de espacio-tiempo para representar la amalgama de ambos. Esto daría como resultado una manera más natural de describir la relatividad general, así como la especial.

En la concepción de Minkowski, espacio y tiempo no eran independientes, sino aspectos duales del espacio-tiempo. El espacio-tiempo sustituía al espacio tridimensional y al tiempo unidimensional con una entidad unificada tetradimensional. Minkowski anunció de manera espectacular su reformulación tetradimensional en una reunión científica de 1908. Mientras proclamaba que «el espacio y el tiempo por sí solos están condenados a esfumarse en simples sombras»,[1] demostró que una fusión de ambos en el espacio-tiempo ofrecería una manera invariable y objetiva de describir el universo.

En la aproximación revolucionaria de Minkowski, cada acontecimiento tiene cuatro coordenadas, que unen su localización tridimensional con su tiempo de acaecimiento. Nada sucede solo en el espacio; también ha de tener un sello temporal. Las distancias y duraciones puras son proscritas en favor del intervalo del espacio-tiempo: la separación entre eventos tanto en el espacio como en el tiempo.

El intervalo de espacio-tiempo más corto, llamado «como la luz» y con un valor de cero, es la trayectoria en línea recta de la luz desde un acontecimiento a otro. Es como un cordel tenso que une dos eventos. Por ejemplo, si estuviéramos en el piso superior de la Torre Eiffel y dirigiéramos un haz de luz hacia un barco situado abajo, en el río Sena, el rayo luminoso uniría dos acontecimientos diferentes de espacio-tiempo con la mayor de las eficiencias. El primer evento tendría coordenadas de espacio-tiempo correspondientes a las tres dimensiones espaciales de la situación de la Torre Eiffel y del tiempo de la transmisión; el segundo tendría coordenadas espaciales ligeramente distintas y un minúsculo incremento de tiempo correspondiente a la llegada del haz al buque. Nada podría viajar más rápido o más recto que dicho haz. De ahí que los intervalos como la luz sean el patrón oro para la comunicación, y la manera más eficiente para que las causas produzcan efectos.

Podríamos también dirigir nuestro haz de luz en otra dirección, por ejemplo, hacia un barco diferente. En realidad, la gama de posibilidades es enorme. Al dibujarlas sobre un «diagrama de espacio-tiempo», siendo el tiempo uno de los ejes y las dimensiones espaciales los demás, podríamos imaginar el enorme recorrido de ángulos desde los que la luz podría surgir de un punto y continuar a lo largo de una línea recta. Si el diagrama tiene dos dimensiones espaciales, junto con el tiempo, la gama de posibilidades para el trayecto de la luz a través del espacio-tiempo se parece algo al barrido del haz de luz de un faro a medida que este gira, o al cucurucho de un helado. En consecuencia, los científicos llaman «cono de luz» a la gama de opciones que se abren en abanico. Tal como se ilustra en el diagrama del espacio-tiempo, cualquier cosa que se desplace a la velocidad de la luz seguirá el cono de luz. Típicamente, situado bajo este último, se halla un segundo cono de luz invertido que muestra de qué manera podrían llegar los haces que entran. En otras palabras, ilustra la gama de rayos luminosos del pasado. Juntos, los conos recto e invertido forman algo parecido a un reloj de arena, que muestra los límites pasados y futuros del desplazamiento a la velocidad de la luz.

La ciencia de la óptica demuestra por qué la luz, cuando pasa a través de un vacío o de un medio uniforme, se desplaza en línea recta. Según el «principio del tiempo mínimo», propuesto por el matemático Pierre de Fermat a mediados del siglo XVII, la luz siempre toma la trayectoria más rápida posible a través del espacio. Puesto que su velocidad es constante, para minimizar su tiempo de desplazamiento, ha de escoger la ruta más corta. Tal como sabe cualquier estudiante de geometría, la distancia más corta entre dos puntos es una línea recta.

Según la relatividad especial, cualquier cosa que tenga masa ha de moverse más lentamente que la luz. Por lo tanto, los objetos con masa ofrecen medios de comunicación más lentos —en muchos casos, mucho más lentos— que la luz. Somos testigos de ellos durante una tormenta, cuando el destello del rayo llega mucho antes que el ruido del trueno. Si esperamos a buscar refugio hasta que oigamos el sonido —transmitido a través de las moléculas de aire que tienen masa—, en oposición a hacerlo después de ver el relámpago, nuestra decisión se demorará un poco. Esperar hasta que veamos correr a nuestros vecinos para huir de la tormenta retrasará todavía más nuestra decisión. Esta es la razón por la que la luz, que toma la ruta de menor tiempo, ofrece el medio ideal de comunicación. Adviértase que consideramos la luz en todas sus formas, incluyendo la radiación invisible, como las ondas de radio.

Si se dibujan en un diagrama de espacio-tiempo, las cosas que se desplazan más lentamente que la luz han de seguir trayectorias que se encuentren dentro del interior de los conos de luz —donde estaría el helado—. Esto se debe a que dentro de un intervalo temporal dado, los objetos más lentos que la luz no podrían cubrir tanta distancia espacial como podría atravesar esta última. Por ejemplo, las trayectorias que adoptan las ondas sonoras caerían dentro de los conos de luz, no sobre su superficie.

Naturalmente, nosotros figuramos entre los cuerpos que se desplazan a menor velocidad que la de la luz. En un diagrama de espacio-tiempo, nuestra vida tiene el aspecto de esos cepillos retorcidos para desatascar cañerías, que serpentean en el espacio de un punto a otro a lo largo del tiempo. Llamamos a dichas pautas «líneas del mundo». Mientras pasamos del nacimiento a la infancia, y después a lo largo de la edad adulta, y de la vejez a la muerte, estas pautas retorcidas interceptan a las de otras personas, ofreciendo redes de relaciones convergentes y divergentes. Con la muerte, las líneas del mundo de los humanos se extinguen, pero las de sus moléculas constituyentes continúan. A un nivel subatómico, como en el caso de los protones (los núcleos con carga positiva de los átomos de hidrógeno), las líneas del mundo pueden extenderse a lo largo de miles de millones de años.

Supongamos que un ser inteligente, avanzado más allá de nuestra comprensión, obtuviera de alguna manera acceso al diagrama completo del espacio-tiempo del universo. Las líneas del mundo de todo lo que existió o que existirá (pasado, presente y futuro) estarían grabadas dentro de esta bola de cristal cósmica. Desde la perspectiva de este ser, el tiempo parecería tan congelado como un bloque de hielo. Nada podría cambiar, porque ya estaría previsto. A esta visión atemporal se la suele denominar «universo bloque».

Filosóficamente, Einstein llegó a aceptar esta visión atemporal del mundo. Tal como escribió una vez: «Para nosotros, físicos creyentes, la distinción entre pasado, presente y futuro tiene solo el significado de una ilusión tozuda».[2]

Para hacer que cualquier teoría física sea coherente con la relatividad especial es necesario sustituir cualquier referencia al espacio y el tiempo como parámetros independientes por un espacio-tiempo unificado. Considérese, por ejemplo, la ecuación de Schrödinger. Muestra cómo las funciones de onda se comportan en el espacio y se desarrollan a lo largo del tiempo. Por lo tanto, no se ajusta a la relatividad especial. Un extraterrestre que viviera en un universo bloque, que careciera de la noción del cambio a lo largo del tiempo, no tendría ni idea de lo que esto significa. Aunque Schrödinger lo intentó, fracasó a la hora de dar con una ecuación relativista que predijera el comportamiento del electrón. Sería necesario que un físico inglés, con el que compartiría el premio Nobel, concibiera la ecuación correcta.

## Un mar de agujeros

El físico Paul Dirac, natural de Bristol, tenía fama de ser muy comedido. Si se le hacía una pregunta intrincada, no importaba lo enrevesada que fuera, era más que probable que contestara simplemente con un sí o un no. Su parsimonia a la hora de hablar y su torpeza social generaron toda una aluvión de relatos. Uno de los más famosos implicaba a su esposa, Manci, que era hermana de Eugene Wigner. Según consta, una vez la presentó simplemente como «la hermana de Wigner», lo que implicaba que no la conocía de ninguna otra manera.

Por suerte, a la hora de construir ecuaciones, la brevedad y la simplicidad resultan perfectas. A finales de la década de 1920, Dirac desarrolló un nuevo léxico preciso para la mecánica cuántica. Su notación clara para los estados y transiciones cuánticos se emplea todavía hoy. Además de codificar la mecánica cuántica no relativista, se dispuso a describir también una versión relativista que incluyera el espín del electrón. En 1928, unos pocos años después de que surgiera la física cuántica estándar y la idea del espín, salió victorioso.

Sobre el papel, la ecuación de Dirac, tal como se llama su descripción relativista de los electrones, es una de las más breves en física; pero contiene infinidad de implicaciones. Presenta a los electrones en términos de funciones de onda especiales llamadas «espinores», que se transforman según reglas matemáticas nítidas. No solo casa el espacio y el tiempo, sino también la energía y el momento de conformidad con la relatividad especial. Así, un espinor no evoluciona realmente a lo largo del tiempo, sino que más bien persiste en un universo bloque atemporal.

Pero de manera extraña, Dirac se dio cuenta de que, para cada solución cargada negativamente de su ecuación, había una correlativa cargada positivamente de la misma masa. Así, predecía algo parecido a los electrones, solo que de carga opuesta. Los protones no servían; son mucho más voluminosos que estos últimos.

Al no tener respuesta para explicar las soluciones adicionales, Dirac imaginó una innovadora hipótesis «náutica» que implicaba agujeros en un mar infinito de energía. El universo, conjeturó, está lleno de un fluido energético (un reservorio de estados de electrones ocupados) del que de tanto en tanto surgen electrones. Siempre que saltan del océano, dejan atrás un agujero de la misma masa y carga opuesta: como las burbujas que surgen cuando un submarino llega a la superficie. De ahí que los electrones estén siempre emparejados con agujeros.

En 1932, el experimentalista Carl Anderson encontró evidencias en favor de la hipótesis de Dirac en trazas de rayos cósmicos que llegaban a la Tierra. Al examinar las trayectorias de partículas dentro de un dispositivo denominado «cámara de niebla», descubrió un nuevo cuerpo subatómico con una masa idéntica a la del electrón y el mismo valor de carga, solo que positiva en lugar de negativa. Las partículas positivas y negativas se curvan en espirales opuestas en presencia de un imán, que es como Anderson pudo ver la diferencia.

El «positrón», como denominó a la nueva partícula, encajaba perfectamente con la teoría de Dirac. La comunidad de físicos se apresuró a adoptar la idea de antipartículas: equivalentes de las partículas ordinarias, pero de carga opuesta. Numerosos experimentos confirmaron que los positrones eran tan reales como los electrones, aunque mucho menos comunes en la naturaleza. Sin embargo, el concepto de «agujeros» cayó en desuso, pues no era pertinente para la descripción.

Rara vez la explicación experimental ha seguido con tanta rapidez a una solución hipotética. El descubrimiento de los positrones abrió las puertas a un extenso zoológico de antipartículas, entre las que se encuentran los antiprotones, cargados negativamente. En la actualidad, los científicos creen que las partículas de materia y las de antimateria poblaban por igual el universo primitivo, pero que determinadas interacciones asimétricas condujeron al desequilibrio actual.

Las teorías de Dirac le granjearon una aclamación considerable y una reputación generalizada como genio matemático. Los estudiantes de física de la década de 1930 lo llegaron a conocer bien, debido a su popular manual *The Principles of Quantum Mechanics*, que estableció su aproximación sistemática al tema. Más que ningún otro tratado de la época, demostraba que la mecánica cuántica era un tema lógico, muy predictivo, que, no obstante, contenía lagunas importantes, entre ellas, los cálculos que terminaban en valores infinitos imposibles. Retaba a los físicos jóvenes a salvar dichas lagunas.

## Espacio para maniobrar

En el MIT, Feynman había devorado minuciosamente el manual de Dirac y aceptado sus retos. En concreto, encontró que su capítulo final, «Electrodinámica cuántica», era un enigma intrigante. Dirac había derivado de manera meticulosa expresiones para explicar cómo la mecánica cuántica relativista se aplica a las interacciones electromagnéticas entre electrones. Las matemáticas eran impecables; pero los resultados, imposibles.

Al calcular la energía total, Dirac encontró que necesitaba añadir un número infinito de términos. Esto no tenía por qué ser un obstáculo; a veces, incluso una suma infinita converge en un número finito. Pero, en cambio, el cómputo de Dirac divergía. Se agrandaba hasta el infinito; era como sumar uno más dos más tres, y así sucesivamente, en una calculadora, y continuar de forma indefinida. Solo si establecía un límite arbitrario, podría obtener una respuesta realista, finita. El brillante físico no sabía encontrar una manera inequívoca de salir de este lío.

Feynman examinó con detenimiento los cálculos de Dirac, buscando un método mejor. Echemos también nosotros un vistazo a la cuestión. Tal como Dirac indicaba, si dos electrones interactúan a la velocidad de la luz, la señal entre ellos ha de seguir la faceta de un cono de luz. Aunque esta conexión causal ocurre de ordinario hacia delante en el tiempo, desde el punto de vista matemático se pueden considerar asimismo señales que vayan hacia atrás en el tiempo. En el lenguaje de la época de Feynman, la señal dirigida hacia el futuro se denominaba «retardada» y la señal dirigida hacia el pasado se calificaba de «avanzada».

Puesto que las ondas electromagnéticas se desplazan a la velocidad de la luz, el cono de luz que emana de un electrón representa así la gama de otros electrones en diversos momentos temporales que podrían interaccionar con este. Se hallan en su «radar». Y a la inversa: si un electrón en un momento determinado no forma parte del cono de luz de otro electrón, los dos no se encuentran en el radar del otro y no pueden afectarse mutuamente.

Imaginemos dos electrones que interactúan como dos mecedoras altas conectadas por un cordel de tender que simula una hebra del cono de luz. Aunque el cono de luz es una entidad puramente matemática que representa las demoras temporales y las distancias espaciales asociadas con la velocidad de la luz, aquí utilizamos algo más tangible para simbolizarlo: la cuerda muestra simplemente de qué manera causa y efecto están conectados. Si se mueve hacia delante y hacia atrás una mecedora, una señal, enviada a través del cordel de tender, alcanzará un poco más tarde a la otra mecedora, a la que también hará moverse hacia delante y hacia atrás. Para los electrones, la sincronización coincidiría con la velocidad de la luz.

Pero, si la teoría electromagnética maxwelliana es estrictamente correcta, esta analogía carece de un ingrediente importante: las ondas electromagnéticas, o en la jerga cuántica, los fotones. Una hebra de un cono de luz representa una demora, pero no incluye de forma automática una transmisión electromagnética que siga esta trayectoria. Por lógica, solo por el hecho de que dos acontecimientos estén separados de tal manera que entre ellos puedan viajar ondas electromagnéticas no significa necesariamente que lo hagan en realidad. No obstante, siguiendo la prescripción estándar de Maxwell —aceptada entonces, como ahora, por la mayoría de la comunidad de físicos—, Dirac incluyó las ondas electromagnéticas como el medio de la interacción de los electrones. ¿De qué otro modo podrían estos hablarse unos a otros, de manera que uno le dijera a otro qué hacer?

Dirac caracterizó las ondas (campos electromagnéticos pulsantes) como una serie de osciladores armónicos, esencialmente muelles, de diferentes frecuencias (tasas de vibración). ¿Por qué muelles? Como la representación más simple de algo que oscila, se comprenden bien. La mecánica cuántica predice sus energías como un múltiplo de sus frecuencias.

Con gran frustración por su parte, Dirac encontró una serie infinita de modos de vibración (llamados «grados de libertad»), que conducían a una suma divergente de contribuciones de energía. De ahí que la energía total calculada fuera infinita, lo que claramente no era el caso desde el punto de vista físico. Solo podía obtener una respuesta realista deteniendo el cálculo en un punto arbitrario.

En la analogía de nuestro cordel de tender, puesto que sería necio colgar muelles, imaginemos que se añade una serie de sábanas que flamean con diversos ritmos. Colgamos las telas de una en una, cada una de ellas vibrando de manera diferente. Sin embargo, pronto descubrimos que hay una serie infinita de posibilidades. No obstante, deseamos ser exhaustivos e incluimos todo tipo de oscilación. En un frenesí, vamos añadiendo cada vez más sábanas, hasta que estamos totalmente extenuados. ¡El cordel de tender soporta una colección cada vez más repleta, que no parece terminar nunca!

Después de leer el informe de Dirac, Feynman empezó a pensar que quizá con la hebra del cono de luz ya era suficiente. ¿Qué pasaría si no hubiera campos electromagnéticos y solo una mera conexión causal entre los electrones? El resultado sería acción demorada a distancia. Aunque la acción a distancia newtoniana tradicional no tenía una demora temporal, al estimular el desarrollo de teorías de campo, como la relatividad general, podría incluírsela fácilmente. Los electrones se comunicarían de forma remota con una demora temporal incorporada, modelada por el cono de luz. Esto aseguraría que la causa y el efecto ocurrieran al ritmo correcto (la velocidad de la luz), incluso si nada se desplazara en realidad entre los electrones.

Dejar fuera los campos, pensó Feynman de manera audaz, bien podría ser el truco para evitar la suma infinita. La única señal sería una interacción directa entre los electrones. Si sacudimos simplemente un electrón, el otro se sacudiría también, como las mecedoras conectadas por un cordel, sin el agobio de tender sábanas.

Revivir la acción a distancia —después de que Maxwell, Einstein y otros hacía ya tiempo que la habían desechado— podría parecer una locura. Dejar fuera los medios —es decir, los campos interpuestos— que transmiten fuerzas de un lugar a otro podría parecer contrario al sentido común. Pero aquella era una época de una revolución extraordinaria en la ciencia. Muchos aspectos de la física subatómica habían parecido extraños al principio, como los electrones que saltaban de repente de un nivel atómico a otro.

Feynman creía que valía la pena reconsiderar la acción a distancia, incluidas las demoras, en especial dada la alternativa de habérselas en los cálculos con sumas inaceptablemente infinitas. Quizá en el mundo cuántico —para distancias minúsculas que todavía no se habían observado de forma directa— las leyes de Maxwell necesitaran modificación. Feynman creía solo en lo que él mismo podía demostrar, pero era de mentalidad lo suficientemente abierta para comprobar alternativas radicales, como abandonar la teoría electromagnética estándar a la escala subatómica.

Otro hecho bien conocido acerca de la electrodinámica dirigió de forma parecida a Feynman a dejar fuera los campos electromagnéticos. En cálculos que implicaban tanto la electrodinámica clásica como la cuántica —tal como se conocía en aquella época—, el electrón parecía tener una autoenergía infinita. La autoenergía es la energía necesaria para armar una partícula u otra configuración desde cero, algo parecido a los recursos necesarios para construir un edificio, como los materiales y el trabajo.

Según la definición común, la autoenergía incluye la energía de la partícula en reposo —relacionada con su masa por la famosa fórmula de equivalencia de Einstein—, junto con sus interacciones con el campo electromagnético que genera. Para una partícula de tamaño finito, dicho cálculo es factible, porque la intensidad del campo disminuye con la distancia desde el centro. Se podría determinar cuánta energía hace falta para construir una bola de carga finita, dadas las fuerzas generadas por dicha bola en sí misma a través de los campos que alberga. Es como establecer el impacto del techo de un edificio sobre los pisos que hay debajo, y que lo sostienen.

Sin embargo, si suponemos que el electrón es una partícula puntual, con un tamaño infinitesimal, su campo en esta ubicación central es infinitamente fuerte. Por lo tanto, el término de energía que corresponde a la interacción entre un electrón y su propio campo es, del mismo modo, infinito. Así, calcular la autoenergía de un electrón produce un valor infinito, lo que claramente no es un resultado físico realista.

Un remedio sencillo, reflexionaba Feynman, sería prohibir que los electrones interactuaran con su propio campo. En lugar de ello, los campos desaparecerían. Los electrones interactuarían directamente entre sí y en absoluto con ellos mismos. Entonces la autoenergía del electrón equivaldría al valor derivado de su masa, empleando la fórmula de conversión de Einstein pura y simple. Sería finito y razonable.

## Enfrentarse a la resistencia

Por la época en que Feynman estaba en Princeton y trabajando con Wheeler, había descubierto un problema importante relacionado con dejar los campos fuera de su hipótesis de acción a distancia demorada, desarrollada en el MIT. Un fenómeno bien conocido, denominado «resistencia de radiación», demostraba que los electrones y otras partículas cargadas son más difíciles de acelerar que las partículas eléctricamente neutras (sin carga). Acelerar protones, por ejemplo, sería más difícil que hacer lo mismo con neutrones, aunque sus masas sean comparables. La explicación lógica era que las partículas cargadas generaban radiación —en la forma de campos electromagnéticos— que actuaban sobre ellas y dificultaban su movimiento. En nuestra analogía de las mecedoras y el cordel de tender la ropa, cuesta más empujar las sillas debido a que las sábanas que cuelgan del cordel dificultarían su movimiento. Los objetos neutros no soportarían dicho peso, lo que explicaría su movilidad relativa. Feynman se preguntaba si, después de todo, para replicar la resistencia de radiación observada, se necesitaban las interacciones de campo magnético. O si podía haber otra manera.

Cuando la investigación de la dispersión que Feynman hacía con Wheeler llegó a un momento de tranquilidad, decidió mencionar este dilema y su frustración a la hora de resolverlo. Feynman aportó una solución concebible que se le había ocurrido. Supongamos que la resistencia de radiación era un efecto directo sobre un electrón debido a todas las demás partículas cargadas en el espacio en lugar del campo electromagnético. Sacudamos un electrón, y todas las demás partículas cargadas reaccionarán, enviando señales de vuelta a su origen, emitidas remotamente de alguna manera sin el campo. El compendio de reacciones de las demás partículas cargadas produciría una fuerza en el electrón original, lo que explicaría por qué es más difícil de acelerar.

Revisando nuestra analogía, una mecedora cualquiera estaría conectada a otras muchas por numerosos cordeles de tender. Mecerla haría que todas las demás se balancearan también, tirando de la primera y dificultando su propio movimiento. No haría falta acudir a las sábanas colgadas para explicar la resistencia.

Después de escuchar con mucha atención, Wheeler señaló inmediatamente algunos puntos de interés. Si la resistencia de la radiación dependiera de cómo otras partículas cargadas afectaran a un electrón, sus propiedades específicas (masa, carga, distancia, etcétera) serían importantes. Por lo tanto, en teoría, cada electrón tendría una cantidad distintiva de resistencia de radiación, en función de su ambiente específico. Esto no se observa en la naturaleza. Por el contrario, la resistencia de radiación de cada electrón, teniendo en cuenta su movimiento a través del espacio, es la misma.

Asimismo, las señales tardarían tiempo en desplazarse desde el electrón a las demás partículas cargadas y de vuelta. Pero los experimentos habían demostrado que la resistencia de la radiación tenía lugar de forma instantánea, sin demora. Por último, si se sumaban las reacciones de todas las demás cargas en el universo, su suma daría infinito. Una situación matemáticamente imposible sustituiría a otra.

Feynman quedó asombrado de la rapidez con que Wheeler identificó las debilidades clave de su modelo, casi como si su mentor hubiera pasado incontables horas conduciéndolo para probarlo y hubiera estado al tanto de sus pensamientos, de sus problemas y de sus fallos técnicos. Pero Feynman se lo acababa de explicar, por lo que se sintió como un perfecto necio.

Lo cierto es que Wheeler había pensado intensamente, durante años, en la idea de sustituir la aproximación de campo al electromagnetismo con el concepto más directo de acción a distancia. Para simplificar la física reduciendo sus componentes, decidió resucitar la tesis newtoniana original de la fuerza como hilos invisibles que conectan objetos distantes, en lugar de tener un intermediario físico. Michael Faraday y James Clerk Maxwell habían desarrollado la idea del campo para hacer que el electromagnetismo fuera local y tangible, pero quizá a un nivel cuántico estaban equivocados.

La acción a distancia, pensaba Wheeler, haría que la física de partículas fuera más sencilla al hacer que los electrones fueran los únicos dueños de su propia suerte. Gobernarían sus interacciones sin ningún intermediario. Consideró la idea de «todo como los electrones», que incluía no solo el electromagnetismo, sino también las demás partículas y fuerzas. Esto prestaría una hermosa unidad y simplicidad al universo.

Parte de la motivación para resucitar la acción a distancia en la electrodinámica cuántica procedía de una comprensión creciente de que muchos fenómenos cuánticos coordinan sus características remotamente. Esta interacción remota, denominada «enmarañamiento», aparece cuando dos partículas con valores complementarios de un número cuántico (un parámetro que indica el estado cuántico específico), como el espín, están conectadas en el mismo sistema, sin importar lo distantes que se encuentren físicamente.

Tomemos, por ejemplo, un par de electrones que residen en el nivel de energía más bajo de un átomo de hidrógeno. El principio de exclusión de Pauli determina que no pueden tener el mismo número cuántico. En consecuencia, han de encontrarse en estados de espín opuestos; si uno es espín arriba, el otro es espín abajo. Sin embargo, hasta que los investigadores midan los estados de espín, no sabrán cuál es cuál. Por lo tanto, antes de dicha medida cada electrón se halla en una superposición (mezcla de estados cuánticos) de las dos posibilidades de espín.

Imaginemos ahora que unos científicos separan ampliamente un dúo de electrones antes de establecer el espín de cada uno. Un electrón podría ser enviado a la Luna mientras que el otro permanecía en la Tierra. A pesar de la enorme distancia, si un astronauta en la Luna registrara que el espín del electrón lunar es arriba, el otro habría de volver instantáneamente, por necesidad, a ser abajo, y viceversa, en una especie de columpio cuántico.

Al creer que una coordinación instantánea de este tipo era imposible —parecida a afirmaciones pseudocientíficas de comunicación psíquica—, Einstein la llamó «acción fantasmal a distancia». ¿Cómo podía un electrón saber de antemano lo que un experimentador le podría hacer a otro? En un artículo de 1935 del que era coautor junto con Borís Podolski y Nathan Rosen —pero que había escrito en gran medida el primero—, se describía la «paradoja EPR» y resaltaba las supuestas contradicciones que surgirían mediante el enmarañamiento, como que las partículas tuvieran que predecir cuál de sus propiedades estaba a punto de medirse.

La mayoría de físicos cuánticos ignoraron o rechazaron las críticas de Einstein. Tal como reconoció sin reservas Bohr —el «rey filósofo» de la comunidad, si acaso había uno—, el campo aceptaba aspectos contradictorios, tales como características de tipo onda y de tipo partícula. Bohr llamó «complementariedad» a esta unión de opuestos. Como emblema de ello, incluyó el símbolo taoísta del yin y el yang, con su mezcla revuelta de oscuridad y luz, en su blasón familiar.

Por lo que respecta a la filosofía, Wheeler empezó su carrera firmemente en el campo de Bohr, aceptando como un hecho la incertidumbre y la complementariedad cuánticas. Pero acabó por conocer muy bien a Einstein y a apreciar su estilo de razonamiento. Este último vivía a solo unas pocas manzanas de su casa. A veces, Wheeler lo veía caminando por la calle con sus dos ayudantes en aquella época, Peter Bergmann y Valentine Bargmann. Los tres intentaban desarrollar una teoría unificada de las fuerzas naturales que esperaban que relegara al cubo de la basura los aspectos no locales y probabilistas de la física cuántica, y los sustituyera por una extensión local y determinista de la relatividad general. Aunque coincidía con Bohr en que estos esfuerzos estaban mal dirigidos, Wheeler admiraba no obstante la independencia de pensamiento de Einstein. Esperaba que nuevos descubrimientos en física teórica acabaran por ofrecer explicaciones tan convincentes que tanto Einstein como Bohr no tuvieran más remedio que aceptarlas.

A diferencia de Einstein, Wheeler no consideraba que la acción a distancia fuera tabú. Más bien, en su concepción, el enmarañamiento mostraba claramente que la física cuántica no era local. Dada la coordinación remota de los estados de espín de los electrones, Wheeler estaba dispuesto a dar el salto de reestructurar su interacción electromagnética, asimismo, como no local. Meneemos un electrón, y otro podría moverse también en una especie de fila india como en el baile de la conga a larga distancia. La diferencia clave sería que en el caso del electromagnetismo, ha de haber una demora temporal. La relatividad especial ordenaba que la fila de la conga no pudiera avanzar más rápidamente que la velocidad de la luz.

## Un zigzag a través del tiempo

Una vez que Wheeler cerró el problema de la resistencia de radiación para los electrones, él y Feynman pusieron a trabajar sus mentes para determinar el efecto sin campos electromagnéticos. Necesitaban encontrar una manera de que cualquier electrón que se acelerara a una tasa determinada experimentara la misma resistencia, sin demora, con independencia de cuál fuera la disposición de otras cargas en el universo. Era como asegurarse de que los frenos de un coche funcionaran de la misma manera todas y cada una de las veces, sin importar las condiciones de la carretera o las acciones de otros vehículos.

Al preparar un modelo más realista, Wheeler imaginó qué ocurriría si un electrón se aceleraba y se encontraba con resistencia debido a su vecindario de partículas cargadas. Este enviaría primero algún tipo de señal. Después, como la reflexión de un espejo, algo en el ambiente se la devolvería. La segunda señal impediría el movimiento del electrón. Puesto que el efecto ocurriría de manera instantánea, no podría haber una demora de tiempo entre la primera señal, que partía, y la segunda, que respondía. La segunda tenía que llegar exactamente cuando la primera se emitiese. Por lógica, pensó Wheeler, esto solo podía ocurrir si la segunda señal viajaba hacia atrás en el tiempo hasta aquel momento.

Wheeler sabía que las ecuaciones de Maxwell son en su totalidad simétricas en el tiempo. Para cada solución ondulatoria que se desplaza hacia delante en el tiempo, otra se desplaza hacia atrás. Esta última, llamada «solución avanzada», se suele ignorar por norma, porque todos saben que los relojes se mueven hacia delante, no hacia atrás. Sin embargo, Wheeler tenía una mente extraordinariamente abierta y quería saber qué ocurriría si se incluía la solución avanzada. En el instante en que el electrón emitiera una señal al medio —su ambiente, esencialmente el efecto neto de todo lo demás en el universo— anunciando su presencia, este respondería emitiendo otra que llegaría justo cuando la primera salía. Por razones técnicas, era necesario que el medio fuera un absorbedor perfecto, que captara cualquier señal. Por lo tanto, en la solución del tiempo invertido actuaría como un emisor perfecto, devolviendo una señal limpia, no adulterada por ningún efecto material del medio. El resultado sería un impedimento inmediato de la aceleración del electrón, independiente de las propiedades de otras partículas.

En nuestra analogía del cordel de tender la ropa, esto equivaldría a fijar un extremo a una mecedora y el otro a una pared, que representaría el medio. Si se mece la mecedora, emitirá un pulso. Al reflejarse desde la pared, la señal rebotará y serpenteará a lo largo del cordel en la dirección opuesta, chocará con la mecedora e impedirá su balanceo. Imaginemos ahora que de algún modo la pared envía su pulso reflejado hacia atrás en el tiempo para que llegue a la mecedora en el instante mismo en que esta empieza a moverse: este sería el efecto extraño de una señal avanzada.

La sugerencia de Wheeler intrigaba a Feynman. Al disponerse de inmediato a calcular los efectos, intentó diferentes combinaciones de los pulsos de salida y reflejado para que produjeran un efecto neto que modelara la resistencia de la radiación. Pronto encontró la mezcla adecuada: un híbrido a partes iguales de señales dirigidas hacia delante y hacia atrás en el tiempo, que así era completamente simétrico en el tiempo. Podía describir la resistencia de la radiación sin incluir campos electromagnéticos, con lo que evitaba el problema de la energía divergente que tantos inconvenientes había causado a Dirac y a otros. Si se proscribían los fotones, la luz se convertiría en la interacción directa de electrones, pura y simple. El constructo se conocería como la «teoría del absorbedor de Wheeler-Feynman».

## La incógnita

Tras conocer el cálculo de Feynman, Wheeler estaba radiante. Al encontrar un potencial revolucionario en su nuevo enfoque, le informó de que ya era hora de realizar un seminario sobre la idea. Ambos sabían que el proyecto todavía no estaba completo; habían empleado métodos clásicos, no cuánticos. Abordar por entero el problema de la autoenergía del electrón y otras cuestiones apremiantes iba a requerir una electrodinámica cuántica completa, a la que nadie se había acercado con éxito por aquel entonces. Como en el caso clásico, intentos previos para cuantizar (representar en forma cuántica) la electrodinámica habían producido términos infinitos, despreciables desde el punto de vista matemático, para la autoenergía y otras cantidades.

Una teoría cuántica significaría sustituir los mecanismos deterministas exactos de la teoría clásica por una descripción probabilista basada en funciones matemáticas denominadas «operadores». Era necesario incluir una cierta imprecisión e indeterminación, para reflejar la confusión de la realidad cuántica a la escala subatómica. Con un optimismo ingenuo, Wheeler dijo que trataría rápidamente la parte cuántica, mientras Feynman preparaba la charla clásica. Le aseguró a este que más tarde él impartiría una secuela, una conferencia cuántica posterior, una vez que aquella fase de la investigación estuviera terminada.

Aunque Feynman estaba comprensiblemente nervioso por impartir su primera ponencia de investigación, Wheeler le calmó y le animó a aprovechar esa valiosa experiencia de presentación oral. Una vez que Feynman aceptó, Wheeler le pidió a Wigner, el coordinador de la serie de conferencias, que incluyera el acontecimiento en el calendario del departamento.

Unos días antes del seminario, Feynman estaba dando una vuelta por un corredor de Fine Hall cuando se encontró con Wigner. Este le elogió por lo excelente del tema propuesto, y le mencionó algunos de los profesores que asistirían a la charla. John von Neumann —que era considerado de manera general un genio y uno de los principales expertos mundiales en la teoría de la medición cuántica— estaría presente. También había confirmado su asistencia el aclamado astrónomo Henry Norris Russell, famoso por su plan de clasificación estelar, entre otros logros. Más aún: Pauli, que se había tomado un año sabático en Zúrich y tenía previsto visitar el Instituto de Estudios Avanzados, también participaría. Finalmente, Einstein, que casi nunca acudía a los seminarios del Departamento de Física, estaba intrigado por el tema y también planeaba asistir. Después de escuchar que era probable que todas aquellas «mentes monstruosas» asistieran a su charla, Feynman sintió crecer sus nervios, enmarañados en su interior como el cableado del ciclotrón.

Wheeler lo tranquilizó. Si alguna pregunta resultaba ser demasiado difícil, él podría responderla. Feynman se calmó y preparó metódicamente las notas para la charla.

Cuando el seminario estaba a punto de comenzar, Feynman empezó a escribir ecuaciones en la pizarra. De pronto, un hombre de pelo canoso entrado en la sesentena y con un fuerte acento del sur de Alemania lo interrumpió. «Hola, vengo a su seminario —dijo Einstein—. Pero, primero, ¿dónde está el té?»[3]

Mientras señalaba hacia la mesa del refrigerio, Feynman emitió un suspiro de alivio porque podía dar respuesta al menos a una de las preguntas de Einstein. El seminario empezó y resultó no ser tan desastroso, después de todo. Sumergido en los cálculos, Feynman olvidó que había un público observándolo. Se encontraba en una especie de trance relajante, como durante aquellos momentos con el hipnotista.

Una observación mordaz de Pauli sobre las limitaciones matemáticas de la teoría —que él no creía que tuviera sentido, como se prometía— devolvió de repente a Feynman a la realidad. El físico vienés era conocido por ser testarudo y crítico. Tenía un don diabólico para encontrar los fallos estructurales de cualquier argumentación teórica y de dar cuenta de ellos de la manera más fría y directa posible. Vio de inmediato que el modelo estaba plagado de errores matemáticos. No podía sostenerse y, con certeza, no sería una base sólida para una teoría cuántica. De modo que comentó sencillamente que no funcionaría.

Más tarde, Pauli le diría a Feynman en privado que el deseo de Wheeler de cuantizar la teoría era una quimera. Reprendió a Wheeler por no haber sido honesto con su estudiante acerca de los retos matemáticos de la cuantización. Wheeler nunca cumpliría la prometida secuela cuántica, predijo severamente.

En cambio, la reacción de Einstein al seminario de Feynman fue amistosa aunque neutra. En aquel momento, el genio estaba tan centrado en desarrollar una teoría de campo unificado y tan apartado de la física cuántica que tenía poco que añadir. Simplemente, llamó la atención al hecho de que sería difícil conectar la teoría del absorbedor de Wheeler-Feynman a la relatividad general. Hacerlo sería un requisito para incorporarla a una teoría unificada del electromagnetismo y la gravitación. Sin embargo, a diferencia de Pauli, se mostró reacio a descartarla y pensó que parecía adecuada tal como se había planteado.

Einstein fue más útil cuando, poco después, Wheeler llevó a Feynman a su casa. Desde 1936, Einstein estaba viudo, y vivía con su hermana, su hijastra y su secretaria, cada una de las cuales había aprendido a no exigirle demasiado tiempo. Aunque le gustaba pasar muchas horas solo, sumergido en sus propios pensamientos, también le agradaba entablar discusiones profundas con otros sobre la filosofía de la física, en especial con jóvenes como Wheeler y Feynman, que podían ser receptivos a sus ideas heterodoxas.

Wheeler le preguntó a Einstein sin rodeos si la hipótesis de señales invertidas en el tiempo tenía sentido. Einstein simpatizó con la idea. Refiriéndose a un artículo que había escrito con el físico Walter Ritz, opinó que la física fundamental tenía que funcionar igual de bien hacia delante que hacia atrás en el tiempo.

Muy animado por el consejo de Einstein, Wheeler decidió ignorar la oposición de Pauli y empezó a pensar en maneras de cuantizar la teoría. Pero cuando intentó avanzar, encontró cada vez más fango en el camino. Pronto se encontró atrapado en la rutina.

Para empeorar las cosas, Wheeler había informado en la reunión anual de la Sociedad Física Americana de que impartiría una charla sobre la teoría cuántica de la acción a distancia. No tenía ni idea de qué iba a decir, pero pensaba que al menos podría proporcionar un informe preliminar. Invitó a Feynman, quien se dispuso a escuchar ansiosamente de qué manera Wheeler resolvía el problema —o, al menos, lo intentaba—.

Feynman esperó y aguardó mientras Wheeler esbozaba los detalles de la teoría clásica, pero no hacía mención del cuanto, y después pasó abruptamente a un tema completamente diferente. Feynman se levantó, alzó su mano e interrumpió a Wheeler. La charla no tenía nada que ver con su título, protestó. Hasta el momento, no había teoría cuántica.

Feynman no pretendía ser grosero; simplemente sentía que, cuando se trataba de ciencia, ser honesto era la única manera inequívoca de progresar. Incluso una confusión en relación a un título podía conducir a una comprensión incorrecta de lo que ya se conocía.

Wheeler estuvo de acuerdo con la valoración de Feynman. Al marcharse, admitió que la charla había sido una gran equivocación. Todavía no sabía la respuesta y no debería haber dado por supuesto que la tenía.

Como de costumbre, y de manera desconcertante, Pauli estaba en lo cierto. Wheeler se dio cuenta de que, de nuevo, tendría que fiarse de la aguda mente de Feynman para arrancar la basura matemática y permitir que el proyecto avanzara. Pero quizá estaba demasiado avergonzado para reconocerlo. De modo que sin decirle realmente a Feynman que no veía una manera de avanzar, observó cómo su estudiante se esforzaba de forma independiente y conseguía muchos más progresos. La brillantez de Feynman a la hora de hacer los cálculos se complementaba a la perfección con las intuitivas cavilaciones filosóficas de Wheeler, que con frecuencia no acababan en resultados del todo viables. Mientras que Wheeler era como Leonardo da Vinci en sus ingeniosos proyectos —los que se quedaron como esbozos—, Feynman era como Miguel Ángel en sus deslumbrantes creaciones. Discretamente, Wheeler dejó paso para que el escultor científico perfeccionara su arte.

## Interacciones artificiosas

Feynman había empezado a apreciar el arte y le encantaba tener como novia a una artista. El mundo era muchísimo más que ecuaciones inertes. Los dibujos mostraban la pura verdad de las cosas. Las matemáticas eran divertidas y estaban llenas de misterios, pero fundamentalmente representaban solo una herramienta para descubrir mecanismos subyacentes, que no se veían. Sin embargo, la naturaleza era como un escritorio con cajones sin abrir, llenos de cálculos, pero en cuyo tablero se exponía a la luz una realidad mucho más maravillosa y reveladora.

El arte es intemporal. También lo es el amor. Los jóvenes amantes esperan que su visión romántica persista eternamente. Cuando nos aferramos a un presente hermoso, el pasado y el futuro pueden parecer inmateriales.

Por desgracia, las lluvias abundantes pueden diluir los sueños de acuarela. Por mucho que apoyara a Arline para que triunfara como artista, Richard había empezado a darse cuenta de que el camino que tenían por delante no sería fácil. La joven trabajaba muy duro, pero apenas se ganaba la vida. Además, había empezado a presentar síntomas médicos preocupantes.

Una vez, cuando Richard la visitó, advirtió un extraño bulto en su cuello. Se aplicó una pomada, pero la inflamación persistió durante muchas semanas, en las que Arline tuvo fiebre. Pensando que podría ser tifus abdominal, su médico de familia la envió al hospital, donde la pusieron en cuarentena. Como las pruebas para la fiebre tifoidea resultaron negativas, le dieron el alta al cabo de unos días.

Pronto se le formaron más bultos en los nódulos linfáticos. Le volvió la fiebre, y se fue de nuevo al hospital para que le hicieran más pruebas. Mientras su médico intentaba determinar la causa, Feynman hojeaba de forma frenética libros de medicina en la biblioteca de Princeton. Pretendía descubrir qué provocaba la enfermedad. Después de investigar detenidamente sus síntomas, llegó a la conclusión de que era muy probable que se tratara del linfoma de Hodgkin, un tipo de cáncer grave. Si estaba en lo cierto, aquello cortaría de raíz su intención de pasar juntos muchos años felices.

Quiso ser tan honesto como fuera posible con Arline, y compartió con ella su investigación, con la advertencia de que a veces los legos que leen libros de medicina llegan a conclusiones falsas y alarmantes. Arline apreció su sinceridad y le instó a que siempre le dijera la verdad. Cuando ella menciono Hodgkin a su médico, este pareció preocupado y lo apuntó en su ficha como una posibilidad distinta. El diagnóstico iba a requerir todavía más pruebas.

El científico viajó desde Princeton y la acompañó al hospital del condado en las tandas de análisis. Después de obtener los resultados, el médico se llevó a Feynman aparte y, serio, le dijo que era muy probable que fuera linfoma de Hodgkin. Si estaba en lo cierto, la joven solo viviría unos pocos años. También le sugirió a Feynman que no le diera la noticia. No había ninguna razón, dijo, para minar las frágiles emociones de Arline con un pronóstico tan terrible.

Al haberle prometido a Arline ser siempre honesto con ella, y sabiendo lo resistente que era, Feynman quería contarle la verdad. En cambio, temiendo que esto la destrozara, algunos miembros de su familia le instaron a que le describiera su estado de salud de una manera más optimista. Al principio, aunque reticente, siguió el consejo. Después de asegurarle durante un tiempo que ella solo tenía fiebre glandular —que en la actualidad se conoce de manera más común como mononucleosis—, finalmente se derrumbó y se sinceró con ella. Tal como había previsto, la joven se enfrentó a la espantosa noticia con gran entereza.

Puesto que Arline ya no podía tenerse en pie y necesitaba mucha ayuda, Feynman decidió que lo más prudente sería casarse con ella. Sin embargo, sabía que si lo hacía perdería su beca y se vería obligado a abandonar el programa de graduado y buscar trabajo en una compañía privada, como los Laboratorios Bell, para mantener a ambos. Por otro lado, quería completar su proyecto con Wheeler, que le ofrecía una necesaria distracción a la hora de pensar en la salud de Arline.

A pesar de su enfermedad, la joven siguió con su optimismo inalterable. Estaba enamorada de Richard con locura y deseaba motivarlo de todas las maneras posibles. Cada vez que el joven se derrumbaba, lo animaba, y si él tenía éxito, ella estaba exultante. Por ejemplo, cuando Richard le dijo que esperaba que su investigación con Wheeler acabara publicándose, Arline le escribió: «Estoy extraordinariamente feliz ... de que vayas a publicar algo; me produce una emoción especial que tu trabajo sea reconocido por su valor; quiero que continúes y que ofrezcas al mundo y a la ciencia todo lo que puedas».[4]

Feynman no aflojó en su investigación doctoral. Al continuar su estudio sobre la interacción entre electrones, descubrió que podía cartografiarla convenientemente utilizando diagramas de espacio-tiempo, en los que el eje horizontal representaba el espacio y el eje vertical, el tiempo. Las líneas diagonales (representación bidimensional de los conos de luz) correspondían a interacciones que se producían a la velocidad de la luz, ya fuera hacia delante o hacia atrás en el tiempo.

En estos esquemas, las señales hacia atrás parecían igual de lógicas que las señales hacia delante. Feynman no veía ninguna necesidad de preocuparse ni de filosofar acerca de la falta de causalidad. En su opinión, nada en el universo einsteniano dictaba que la causa tiene que preceder siempre al efecto. De la misma manera que izquierda y derecha podían invertirse, también podían hacerlo el futuro y el pasado. De forma clara, la causalidad era real —los humanos la experimentan cada día—, pero no tenía relevancia en las interacciones entre partículas. Además, tal como Wheeler había indicado, la mayoría de las señales hacia atrás en el universo podrían ser contrarrestadas por las señales hacia delante, de manera que rara vez, o acaso nunca, se advertirían directamente las violaciones de la causalidad.

Siguiendo los métodos de Dirac, Feynman representaba las señales en términos de combinaciones de osciladores armónicos de diversas frecuencias (tasas de vibración) y amplitudes (valores máximos). Estos sistemas vibrantes simples, equivalentes a muelles, poseían estructuras físicas y matemáticas claras, y así ofrecían componentes ideales de patrones más complejos. Sin embargo, rompió con los métodos de Dirac al plantear que la interacción entre electrones tenía lugar directamente, y no mediante fotones, y al excluir la posibilidad de que un electrón pudiera interactuar consigo mismo.

Por mucho que le gustara el determinismo de la mecánica clásica, Feynman sabía que el proceso cuántico introduciría algo de confusión. El principio de incertidumbre de Heisenberg ordenaba que no se pudieran saber con exactitud y de manera simultánea la posición y el momento. Tal confusión sugería que sería inútil incluso dibujar diagramas. El propio Heisenberg consideraba que la visualización era innecesaria y a menudo engañosa. No obstante, Feynman persistió. Como pensador visual que era, necesitaba trabajar con esbozos, no solo con abstracciones.

Unas noticias médicas en cierto modo prometedoras —al menos en comparación con el anterior pronóstico— le ayudaron a avanzar. Una biopsia de la glándula hinchada del cuello de Arline reveló que, en realidad, no tenía el linfoma de Hodgkin. Había contraído tuberculosis de los nódulos linfáticos, una enfermedad grave, pero con una mayor esperanza de vida que la otra opción. En aquella época no había cura para la llamada peste blanca, pero en ocasiones, en los pacientes con suerte, los métodos para tratar los síntomas producían mejoras. Arline todavía necesitaba mucho tratamiento y tiempo de recuperación hospitalizada, pero podría sobrevivir durante muchos años. El aplazamiento de su muerte inminente ofreció a Feynman la oportunidad de completar su grado antes de casarse. Los planes de boda lo animaron a terminar su proyecto de doctorado tan rápidamente como fuera posible.

## Sigue la luz

En aquella época, antes de que Feynman perfeccionara su método revolucionario de sumar historias cuánticas, la manera estándar de transformar lo clásico en cuántico era sustituir variables, como posición y momento, con funciones matemáticas llamadas «operadores». Estos implican típicamente cambios instantáneos con respecto al espacio y al tiempo —conocidos, respectivamente, como derivadas del espacio y derivadas del tiempo— en las funciones de onda que representan estados de las partículas. El operador más importante, el llamado «hamiltoniano», constituye una combinación de operadores que representan la energía cinética y la energía potencial. Aplica derivadas y otras operaciones matemáticas a la función de onda de una partícula para obtener, bajo determinadas circunstancias, su valor total de energía.

En el cálculo, una derivada sigue la pista de cómo algo cambia ligeramente durante un intervalo infinitesimal de espacio o de tiempo. Por ejemplo, si registramos el crecimiento de un niño mediante un gráfico, la derivada de la curva de la altura nos dirá cuánto crece en cada fase. Por lo tanto, las derivadas necesitan una medida de localidad (cosas que ocurren en un determinado punto en el espacio y en el tiempo) y de continuidad (cosas que no pasen de repente de un valor a otro).

La ecuación de Schrödinger, construida alrededor del operador hamiltoniano, muestra muy bien de qué manera la transformación de una función de onda en el espacio está relacionada con su transformación en el tiempo. La ecuación implica derivadas tomadas en cada punto y momento que dictan lo que ocurre en el punto y momento siguientes. En consecuencia, como un procedimiento definido localmente que requiere continuidad de un punto a otro, la ecuación de Schrödinger era incompatible con el formalismo de la acción a distancia que Wheeler y Feynman desarrollaban.

La ecuación de Dirac, que también implica derivadas, no funcionaba mejor para los propósitos de Feynman y Wheeler. En lugar de utilizar operadores de espacio y tiempo separados, los combinaba en versiones de espacio-tiempo, y sustituía las funciones de onda estándar por variantes más complejas, los espinores. No obstante, al requerir localidad en el espacio-tiempo, estaba del mismo modo mal dispuesta para el enfoque de la acción a distancia.

Feynman se dio cuenta de que para cuantizar la teoría tendría que empezar casi desde cero. Tendría que desarrollar un medio para conectar acontecimientos separados ampliamente en el espacio-tiempo. En la representación del electromagnetismo en la acción a distancia, tanto en su forma cuántica como en la clásica, dos electrones estarían asociados mediante sus interacciones remotas y no mediante nada físico que pasara entre ellos. Cualquier cosa que tuviera un hamiltoniano no serviría.

Aunque dejara los fotones fuera de la teoría, Feynman sabía que necesitaba incluir una demora de la velocidad de la luz. Tal como había establecido Einstein, la información se desplaza a la velocidad de la luz; no había manera de evitarlo. En un diagrama de espacio-tiempo, los puntos que representan dos electrones que interactuaban tenían que residir en el mismo cono de luz. Los electrones emitirían señales del uno al otro, ya fuera hacia delante o hacia atrás en el tiempo, a la velocidad de la luz. Por lo tanto, la trayectoria de la luz ofrecía una pista magnífica de cómo ir más allá.

Como en el instituto había leído manuales de óptica y de mecánica, hacía tiempo que Feynman estaba familiarizado con el principio de Fermat del tiempo mínimo. Este predice muy bien cómo se comporta la luz y demuestra que la trayectoria más rápida para su desplazamiento a través de una sustancia concreta es la línea recta: un rayo de luz. También revela cómo, al pasar de un material a otro, la luz se desvía en determinados ángulos, siguiendo lo que se denomina «ley de la refracción».

Se puede demostrar de qué manera funciona el principio de Fermat imaginando que la luz procedente de una fuente viaja a lo largo de todas las rutas posibles hasta un destino concreto. Cada onda de luz tiene una fase determinada. En física, el término «fase» se refiere a la cantidad de demora en un ciclo ondulatorio. Si dos ondas tienen la misma fase, sus picos y valles se alinean perfectamente. Si se encuentran fuera de fase en 180 grados, los picos de una onda se alinean con los valles de la otra. Si se hallan fuera de fase en alguna otra cantidad, los picos y valles ni se alinean ni encajan, y se parecen algo a una cremallera cuyos dientes no están sincronizados.

Las ondas de luz que siguen rutas casi idénticas tienen normalmente poca diferencia de fases. En cambio, si dos ondas de luz toman rutas distintas, la demora de tiempo conducirá a menudo a una diferencia de fases importante. De ahí que la proximidad de rutas ofrezca la manera más fácil de garantizar una diferencia de fases mínima.

La distinción entre rutas similares y diferentes se pone en evidencia en el proceso de interferencia: sumar ondas para formar una sola onda representativa. Las ondas con poca diferencia de fases, o ninguna, presentan una interferencia constructiva, que significa que sus picos y valles se suman para formar una onda mayor. Las ondas con diferencias de fases cercanas a 180 grados se interfieren de forma destructiva, lo que indica que sus picos y valles se anulan mutuamente, lo que lleva a una onda más plana. Por lo tanto, dos ondas que siguen rutas similares se interfieren de manera constructiva. Las que siguen rutas muy diferentes, y por lo tanto una gama de diferencias de fases, tienen una variedad de pautas de interferencia, que por lo general no son constructivas.

Aquí es donde interviene el principio de Fermat. Consideremos la interferencia colectiva de las ondas que representan todas las trayectorias posibles desde el origen al destino. Aquellas ondas que siguen rutas que tardan el menor tiempo posible —aproximadamente las mismas trayectorias— se encuentran casi en fase. Por lo tanto, se interfieren de forma constructiva, lo que resulta en una suma de amplitud grande (tamaño del pico). En cambio, las demás rutas tienden a anularse mutuamente, dejando un perfil más plano. Así, la trayectoria de menor tiempo ofrece la manera más prominente para que la luz se desplace, y que se vea como un haz.

En la mecánica clásica, los objetos no toman siempre el menor tiempo ni la ruta más corta para desplazarse de un punto a otro. Nos sorprenderíamos si lanzáramos un balón de baloncesto a la canasta y este trazara una línea diagonal como el haz de una linterna. En lugar de ello seguirá una determinada curva: una parábola. No obstante, resulta que podríamos usar otro principio de la física, llamado «de la acción mínima», para predecir su trayectoria.

La acción es una cantidad peculiar que consiste en unidades de energía multiplicadas por tiempo. A diferencia de otras variables, tales como la posición y la velocidad, que difieren de un punto a otro y de un momento a otro, la acción se define para toda una ruta, desde un evento en el espacio y el tiempo hasta otro. Está relacionada con otra cantidad, denominada «lagrangiana», que comprende la diferencia entre la energía cinética (energía del movimiento) y la potencial (de la posición) para un objeto determinado (o conjunto de objetos). En resumen, la acción es la integral (la suma) de los valores lagrangianos para cada punto en el tiempo a lo largo de una determinada trayectoria.

Cuando lanzamos un balón al aire, por ejemplo, mientras se eleva, su energía cinética se transforma en energía potencial y la lagrangiana se hace cada vez más pequeña a medida que pasa el tiempo. Cuando cae en dirección a la canasta, su energía potencial se transforma de nuevo en energía cinética, y su lagrangiana aumenta. Multiplíquese el valor de la lagrangiana para cada momento por el intervalo infinitesimal de tiempo, sumemos estos valores utilizando el cálculo integral, y obtendremos la acción para aquella trayectoria.

Según el principio de la menor acción, propuesto por el matemático irlandés William Hamilton, un objeto sigue la trayectoria que optimiza (minimiza o maximiza) la acción. De manera habitual, esto corresponde a la mínima acción. Por lo tanto, si computamos la acción para cada posible trayectoria que pueda seguir un balón de baloncesto, el valor más bajo corresponde a la trayectoria genuina. Así pues, matemáticamente, computando las acciones para todas las trayectorias posibles y minimizando dicho valor, el resultado es un conjunto de relaciones, denominadas «ecuaciones de Lagrange», que describen el movimiento real del cuerpo. En el caso del balón de baloncesto, sería una curva parabólica que se extendería desde las manos a la canasta.

El principio de mínima acción es maravilloso porque reestructura la física clásica sobre una base intuitiva. Todo lo que hay en el universo intenta encontrar la trayectoria óptima desde el inicio al final. En una especie de supervivencia de los más aptos, las trayectorias más apropiadas son las que ganan. Al igual que las notas en un boletín escolar que reflejan el buen o el mal comportamiento, la acción cuantifica la eficiencia de cada trayectoria, y destaca la mejor para que sea especialmente advertida. Esta resulta ser la ruta que los objetos siguen en realidad en el ámbito clásico.

## Libación e inspiración

A pesar de tener muchas intuiciones para la aplicación de los métodos cuánticos a la teoría del absorbedor, Feynman se esforzaba para encontrar la maquinaria matemática precisa para hacerlo. Ninguna de las técnicas existentes podía relacionar cosas separadas a distancia y que actuaran una sobre la otra de manera remota. En su cerebro cansado resonaba la necesidad de un nuevo enfoque. Sabía que tenía que empezar completamente desde cero y, de alguna manera, reconstruir la física cuántica utilizando el principio de la acción mínima... pero ¿cómo?

En la elegante Palmer Square, al otro lado de Nassau Street desde el campus, se hallaba uno de los lugares más famosos de Princeton, la Nassau Tavern (ahora la Nassau Inn). Tomándose un descanso de sus cavilaciones, Feynman decidió asistir a una fiesta de la cerveza que se celebraba en aquel local. Quiso la suerte que allí encontrara a alguien que poseía la pieza que faltaba en su rompecabezas cuántico.

Herbert Jehle, un físico alemán exiliado, se presentó en el local y de manera informal le preguntó a Feynman por su investigación. Jehle acababa de huir del tristemente célebre campo de concentración de Gurs, en el sur de Francia, donde los nazis lo encarcelaron por sus opiniones pacifistas y antifascistas. Recién llegado a Estados Unidos, se encontraba de visita en Princeton.

Después de que Feynman le explicara qué hacía, Jehle pensó un largo rato y recordó un trabajo clave de Dirac: «La lagrangiana en mecánica cuántica», publicado en 1933.[5] El artículo no era conocido de manera general —al menos entre los teóricos norteamericanos— en aquella época, pues había aparecido en una revista relativamente desconocida, *Physikalische Zeitschrift der Sowjetunion*. En él, Dirac había demostrado que la transición entre dos estados cuánticos cualesquiera podía expresarse como el producto de factores matemáticos especiales, denominados «funciones de transformación generalizadas», que dependían de la acción (relacionada con la lagrangiana) de un punto a otro. Recuérdese que las lagrangianas están determinadas de manera específica a partir de la diferencia entre la energía cinética (energía del movimiento) y la potencial (de la posición) en cada lugar. Ambas dependen de las variables dinámicas (posición y momento) en cuestión. Las funciones de transformación generalizadas convierten la acción en factores que, cuando se multiplican, convierten gradualmente un estado cuántico inicial en un estado cuántico final a través de una cadena de pasos intermedios. Formar un producto de este tipo corresponde a seccionar cualquier proceso cuántico en transformaciones infinitesimales, de manera muy parecida a dividir un rollo de película en una serie de fotogramas.

Aunque este método es bastante técnico, podríamos ilustrar su idea clave mediante una analogía. Representemos un proceso cuántico mediante filas y más filas de fichas de dominó erguidas, que representan los estados cuánticos, extendidas por un terreno irregular, que simboliza las variables dinámicas. De la misma manera que las variables dinámicas establecen las funciones de transformación generalizadas que gradualmente convierten los estados cuánticos de uno al siguiente a lo largo de una ruta concreta, podríamos imaginar que la irregularidad del terreno induce una cascada de fichas que caen, y que se desploman una después de otra en sucesión a lo largo de una trayectoria determinada. Las probabilidades de que cada ficha caiga de una determinada manera tienen que ver con el paisaje específico en aquel punto. De forma similar, las variables dinámicas de un estado cuántico en un punto determinado del tiempo establecen las probabilidades de que este se desplome de una determinada manera para formar el estado siguiente, y así sucesivamente, lo que produce una oleada de transformaciones cuánticas desde el inicio hasta el final.

## Una aventura llena de acción

Feynman aprovechó la sugerencia de Jehle y se sirvió de ella para alcanzar el objetivo que durante tanto tiempo había ansiado. Al leer el artículo de Dirac, supo de inmediato que los métodos lagrangianos eran ideales para cuantizar la teoría del absorbedor de Wheeler-Feynman. Al formular esta en términos de un principio de acción y definir la trayectoria clásica del camino de mínima acción, podía plantearla como una gama de posibilidades cuánticas. En nuestra analogía, esto es como demostrar de qué manera el recorrido más denso de fichas caídas —que corresponde al camino clásico más probable— está rodeado por una plétora de otras sendas, con menos fichas de dominó apiladas, que representan rutas menos probables. En otras palabras, mientras el paisaje dinámico tiende a encaminar de una determinada manera las fichas de dominó, componiendo una senda preferida cuando caen, el azar permite otras posibilidades menos probables. De manera similar, aunque se favorece la trayectoria clásica, Feynman desarrolló una manera de demostrar que esta no es más que el ápice de un montículo ahusado de alternativas cuánticas. Por lo tanto, podía inyectar la incertidumbre fundamental de la física cuántica en la teoría del absorbedor.

Feynman cayó en la cuenta de que la imprecisión cuántica obliga a que las interacciones no puedan confinarse a una ruta concreta, que sería algo así como intentar canalizar un nubarrón a través de un cable. Al igual que los nubarrones, las posiciones cuánticas son amorfas. Pero, a veces, estalla un relámpago, que ilumina la senda más eficiente por la que las cargas pueden viajar. No es el único camino, solo el más probable. De manera similar, dentro de la «nube» de un proceso cuántico, se podría identificar una ruta óptima. Esta senda más eficiente (el destello de un relámpago dentro de una nube de tormenta) señala la trayectoria clásica.

Para suscitar esta opacidad cuántica, para cualquier par de partículas que interaccionan, Feynman determinó cualquier serie concebible de interacciones que pudieran conectarlas. Su lista incluía no solo la trayectoria clásica y otras sendas relativamente probables, sino también aquellas que parecían muy indirectas e improbables. Las posibilidades eran ilimitadas. De entrada, todas eran iguales. Pero, como en *Rebelión en la granja*, de George Orwell, algunas debían ser «más iguales» que otras.

Para asegurar que la trayectoria clásica resultara, al final, ser la más probable, en su método teórico, Feynman ponderó cada ruta en función de su probabilidad, establecida por las funciones de transformación generalizadas que encontró en el artículo de Dirac. Para cada trayectoria, siguiendo las técnicas de Dirac, estableció variables dinámicas en cada punto del tiempo, calculó las lagrangianas correspondientes, las modeló en funciones de transformación y las multiplicó entre sí para representar una cadena completa de acontecimientos. Después, sumando dichas posibilidades y aplicando el principio de la acción mínima, demostró que la senda clásica es seleccionada como la más probable de todas. Feynman llamó a esta suma cuántica especial una «ruta integral».

El método de Feynman conectaba muy bien el principio de la acción mínima con el principio de Fermat de que las señales de luz se desplazan a lo largo de líneas rectas con el fin de emplear la menor cantidad de tiempo. Por lo tanto, demuestra naturalmente por qué las señales clásicas entre electrones siguen la ruta de conos de luz. La función de transformación para cada ruta actúa como un factor de demora de fase, que indica cuánto tardan las señales cuando se desplazan a lo largo de dicha ruta. Debido a que hay una multitud de sendas, hay una gama de demoras. Al igual que en la interferencia de las ondas de luz, las diferentes señales se suman para formar una onda general. En la suma ponderada de sendas, aquellas señales que siguieran la ruta más eficiente tendrían fases parecidas, se interferirían constructivamente y por lo tanto harían la mayor contribución. Siguiendo el principio de Fermat, dicha trayectoria óptima sería a lo largo de la senda lineal adoptada por la luz. De esta manera, Feynman demostró de manera brillante cómo su técnica cuántica podía reproducir los métodos clásicos que desarrolló con Wheeler dentro del límite de mayor probabilidad, al tiempo que permitía que una gama de sendas menos probables constituyera la neblina de alternativas cuánticas. En otras palabras, difumina la estrecha interacción clásica en una gama cuántica más amplia de contribuciones.

Wheeler encontró que el método de Feynman de la ruta integral era realmente notable. Hacía que los mecanismos más abstrusos de la dinámica cuántica parecieran tan sencillos como la óptica básica. Pensó que conectaba las teorías clásica y cuántica de una manera incluso más natural que los formalismos de Heisenberg o de Schrödinger. Se felicitó por la buena suerte de tener como alumno a un pensador extraordinariamente original. Para ayudar a promover lo que consideró que era un nuevo concepto revolucionario, decidió darle el nombre de «suma de historias». Tal como recordaba el físico Kenneth Ford, otro de los estudiantes de Wheeler y coautor de sus memorias: «Wheeler me dijo que él, que siempre buscaba nombres y frases llamativos, dio este a lo que Feynman había estado llamando método de la ruta integral».[6]

A medida que aumentaba su excitación por el método de Feynman, Wheeler pensó que incluso podría persuadir a Einstein de su brillantez. Se dirigió de nuevo a la casa de Einstein y tuvo una larga discusión con él en su estudio del piso de arriba. Wheeler le preguntó si la nueva técnica de Feynman podía persuadirlo de abandonar su oposición a la teoría cuántica. Sin embargo, Einstein, considerando el componente aleatorio de la teoría, no se dejó influir. «No puedo creer que Dios juegue a los dados —dijo Einstein—. Pero quizá me he ganado el derecho a equivocarme.»[7]

## La vida singular de un electrón

En algún momento, mientras desarrollaba su método de la ruta integral, Feynman se hallaba descansando en la Facultad de Graduados cuando el teléfono de su dormitorio empezó a sonar. Descolgó y oyó una voz ansiosa al otro lado de la línea. Era su chiflado director, con otra de sus ideas absurdas.

Wheeler le dijo a Feynman que había resuelto por qué todos los electrones que se habían detectado hasta entonces tenían idénticas carga, masa y otras propiedades. Solo existe un electrón en el universo, explicó. Todos los electrones que vemos son simplemente el mismo que corre deprisa hacia delante y hacia atrás en el tiempo, rebotando a perpetuidad como una pelota en una pista de tenis. Esta es la razón por la que cada electrón parece ser el mismo.

Pensamos que hay muchos en lugar de uno porque solo presenciamos un único momento en el tiempo: un simple segmento de realidad. En esta instantánea, vemos el mismo electrón en todas sus encarnaciones, que ocupa muchos lugares diferentes mientras zigzaguea a través de la eternidad. Estas versiones podrían interaccionar entre sí de la misma manera en que un hilo, cosido una y otra vez a través de un botón, podría estar atado consigo mismo.

Podemos imaginar una situación similar mediante una analogía cinematográfica al recordar cómo el protagonista de *Regreso al futuro II*, Marty McFly, tenía que volver al entorno y a la época que visitó en la primera película de la saga: la ciudad ficticia de Hill Valley, en 1955. En consecuencia, en dicha localidad, había dos versiones de él, que constituían diferentes bucles en el hilo de su línea temporal. Imaginemos que hizo esto una y otra vez, en incontables secuelas. Al final, el pueblo albergaría una miríada de versiones de Marty McFly.

El visionario escritor Robert Heinlein, en el relato *Todos ustedes, zombis*, consideraba una situación parecida en la que un personaje se convertía en su propia madre, padre y amigo, al efectuar repetidos saltos en el tiempo, y experimentar cambios de género e interactuar consigo mismo. Si viajar hacia atrás en el tiempo fuera posible, estas situaciones grotescas podrían ser concebibles.

Wheeler imaginó un solo electrón en el papel estelar —y único— de su propia saga de viaje en el tiempo. Emitió la hipótesis de que, en cualquier momento y lugar, podríamos presenciar las múltiples secuelas de las aventuras de este electrón que viajaba en el tiempo. Una y otra vez atravesaría nuestro segmento de realidad, hasta que pareciera que el universo estuviera lleno de tales partículas. Pero estaría volando en solitario.

Cada vez que este electrón singular viajara hacia atrás en el tiempo, señalaba Wheeler, sería como si su carga cambiase, porque nuestras percepciones estarían dirigidas hacia el futuro. Por lo tanto, lo percibiríamos como si se desplazara hacia delante en el tiempo. Matemáticamente, según la ecuación de Dirac, una carga negativa dirigida hacia el pasado parece una carga positiva dirigida hacia el futuro. Invertir tanto la carga como la dirección temporal —junto con la dirección espacial si el electrón se desplaza por el espacio— da como resultado la misma solución. Si lo detectamos en esta fase, lo denominamos positrón. El que se le considere un electrón cargado negativamente que se desplaza hacia atrás o un positrón cargado positivamente que se desplaza hacia delante se convierte solo en un asunto de semántica.

Al principio, Feynman tenía sus dudas. Si Wheeler tenía razón, ¿dónde estaban todos los positrones? Si los electrones zigzaguean a través del tiempo, transformándose en positrones y de nuevo en partículas negativas, los investigadores deberían detectar igual número de electrones y positrones. Por el contrario, los positrones eran mucho más raros.

Después de reflexionar sobre este desequilibrio, Wheeler ofreció una respuesta. La mayoría de positrones en el universo, teorizó, estaban incrustados en protones. Anticipando, de alguna manera, la idea de los cuarks, propuso que los protones podrían ser partículas compuestas, que ocultaban positrones en sus entrañas.

Feynman respiró ante la idea de los positrones como electrones que se desplazaban hacia atrás en el tiempo. Ofrecía una manera sencilla de concebir los positrones, encajaba bien en las ecuaciones y hacía fáciles los cálculos. En aquella época no pensaba demasiado en la idea de los protones como amalgamas. Pero mucho más avanzada su carrera, exploraría el tema de los constituyentes de los protones: no los positrones, sino algo a lo que denominaría «partones».

Ni Feynman ni Wheeler invirtieron mucho tiempo después de esta conversación telefónica en reflexionar sobre el concepto de que todos los electrones eran la misma partícula. No había manera evidente de poner a prueba esta disparatada idea. Muy pronto, consideraciones más prácticas saltaron a primera línea.

## Sueños y pesadillas

Desde «todo es dispersión» a «todo son electrones» y siguiendo hasta «un electrón lo es todo», la activa mente de Wheeler revoloteaba como una mariposa sobre el néctar de una idea prometedora a otra. Tomaba un sorbo nutritivo, bebía hasta saciarse y se desplazaba a otras nociones deliciosas. A menudo era demasiado inquieto para esperar la confirmación experimental.

Feynman llegó a conocer muy bien el estilo de su tutor, y no le importaba lo más mínimo. Después de todo, el concepto de cuanto de Max Planck, la relatividad de Einstein, la dualidad onda/partícula de Bohr y el principio de incertidumbre de Heisenberg parecían también completamente estrambóticos... hasta que se convirtieron en comunes. Feynman sabía que Wheeler tenía también un lado prudente y que siempre se mantenía dentro de los límites de la ley física. Por lo general, confinaba sus ideas más especulativas a discusiones y cuadernos de notas hasta que encontraba una manera de defenderlas con cálculos meticulosos y razonamiento complejo. Ambos físicos coincidían en que la investigación científica era un asunto serio que requería una justificación minuciosa. Pero a veces, cuando el progreso en una determinada área se encontraba ante algún obstáculo, se tenía que pensar de manera más global. A Wheeler le encantaba esta visión de conjunto que tenía la física.

«Nunca he estado demasiado atareado para soñar —contaba una vez Wheeler—. Soñar lo que podría ser, cómo está ensamblado el mundo y cómo interactúan sus partes, proporciona un sustento necesario para mi cerebro tan nutritivo como cualquier cálculo.»[8]

La carrera de Wheeler seguiría siendo un sube y baja de sueños extraños y de consideraciones más prácticas. Como en el caso del incidente del reloj, siempre intentó hacer el mejor uso de su tiempo, encontrando el equilibrio perfecto entre los lujos fantasiosos y las necesidades serias.

Las desagradables noticias del 7 de diciembre de 1941 inclinaron ciertamente la balanza hacia estas últimas. Bombarderos japoneses lanzaron un ataque masivo y por sorpresa a la base naval de Pearl Harbor, en Hawái, el primero en suelo estadounidense desde hacía generaciones. Al día siguiente, Estados Unidos declaró la guerra a Japón. Unos días después, Alemania e Italia, aliadas de este último, declararon la guerra a Estados Unidos, que inmediatamente respondió con su propia declaración de guerra. Catapultados de repente a la segunda guerra mundial, los norteamericanos se prepararon para una feroz lucha en Europa y el Pacífico.

Wheeler recordó el sorprendente anuncio de Bohr, casi tres años antes, del descubrimiento de la fisión en Alemania. Sus colegas y amigos nacidos en Europa, como Einstein, Wigner, Fermi, Leo Szilard y Edward Teller, se habían preocupado mucho más que él. Por aquel entonces, Wheeler había creído que cualquier guerra quedaría limitada a naciones en el extranjero. Históricamente, Europa parecía haber estado envuelta de manera perpetua en luchas y conflictos políticos.

Sin embargo, la implicación norteamericana lo cambiaba todo. Estados Unidos necesitaría ganar la guerra tan rápidamente como fuera posible. Esto significaba desarrollar armas superiores. Era evidente que los Aliados habían de dar todos los pasos necesarios para impedir que las potencias del Eje emplearan la energía del núcleo atómico.

Wheeler descubriría pronto que el presidente Franklin Roosevelt ya había decidido hacer esto precisamente. El 6 de diciembre, el día anterior a Pearl Harbor, la Oficina de Investigación Científica y Desarrollo de Estados Unidos había iniciado un proyecto para investigar la energía atómica, encabezado por un grupo llamado «Comité Uranio S-1», que pronto sería gestionado conjuntamente con el Departamento de Guerra. Denominado posteriormente «Proyecto Manhattan», crecería a lo largo de 1942 y 1943 hasta convertirse en una empresa gigantesca cuyo fin era investigar armamento atómico, producir material fisionable y construir bombas, si era factible. Wheeler y Feynman desempeñarían papeles importantes en el proyecto.

Poco más de dos años después de que Wheeler y Feynman empezaran a trabajar juntos, resultaba evidente que su tiempo para discutir física teórica en Princeton sería muy limitado. Llamados para que aportaran su experiencia al esfuerzo bélico, necesitarían trabajar en proyectos militares en diversos lugares del país. En una realidad alternativa, quizá hubieran tenido el tiempo libre para explorar más ideas descabelladas en el confortable marco de Fine Hall y el Laboratorio Palmer. Sin embargo, el destino los iba a llevar a lugares muy alejados del paraíso.

## 3

# Todos los caminos que no llevan al paraíso

El tiempo se bifurca perpetuamente hacia innumerables futuros.

JORGE LUIS BORGES, *El jardín de senderos que se bifurcan*

Muchas de las conversaciones más fascinantes sobre algunos aspectos de la historia empiezan con la más sencilla de las preguntas: ¿qué habría pasado si...? ¿Qué habría pasado si no se hubiera producido nunca la invasión normanda de Inglaterra? ¿Qué habría pasado si el Sur hubiera ganado la guerra civil estadounidense? ¿Qué habría pasado si León Trotski hubiera liderado la Unión Soviética en la década de 1930 en lugar de Iósif Stalin? Si llenáramos una habitación con invitados imaginativos, y un buen suministro de vino y queso, se podrían debatir las consecuencias de estas incontables situaciones hipotéticas durante horas.

Desde luego, nadie sabe realmente qué habría ocurrido en estas historias alternativas. Por lo tanto, dado que nadie puede demostrar ni refutar ninguna hipótesis, tales debates rara vez tienen ganadores y perdedores. Son ejercicios intelectuales, puros y simples.

En la actualidad, muchas de estas discusiones sobre historia alternativa se centran en la segunda guerra mundial. Las numerosas decisiones críticas que se tomaron en ambos bandos ofrecen muchas oportunidades para opinar a toro pasado. Por ejemplo, Adolf Hitler anuló un pacto con Stalin e invadió la Unión Soviética. Al hacerlo, despertó a un poderoso gigante dormido. Si no hubiera cometido dicha traición, quizá habría podido mantener algunos de sus otros logros.

En el bando de los Aliados, no hay duda de que la decisión más controvertida fue el lanzamiento de sendas bombas atómicas en las ciudades japonesas de Hiroshima y Nagasaki. Este horror nuclear costó cientos de miles de vidas. Algunos críticos aducen que la aniquilación de estas grandes poblaciones de civiles indefensos fue cruel e innecesaria. Quizá en su lugar se podrían haber elegido objetivos militares, o efectuado un aviso o una demostración de fuerza. Otros rebaten que estas acciones evitaron una continuación sangrienta de la guerra en el teatro del Pacífico, que podría haber llevado a una invasión del Japón con tropas terrestres, y a una gran cantidad de bajas. El número de vidas que se perdieron en estas dos ciudades, aducen estos expertos, palidece en comparación con las muchas que hubieran caído en un conflicto prolongado.

Desde sus inicios, el Proyecto Manhattan trató claramente de desequilibrar los posibles esfuerzos nucleares de la Alemania nazi. Nadie sabía si iba a tener éxito, y ni mucho menos que su resultado supondría un número tan elevado de bajas. Pero sucedió que la Alemania nazi no hizo casi ningún avance en la obtención de una bomba nuclear a lo largo de la guerra. Si Estados Unidos hubiera sabido esto con antelación, quizá hubiera dedicado a otros objetivos la considerable financiación y mano de obra destinadas al proyecto. ¿Qué habría pasado si...?

Al nivel humano, las opciones que se tomaron en los momentos críticos establecieron el rumbo hacia el futuro. Nadie puede saber qué habría ocurrido si las circunstancias hubieran sido otras. Pero imagine el lector si una raza extraterrestre poseyera de algún modo la capacidad de concebir todas las situaciones hipotéticas posibles. Como si estuvieran pasando de un canal a otro en una televisión cósmica, estos seres hipotéticos podrían ver mundos con Hitler y sin Hitler, con Franklin Roosevelt y sin él. Supongamos que las alternativas se hallan ahí afuera para nosotros. Nuestra «suscripción» solo nos permite un canal entre incontables posibilidades. Si la idea de que todo lo que podría ocurrir sucede realmente en alguna faceta paralela de tiempo, ¿esto privaría a la historia de su aparente inevitabilidad?

La propuesta de Richard Feynman de la suma de historias introdujo esta visión bifurcada del tiempo al nivel cuántico. Cualquier interacción entre partículas tiene lugar de todas las maneras concebibles, no solo de una, mientras se obedezcan las leyes de la física. Para computar el resultado total, nuestra «televisión cuántica» ha de ser capaz de captar todos los canales posibles. Únicamente siguiendo la pista e incluyendo todas las rutas viables podremos adquirir una imagen completa de la realidad.

## Los ritmos de la vida

Históricamente, ha habido distintos modelos del tiempo. Para el mundo antiguo, el más generalizado se basaba en la idea de los ciclos. Quizá esto no sea sorprendente. Tanto los ritmos circadianos de nuestro cuerpo como los patrones repetidos de los cuerpos astronómicos y la progresión incesante de las estaciones sugieren que el tiempo es cíclico. La popularidad continuada de la astrología y el concepto de reencarnación sirven como testimonio de la persistencia de dicha idea.

El ritmo de la naturaleza se manifiesta de muchas maneras. El cosmos ofrece unos ciclos dentro de otros: desde la rotación diaria de la Tierra, a su movimiento regular anual alrededor del Sol, hasta el movimiento combinado de la familia orbital de este alrededor del núcleo central de nuestra galaxia. El día sigue a la noche. El deshielo sigue a la helada.

La poderosa atracción de la Luna establece las pautas de las mareas. Cada cuerpo celeste avanza a un ritmo establecido por su propio equilibrio energético.

Los seres vivos responden a estos patrones cíclicos con su propio comportamiento periódico. Las aves migran, los osos hibernan y los salmones nadan río arriba cada año para desovar. De forma parecida, la vida humana avanza al compás. Nos despertamos, comemos y dormimos a intervalos regulares, incluso si vivimos o trabajamos en lugares a los que no llega la luz solar. Por mucho que intentemos ignorar estos ritmos circadianos, nuestro cuerpo nos traiciona con insomnio, punzadas de hambre o fatiga.

Dada la atracción de los patrones diarios y estacionales, quizá no sea sorprendente que la mayoría de culturas antiguas creyeran que el tiempo era fundamentalmente cíclico. Desde los calendarios de piedras redondas de los mayas hasta el icono del yin y el yang chino, desde el uróboros egipcio —la imagen de una serpiente que devora su propia cola— hasta la rueda india de Asoka, encontramos referencias a ciclos en el simbolismo de todo el mundo. Las civilizaciones más venerables seguían calendarios que incluían no solo días, meses y años, sino también intervalos periódicos mucho más largos de destrucción y renacimiento cósmicos.

Por ejemplo, según los Puranas —textos sagrados hindúes escritos en sánscrito, posteriores al siglo IV d. C.—, el mundo está construido sobre ciclos dentro de otros ciclos de duración variable. La historia avanza a través de una serie repetitiva de épocas, denominadas *yugas*, cada una de las cuales tiene muchos miles de años de extensión. En algunos relatos, estas se hallan encajadas en intervalos más extensos, llamados *mahayugas*, que persisten durante millones de años. Cada uno de ellos, a su vez, forma parte de una era todavía mayor, denominada *kalpa*, que dura miles de millones de años. Acontecimientos celestes, como la alineación de planetas, y las calamidades terrestres, como inundaciones e incendios, marcan la transición entre varios ciclos.

El tiempo cíclico es eminentemente repetible, reversible y determinista. Tal como se expresa de forma poética en el Eclesiastés: «Todo tiene su momento, y todo cuanto se hace debajo del sol tiene su tiempo». Si se espera el tiempo suficiente, cada fase de un ciclo vuelve a producirse.

Pero el tiempo cíclico no puede ser la explicación a todo. Numerosas características del mundo natural sugieren flechas de tiempo lineal de una sola dirección. Una de estas flechas surge en la termodinámica: el estudio del calor y la energía. De acuerdo con la segunda ley de la termodinámica —desarrollada por el físico alemán Rudolf Clausius a mediados del siglo XIX—, para cualquier proceso cerrado, una cantidad denominada «entropía» ha de permanecer igual o bien aumentar, pero nunca disminuir. La entropía refleja cuánta energía en un sistema no está disponible para el trabajo; cuanto mayor es la entropía, mayor es la cantidad de energía desaprovechada.

La entropía es también una medida de la falta de singularidad de un sistema: cuanto más excepcional es el sistema, menor es la entropía, y viceversa. Habitualmente, los sistemas ordenados tienen una entropía menor que los que están desordenados. «Ordenado» en este contexto representa la singularidad de la disposición de las partículas en el sistema.

Por ejemplo, es mucho más difícil ensamblar un copo de nieve con un determinado patrón que un charco a partir de un conjunto de moléculas de agua. La compleja disposición de constituyentes de un copo de nieve es mucho menos común que el estado líquido salpicado del charco. Por lo tanto, el primero tiene una entropía menor que este último. Siguiendo la segunda ley, un copo de nieve en el suelo podría fundirse con rapidez en un fluido amorfo, pero el agua a nivel del suelo nunca se transmuta espontáneamente en diversos copos de nieve.

Lord Kelvin (William Thomson) postuló que la entropía del universo aumentará de forma gradual a lo largo del tiempo, lo que conducirá a tener cada vez menos energía usable, hasta que el cosmos alcance un estado completamente inerte denominado «muerte térmica». Para entonces, los hornos —que ahora sabemos que son nucleares— que calientan el centro de las estrellas dejarán de funcionar. Sus cubiertas externas se evaporarán o explotarán, dejando atrás interiores inertes. Incluso estos restos fríos —que sabemos que son enanas blancas, estrellas de neutrones y agujeros negros, en función de la masa estelar— cederán de manera gradual su energía al espacio con el tiempo, hasta que todo el universo sea completamente frígido y sin vida. Al poste indicador que señala hacia este futuro lúgubre se lo conoce como la «flecha termodinámica del tiempo».

En contraste con esta flecha, está la dirección de la evolución. La biología nos dice que, al menos en nuestro minúsculo planeta, tienen lugar procesos cuyo resultado es un aumento de la complejidad, no una disminución de la misma. El desarrollo de la vida a lo largo de miles de millones de años demuestra que, mediante mecanismos de variación y de selección natural, organismos sencillos evolucionan hasta seres muy complejos, como delfines, chimpancés, perros y sus cuidadores bípedos. Incluso los cínicos estarán de acuerdo en que los humanos son mucho más complejos que las amebas. Los seres humanos poseen la notable capacidad de comprenderse, de anticipar posibilidades futuras, de remodelar el ambiente y de cartografiar el cosmos, entre otros atributos sofisticados. De forma parecida, la tecnología, el producto del ingenio humano, avanza de una época a otra. Por lo tanto, la evolución ofrece una flecha del tiempo progresiva.

¿Qué flecha del tiempo ganará al final, la termodinámica o la evolutiva? A menos que las cosas cambien, será la primera. La vida requiere una entrada continua de energía ordenada: procedente del Sol o de otras fuentes de combustible utilizable. Al final, todos los seres vivos pierden su capacidad de mantener su equilibrio y mueren. Dada la fragilidad de la vida en la Tierra, el universo durará probablemente mucho más que esta. Sin embargo, en algunas situaciones hipotéticas especulativas —como en la obra maestra de ciencia ficción de Asimov, *La última pregunta*—, las civilizaciones avanzadas acaban por descubrir cómo invertir la segunda ley, lo que da como resultado el triunfo de los poderes de organización de la vida sobre la tendencia hacia la descomposición.

La expansión del universo ofrece todavía otra flecha más: el tiempo cosmológico. Existe una considerable evidencia, que se remonta a los descubrimientos de Edwin Hubble y otros, de que la mayor parte de las galaxias se están alejando de nosotros, de que el espacio ha aumentado enormemente de tamaño con el tiempo. Nadie podría confundir el universo de hoy en día con su infinidad de estrellas y galaxias extendidas por miles de millones de años luz, con su compacto precursor primordial. Un mapa de la expansión espacial ofrece una clara flecha cosmológica.

Todos nosotros, incluso los que ignoran las flechas científicas del tiempo, tenemos una fuerte sensación de que el tiempo se mueve hacia delante. Nuestro conocimiento consciente parece impelernos siempre en esa dirección, desde el nacimiento a la muerte. En nuestras experiencias familiares, las causas siempre parecen preceder a los efectos.

Aunque el tiempo es intangible, no parece que podamos escapar de su corriente incesante. ¿Qué es lo que causa el flujo en apariencia interminable del tiempo? ¿Es nuestra sensación de avance hacia delante una ilusión, como la percepción de animación cuando se hacen pasar rápidamente una serie de imágenes inmóviles? ¿O bien se trata de un fenómeno genuino relacionado con una o más de las demás flechas? Con independencia de su origen, ya sea ilusorio o real, la conciencia representa todavía otra flecha de tiempo lineal.

Sin embargo, resulta que el tiempo lineal es insuficiente para describir la naturaleza en su nivel fundamental. Tal como demostró el trabajo conjunto de John Wheeler y Richard Feynman, determinados procesos en el mundo cuántico parecen desafiar la causalidad. Las ecuaciones de Maxwell producen señales que se desplazan tanto hacia atrás como hacia delante en el tiempo; la teoría del absorbedor de Wheeler-Feynman las mezcla. La sugerencia de Wheeler, que Feynman adoptó con ganas, de que los positrones son electrones que se desplazan en una dirección temporal opuesta acabó por desacoplar la física de partículas de cualquier parecido con una flecha del tiempo.

## El tiempo como un laberinto

En lugar de un ciclo o una flecha, el enfoque de la suma de historias sugirió una tercera manera distinta de considerar el tiempo: como un laberinto de posibilidades que se bifurcan siempre. Cada punto en el tiempo posee muchas ramas que se extienden hacia el futuro y raíces que excavan en el pasado. Estas extensiones se tuercen, se giran y se mezclan con otras, solo para volver a dividirse. En el mundo cuántico, seguir solo una de estas ramas es insuficiente. Tenemos que enfrentarnos al árbol, por nudoso que sea, en su totalidad.

El término «laberinto» se remonta a uno de los mitos griegos más cautivadores, el relato del Minotauro, medio hombre y medio toro, atrapado en un laberinto ineludible. En dicho relato, el rey Minos había encargado a Dédalo, un científico, arquitecto e inventor muy inteligente, que había nacido en Atenas pero que vivía exiliado en Creta, que diseñara una morada para la abominable criatura. Dédalo construyó un vasto complejo de corredores sinuosos, escaleras en espiral, torres elevadas y habitaciones idénticas, al que llamó laberinto, nombre derivado del símbolo cretense sagrado de un hacha de doble cabeza. Cuando completó su red pétrea, situó al Minotauro en el centro, y aseguró al rey que el monstruo no tenía ninguna posibilidad de escapar.

Poco después, en un viaje a Atenas, un toro enfurecido mató al hijo de Minos. Buscando venganza, el rey decidió castigar a los atenienses pidiéndoles que cada nueve años enviaran siete muchachos y siete doncellas a Creta como tributo. Una vez estos jóvenes llegaban a la isla, se los encerraba en el laberinto, donde, incapaces de escapar, les aguardaba una suerte terrible a manos del Minotauro.

El laberinto estaba diseñado tan hábilmente que no se podía salir de él. Los atenienses vagaban perdidos por sus corredores tortuosos, sus pasadizos complejos y sus habitaciones interminables, sin saber dónde o cuándo les atacaría el monstruo. Después de haber soportado un período prolongado de desesperanza, la criatura los devoraría.

Compadeciéndose de la suerte de sus compañeros atenienses, un muchacho joven y fuerte llamado Teseo decidió introducirse en el laberinto y matar al Minotauro. Ariadna, la hija menor de Minos, lo ayudó en esta empresa. Advertida por Dédalo, dio a Teseo un hilo que debía atar a la entrada. Tras fijarlo en la puerta, el joven accedió a la morada, sosteniendo el otro extremo del ovillo en la mano, y buscó al Minotauro. Encontró al monstruo dormido, lo sujetó al suelo y lo golpeó con sus manos desnudas hasta que este se desplomó. Después, siguió minuciosamente el hilo guía hasta la entrada, escapó y proclamó la victoria para los atenienses. Regresó como un héroe a Atenas, y después se convirtió en su rey.

Muchos estudiosos, como el malogrado semiótico Umberto Eco, han considerado el relato del laberinto como una metáfora del intento de la humanidad de cartografiar y reproducir la complejidad del universo. Dédalo, en esta interpretación, es el científico prototípico. Eco indicó en sus *Apostillas a El nombre de la rosa* que los laberintos pueden tener varios niveles de complejidad. Mientras que los unicursales tienen solo una única ruta posible, las versiones multicursales tienen muchas. El tipo más complejo, los rizómicos, tendrían una gama infinita de rutas posibles.

En un laberinto cuántico, Teseo no tomaría solo un camino hasta el centro, sino una multitud de ellos, de forma simultánea. Dejando tras sí una intrincada red de hilos, en lugar de uno solo, exploraría varias rutas alternativas. A lo largo de alguna de ellas podría llegar con suficiente vigor para matar a la abominación que se hallaba dentro. A lo largo de otras, mucho más serpenteantes, podría llegar demasiado cansado para llevar a cabo su tarea. Cuando los atenienses contaran posteriormente su relato, necesitarían abordar cada una de dichas posibilidades, con algo más de énfasis en las opciones más probables que Teseo pudo haber tomado. Quizá la mayoría de los días habrían contado el relato diciendo que Teseo adoptó las decisiones más sabias y directas, pero en otros lo habrían presentado tomando decisiones ridículas, menos probables, que lo enviarían a la muerte. En lugar de un relato clásico, habría una suma cuántica de historias, que confundirían para siempre a los estudiosos de la mitología griega.

## Un jardín de senderos que se bifurcan

Por pura coincidencia, en 1941, cuando Feynman estaba desarrollando la suma de historias, el escritor argentino Jorge Luis Borges publicó *El jardín de senderos que se bifurcan*, un cuento notable con el tema del tiempo como laberinto. Ambientado durante la primera guerra mundial, se trata de una historia policial en la que aparece un espía chino llamado Yu Tsun que entabla amistad con el famoso sinólogo británico Stephen Albert, y después lo asesina. El giro repentino e inesperado revela el carácter caprichoso de la corriente temporal. Al tener el tiempo tantas ramas posibles, sugiere el cuento, un acontecimiento casual podría desviar el viaje vital de alguien desde un flujo propicio hasta una corriente de destrucción.

Yu Tsun visita a Albert aparentemente para preguntarle por un antepasado, un culto gobernador chino llamado Ts'ui Pên. Experto en astronomía, misticismo y matemáticas, Ts'ui Pên había dimitido de forma poco clara con la intención de escribir una novela y de construir un laberinto. Al espía le resultaba extraño que, aunque este había escrito el libro, nunca había llegado a construir el laberinto físico.

En realidad, el laberinto es el propio libro, una crónica en la que, para cada punto crítico, suceden numerosos resultados contradictorios. En un capítulo, un personaje muere; en el siguiente, está misteriosamente vivo. Dos relatos de la misma batalla describen cómo unas tropas desmoralizadas se sacrifican por la victoria y cómo un ejército vigorizado vence con facilidad. La última página de la novela es la misma que la primera, lo que sugiere lecturas continuas y repetidas, así como reinterpretaciones. Como se puede percibir, la novela es mucho más compleja que cualquier laberinto de setos.

Después de mostrar el libro a Yu Tsun, Albert explica su motivación:

> El jardín de senderos que se bifurcan es una imagen incompleta, pero no falsa, del universo tal como lo concebía Ts'ui Pên. A diferencia de Newton y de Schopenhauer, su antepasado no creía en un tiempo uniforme, absoluto. Creía en infinitas series de tiempos, en una red creciente y vertiginosa de tiempos divergentes, convergentes y paralelos. Esa trama de tiempos que se aproximan, se bifurcan, se cortan o que secularmente se ignoran, abarca todas las posibilidades. No existimos en la mayoría de esos tiempos; en algunos existe usted y no yo; en otros, yo, no usted; en otros, los dos.[1]

Al demostrar, en cierto modo, la tesis de su antepasado de que el universo es una red de posibilidades aleatorias, Yu Tsun mata de repente a Albert. A primera vista, el asesinato parece carecer totalmente de sentido. Sin embargo, resulta que Yu Tsun espía para Alemania y quiere alertar al mando militar en Berlín acerca del nombre de una ciudad, Albert, que será el nuevo objetivo de un bombardeo. Cree que la única manera de que el nombre aparezca en las noticias es asesinar a alguien con este apelativo. La decisión revela la naturaleza aleatoria y laberíntica del tiempo. En otra rama, Yu Tsun podría ser un amigo de toda la vida de Albert, pero en este, se ve obligado a matarlo.

Hoy en día, diríamos que una novela con numerosos desenlaces posibles es un ejemplo de hipertexto. Gracias a la Red, la mayoría de nosotros encontramos hipertextos cada día. Cuando leemos una noticia y decidimos clicar en un enlace que nos lleva a otra página, nos embarcamos en un viaje a través de un laberinto textual de posibilidades. Podríamos preguntarnos por qué si empezamos con la intención de investigar las repercusiones de la segunda guerra mundial, pasado un cierto tiempo, hemos acabado leyendo un artículo sobre los cantores mongoles de Tuvá o sobre la percusión de bongós. Las opciones que tomamos guían nuestras experiencias lectoras a lo largo de rutas únicas y personales. Mediante nuestros vagabundeos diarios en la Red, donde cada conjunto de conexiones es una bifurcación de alternativas, el tiempo laberíntico se ha convertido en una parte familiar de nuestra vida.

## Fisuras y fisiones

Uno de los horrores de la guerra, como se ilustra en el cuento de Borges, es que puede transformar a los amigos en enemigos. La segunda guerra mundial dividió a la comunidad internacional de física en oponentes y defensores de las potencias del Eje; el primer grupo era mucho más sustancial, pero en el segundo había figuras clave, como Werner Heisenberg. Aunque este se opuso a ultranza a los nazis, decidió permanecer en Alemania y trabajar en iniciativas científicas. Se le colocó a cargo de un grupo que investigaba las posibilidades de la energía nuclear y las armas nucleares. El equipo recibió pocos recursos y, como se mencionó, hizo pocos progresos.

Las acciones de Heisenberg alarmaron mucho a Niels Bohr y a sus otros antiguos colegas. A pesar de su anterior respeto por Heisenberg, muchos acabaron despreciándolo. Otros se aferraron a la idea —que Heisenberg intentó promover después de la guerra— de que había sido deliberadamente lento en el esfuerzo alemán por conseguir la bomba.

El Proyecto Manhattan, en cambio, supuso una reunión sin precedentes de recursos, experiencia y personal que incluía numerosas localidades de todo Estados Unidos. Al principio, sus centros eran unos laboratorios de investigación en la Universidad de Chicago y en la Universidad de Columbia en Nueva York —esta última localidad dio al proyecto su nombre en clave—. El Laboratorio de Radiación Ernest Lawrence en Berkeley, donde se desarrollaron los ciclotrones, y un laboratorio del mismo nombre en el MIT desempeñarían un papel trascendental. Posteriormente, se establecieron centros secretos importantes, que albergaron a miles de investigadores y de personal administrativo y técnico, en Los Álamos (Nuevo México), Oak Ridge (Tennessee), Hanford (Washington) y otros lugares.

En el período transcurrido entre el artículo clave de Bohr y Wheeler sobre la fisión y la entrada de Estados Unidos en la guerra, el químico nuclear Glenn Seaborg usó un ciclotrón para producir las primeras muestras de plutonio, un elemento radiactivo artificial. Tal como calcularon Bohr y Wheeler, tanto el plutonio-239 como el uranio-235 eran prometedores como ingredientes posibles de una bomba de fisión. Después de la publicación del artículo, Wheeler continuó investigando la estructura nuclear, junto con su colega de Princeton Rudolf Ladenburg, mayor que él, y Henry Barschall, estudiante de doctorado de este último. Sin embargo, su atención principal se había dedicado a la dispersión, y en particular a su colaboración con Feynman. La entrada de Estados Unidos en la guerra lo cambió todo. Sus habilidades nucleares estaban muy solicitadas.

En enero de 1942, Wheeler fue invitado a la Universidad de Chicago para valorar la idea de construir un reactor de producción para crear cantidades suficientes de plutonio. Bajo la dirección de Arthur Compton, Chicago se había convertido rápidamente en el centro de investigación de plutonio para el esfuerzo de guerra. Se había reclutado a Enrico Fermi desde Columbia, donde ya había conseguido una reacción en cadena en una pila atómica. Eugene Wigner pasó también un tiempo allí. Con el nombre en clave de «Proyecto Metalúrgico», el grupo de Chicago necesitaba más mentes brillantes para determinar la manera más eficiente de generar plutonio en reactores de uranio y aislar cantidades sustanciales del mismo para usarlas en una bomba.

Muy pronto, las demandas del proyecto de Chicago obligaron a Wheeler a abandonar por completo su trabajo con Feynman. Lamentó profundamente tener que dejar de lado sus sueños teóricos durante un tiempo para centrarse en investigación militar. Pero se sentía obligado a hacer todo lo que pudiera para el esfuerzo de guerra.

Mientras tanto, Robert R. «Bob» Wilson, un joven investigador de Princeton y antiguo estudiante de Lawrence, se dirigió a Feynman con una petición a media voz. Un proyecto militar secreto que en aquel momento se desarrollaba en Princeton tenía que ver con separar isótopos de uranio para el desarrollo de bombas. Wilson le preguntó a Feynman si estaría interesado en saber más cosas. Si así fuera, podría asistir a una reunión a las 3.00 de la tarde de aquel mismo día.

Por aquel entonces, Feynman estaba a punto de terminar su proyecto de tesis y obtener su doctorado. Había aprobado el examen oral, a pesar de que había respondido con cierto titubeo a una pregunta sobre los colores del arcoíris, cuyo orden no recordaba. Asimismo, había escrito una exposición de veintisiete páginas de la teoría de la acción a distancia, en sus formas clásica y cuántica, que posiblemente estaba lista para su publicación y podía formar el núcleo de una tesis. Estaba aguardando el momento en que, con el título de doctor en la mano, pudiera casarse de una vez por todas con Arline y conseguir un empleo, quizá un puesto académico donde pudiera enseñar mientras alternara sus esfuerzos en una compañía de investigación, como los Laboratorios Bell.

En consecuencia, la primera reacción de Feynman a la petición de Wilson fue decir que no. Completar su tesis era una necesidad absoluta, le explicó. Primero necesitaba graduarse; después podría pensar en otras cosas. Además, aseguró, la última cosa en el mundo que quería hacer era trabajar en armas. No fue ese el motivo por el que se dedicó a la física.

Volvió a su cuarto y comenzó a trabajar en su tesis. Entonces empezó a pensar detenidamente en las repercusiones devastadoras de una victoria del Eje. ¿Qué pasaría si los nazis construían una bomba nuclear y la usaban para atacar a los Aliados? ¿Cómo podría vivir consigo mismo si destruían ciudades con explosiones atómicas colosales? Con esta horrible imagen en mente, metió su tesis en un cajón de la mesa.

La reunión fue breve, pero informativa. Wilson y otros investigadores hablaron de su objetivo de separar los isótopos de uranio utilizando un dispositivo electromagnético denominado isotrón. Después de la reunión, en una habitación del edificio con una mesa buró y mucho papel, Feynman se sumergió de inmediato en los cálculos. Decidió hacer del proyecto una prioridad.

Pronto, gracias en parte a los cómputos de Feynman, el grupo de Wilson consiguió producir cantidades sustanciales de uranio-235. Enviaron estas muestras a Columbia y a otros lugares para su ensayo. Una sucesión continua de científicos visitantes se detenía en Princeton para examinar las instalaciones donde se llevaba a cabo la separación. Siempre que llegaba alguien nuevo, Wilson le pedía a Feynman que le explicara los detalles técnicos de este proceso.

## La carrera hacia la graduación

El semestre de la primavera de 1942 fue una época extraordinariamente intensa tanto para Wheeler como para Feynman, al hallarse ambos implicados en proyectos de separación de diferentes materiales fisionables. La diferencia fundamental entre ambos era que Wheeler ya tenía una posición académica estable, mientras que Feynman no. El catedrático del Departamento de Física, Henry «Harry» Smyth, un especialista en física nuclear, era miembro del Comité Uranio S-1, y por lo tanto muy partidario de los esfuerzos nucleares de Wheeler. Smyth le concedió mucha flexibilidad a la hora de hacer malabarismos con sus obligaciones docentes y otras responsabilidades con el fin de que pudiera viajar de aquí para allá entre Chicago y Princeton.

Preocupado por si el trabajo nuclear de Feynman le distraería de completar su doctorado, el 26 de marzo Wheeler le escribió desde Chicago instándole a terminar su tesis: «Wigner y Ladenburg piensan, como yo, que has hecho más que suficiente para una tesis... te aconsejaría de forma muy firme que escribieras lo que tienes en estas pocas semanas que quedan antes de que te encuentres en la situación en la que ahora me hallo, en la que no hay tiempo en absoluto para trabajar en nuestra teoría de acción a distancia». Wheeler terminaba la carta con una nota personal: «Espero que Arlene [*sic*] se encuentre mejor».[2]

Por desgracia, Arline no se encontraba nada bien. La gravedad de su situación le producía una gran aflicción a Feynman. Los síntomas de la joven se habían agravado y, regularmente, expectoraba sangre al toser. Su tuberculosis se hallaba en un estado tan avanzado que los médicos podían hacer poco más que aislarla en un sanatorio.

Richard todavía quería casarse con su amada Putzie, por lo menos para ayudar a cuidarla y ofrecerle apoyo emocional hasta que estuviera mejor. Sin embargo, su familia estaba muy preocupada de que estuviera a punto de cometer una enorme equivocación. Su padre, por ejemplo, tenía muchas expectativas en su carrera y le inquietaba que el matrimonio con una mujer con una enfermedad infecciosa crónica pudiera afectar las opciones de Richard de conseguir un empleo. Su madre padecía de ansiedad, y pensaba en todo lo que podría ir mal.

Aconsejado por su padre, Feynman le preguntó a Smyth qué tenía que hacer. El catedrático del departamento no creía que tuviera problemas para conseguir un empleo. Pero para estar seguro, le recomendó que hablara con el doctor Wilbur York, el médico de la universidad.

El doctor York fue muy útil, al exponerle los problemas del matrimonio con una mujer con tuberculosis infecciosa. Su comportamiento calmado y racional tranquilizó a Feynman. El matrimonio, le indicó, ayudaría a Arline a sentirse más segura desde el punto de vista emocional, lo que ayudaría a su restablecimiento. El doctor le aseguró al joven que, dadas las muchas precauciones que se tomaban en un sanatorio, él tenía pocas probabilidades de contraer su enfermedad: ciertamente, podría mantener un empleo académico y enseñar a estudiantes sin riesgo.

Por otra parte, insistió el doctor York, tenían que asegurarse de que Arline no se quedara embarazada. Feynman le confirmó al doctor que no había posibilidades de que esto ocurriera. Por último, el médico lo llevó aparte y le informó de que la tuberculosis no siempre era curable. Feynman le contestó que conocía los riesgos, pero que quería casarse con Arline de todas formas.

Teniendo en cuenta las reprimendas de Wheeler para que terminara su tesis, Feynman redobló sus esfuerzos. Aunque imaginaba que probablemente su tutor lo aprobaría por lo que ya había hecho (los resultados clásicos de la acción a distancia y algo del material cuántico), se sentía obligado a completar esta última parte para que fuera un cuerpo de trabajo coherente. De otro modo, si quisieran volver al tema, sus notas dispersas podrían parecer sandeces, y quizá nunca pudieran reproducir lo que había logrado.

Para concluir su trabajo de tesis, Feynman solicitó y obtuvo alrededor de un mes de permiso del proyecto de separación de uranio. Agotado por los cómputos nucleares, pasó los primeros días de aquella excedencia tendido en la hierba, contemplando el cielo. Esta pausa era todo lo que necesitaba para completar sus cálculos cuánticos y escribir el resto de su tesis. Wheeler volvía a estar en Princeton, de modo que el momento era perfecto. Feynman repartió copias de la tesis completa a Wheeler y a Wigner, que también estaba en su comité. La aprobaron de forma entusiasta y le concedieron el título de doctor.

## Te tomo como esposa, en la enfermedad y...

El 16 de junio, Feynman se vistió con la toga y el birrete tradicionales y se dirigió a la ceremonia de graduación de Princeton. Sus padres estaban radiantes. Estaban acostumbrados a que recibiera un galardón tras otro, entre ellos medallas en certámenes de matemáticas, pero un doctorado de Princeton en solo tres años era un motivo que había que celebrar de manera especial.

Debido al proyecto del uranio, Feynman sabía que era necesario que permaneciera en Princeton durante la mayor parte del verano, y quizá también después. Además, tenía una oferta de trabajo tentadora: profesor titular visitante en la Universidad de Wisconsin. Empezaría en septiembre si de alguna manera culminaba el trabajo de la guerra —o si esta terminaba milagrosamente—. De no ser así, podía posponerlo durante un año. Aceptó el puesto sobre la base de estas condiciones tan flexibles. De hecho, acabó teniendo que aplazarlo... y en última instancia nunca se incorporó a este empleo.

Por encima de todas sus demás responsabilidades, tenía un deber más comprometido: con una tal señorita Arline Greenbaum. Después de muchos años de noviazgo, ya era hora de sellar el enlace. Mientras que la familia de Arline apoyaba la decisión de la pareja, los padres de Feynman seguían estando inquietos a causa de la mala salud de la novia.

Creyendo que su hijo se casaba solo por obligación, la madre de Feynman le rogó que lo reconsiderara. Viendo que Richard estaba totalmente decidido, se mostró dispuesta a impedir que cometiera el mayor error de su vida. «Casarse no es como comer espinacas», le escribió. No debería ser una carga. Tendría que afrontar costes médicos y emocionales incalculables que podrían desviarlo de alcanzar los objetivos de su carrera.

Así, le instó a que siguiera comprometido hasta que Arline se hubiera restablecido por completo.

En otra carta, Feynman le respondió que ya se había hecho a la idea. Le explicó que amaba a Arline, quería cuidar de ella y no veía ningún conflicto entre casarse y seguir una carrera activa en física. De hecho, su amor y su apoyo podrían ayudarlo a centrarse en su investigación, argumentó. En resumen, aseguró a su madre, él estaría bien, ocurriera lo que ocurriese.

Richard y Arline se casaron el 29 de junio en un juzgado de Nueva York, en una ceremonia sencilla, sin miembros de la familia presentes. Su luna de miel fue un simple trayecto en el ferri de Staten Island, una travesía cuyo billete costaba cinco centavos y que muchos trabajadores realizaban cada día. Después, Feynman llevó a su amada esposa directamente al hospital Deborah en Browns Mills, Nueva Jersey, un sanatorio bien conocido, situado convenientemente a unos sesenta kilómetros al sureste de Princeton, en el que ella permanecería. Ubicado en los boscosos Pine Barrens, tenía un entorno relajante y en su aire fresco se respiraba la fragancia de los pinos. La proximidad permitiría a Richard visitar a

Richard Feynman y Arline Greenbaum Feynman de vacaciones en Atlantic City, Nueva Jersey. (*Fuente*: AIP Emilio Segrè Visual Archives, Physics Today Collection, obsequio de Gweneth Feynman.)

su esposa con tanta frecuencia como fuera posible, hasta que estuviera lo bastante bien para que los recién casados vivieran juntos.

Resulta irónico que muy cerca de allí se hallara un tratamiento mejor para la dolencia de Arline. En la Facultad de Agricultura de la Universidad Rutgers, a unos ochenta kilómetros de donde ella se encontraba, había un montón de estiércol en una granja del campus. No era un vulgar montículo de abono, pues este contenía el secreto para curar la tuberculosis. Allí, el 23 de agosto de 1943, aproximadamente un año después de que Arline entrara en el sanatorio, el estudiante graduado Albert Schatz, que trabajaba bajo la dirección del doctor Selman Waksman, analizaría una muestra de suelo y descubriría el antibiótico estreptomicina, que resultaría ser muy efectivo contra la tuberculosis. A finales de la década de 1940, este llegaría al mercado como una medicina milagrosa que eliminaba los síntomas de la tuberculosis en cuestión de meses y, con ellos, la necesidad de sanatorios. El hospital Deborah, por ejemplo, no tardaría en reenfocar su misión hacia otras enfermedades, del corazón y los pulmones.

En un final de Hollywood —o en una realidad paralela benévola—, los Feynman habrían conocido a Schatz en algún lugar de Nueva Jersey: Arline habría probado la cura milagrosa y dejado de toser; sus pulmones se habrían curado y los recién casados habrían vivido felices para siempre. Por desgracia, no pudo ser. En la época del descubrimiento de Schatz, Arline y Richard se encontraban ya en Nuevo México, donde el científico se había incorporado a las instalaciones nucleares secretas de Los Álamos. A veces las cuatro palabras más duras son: ¿qué habría pasado si...?

## Secretos y confidencias

A finales de 1942, bajo la dirección científica de J. Robert Oppenheimer —conocido universalmente como «Oppy» u «Oppie»— y el liderazgo militar del general Leslie Groves, el Proyecto Manhattan había crecido hasta ser una empresa demasiado grande y activa para mantenerla en secreto en las principales universidades como Berkeley, el MIT, Princeton y Chicago. Para consolidar su investigación en una localidad aislada, el gobierno de Estados Unidos adquirió una escuela, Los Álamos Ranch School, y la transformó en un laboratorio nuclear de alto secreto. A principios de 1943, se empezó a reconvertirla para uso de investigación militar.

Cuando Feynman se enteró de que su grupo de investigación se desplazaría de Princeton a Los Álamos, una de sus principales preocupaciones fue Arline. En marzo escribió a Oppy y a su asociado en Berkeley, J. H. Stevenson, para que le recomendaran algún hospital o sanatorio que estuviera relativamente cerca del lugar secreto —cuyo nombre clave era «Proyecto Y»—. Ambos le ofrecieron varias opciones, y Feynman optó por el Hospital Presbiteriano de Albuquerque, famoso por el tratamiento de la tuberculosis.

Arline seguía siendo muy optimista y entusiasta, a pesar de su enfermedad. Tenía muchas ganas de efectuar con su marido el largo viaje en tren, desde Princeton a Chicago y después hasta Santa Fe, Nuevo México. Soñaba con establecer pronto un hogar real con Richard —al menos, con pasar juntos más tiempo— y esperaba que el traslado augurara una vida mejor para ellos. Gracias a su clima desértico y seco, Nuevo México era bien conocido como un lugar al que iban muchos pacientes de tuberculosis para restablecerse. Con todo su corazón, deseaba mejorar y convertirse en la solícita esposa que su Richard merecía. Quizá hasta pudieran tener un hijo, pensaba, cuando llegara el momento adecuado.

Para no despertar sospechas, la mayoría de miembros del grupo de Princeton partieron hacia Nuevo México desde diferentes estaciones de ferrocarril, aunque sus equipajes sí que se enviaron desde allí. Los Feynman decidieron desmarcarse y partir desde la misma estación de Princeton. Puesto que parecían ser la única pareja que viajaba hasta Nuevo México, les divertía la idea de que los revisores del tren pensaran que todas las maletas eran suyas.

Al disfrutar de un viaje a través del país en un vagón relativamente lujoso, los Feynman por fin tuvieron algo parecido a una verdadera luna de miel. Arline no tenía ni idea de lo que Richard iba a hacer, puesto que el proyecto era secreto. Todas las cartas que se recibían en Los Álamos se redirigían al apartado de correos 1.663 de Santa Fe, Nuevo México, donde se recogían y censuraban. Después se repartían a los investigadores y a otros trabajadores.

Feynman se incorporó a la División Teórica del laboratorio, que dirigía Hans Bethe, profesor de Cornell y experto nuclear que había escrito la biblia de la teoría nuclear: un artículo en tres entregas que trazaba la esencia de lo que se conocía sobre este campo. Coincidió que, en aquella época, muchos de los demás teóricos estaban fuera. En busca de alguien con quien debatir ideas, Bethe se detuvo varias veces en el despacho de Feynman y quedó muy impresionado por su intuición rápida y espontánea sobre lo que funcionaría y lo que no. «Me di cuenta muy rápidamente de que era una persona fenomenal —recordaba Bethe—. Pensé que Feynman era quizá el hombre más ingenioso de toda la división, de manera que trabajamos mucho juntos.»[3]

Las desavenencias entre Bethe y Feynman, fuertes pero amistosas, sobre soluciones a diferentes cuestiones técnicas relacionadas con el diseño de la bomba nuclear, se hicieron célebres en el laboratorio. Bethe era muy metódico y mostraba sus argumentos punto por punto, con amplia evidencia matemática, como un abogado versado que exponía un caso. Cada vez que Feynman creía que Bethe se equivocaba, le espetaba de golpe algo así como «¡No, no, estás loco!», o «¡Eso es una estupidez!»;[4] Bethe continuaba pacientemente, aunque fuera interrumpido a gritos una y otra vez. Otros investigadores que estaban cerca no podían dejar de escuchar las a menudo hilarantes reprimendas de Feynman, dado el respeto que tenían a Bethe.

Mientras hacían cálculos, ambos tenían la costumbre de juguetear con trocitos enmarañados de cobre o plástico, a los que llamaban «juguetes de pensar». Un día Feynman, como broma, intercambió su propio juguete con el de Bethe.[5] El resultado fue notable. Feynman notó que se volvía más ponderado y sistemático, y que sus pensamientos y acciones se tornaban más lentos. Bethe, en cambio, parecía más animado y empezó a hacer gestos extraños. Sus colegas se rieron cuando vieron que las personalidades de Feynman y Bethe, que habían sido muy parodiadas, se habían intercambiado por un momento.

Aunque continuaba trabajando estrechamente con Bethe, Feynman acabó conociendo muy bien a Oppy. De forma parecida, Oppenheimer pensaba que Feynman era fenomenal. A finales de 1943, con cierta discreción, tanto Bethe como Oppy rivalizaban con la intención de captarlo para sus universidades respectivas después de la guerra. Cada uno de ellos veía su potencial como un profesor dotado y con una carrera prometedora.

Oppenheimer escribió a Raymond Birge, el catedrático del Departamento de Física de Berkeley, para recomendar el nombramiento de Feynman:

> Con toda probabilidad, es el físico más brillante aquí, y todos lo saben. Es un hombre de un carácter y una personalidad absolutamente cautivadores, muy claro, muy normal en todos los sentidos, y un profesor excelente con una cálida sensibilidad para la física en todos sus aspectos...

Bethe ha dicho que antes preferiría perder otros dos hombres cualesquiera de su departamento que a Feynman en su trabajo actual, y Wigner dijo: «Es un segundo Dirac, solo que esta vez es humano».[6]

Pero resultó que Birge eludió concederle un nombramiento preliminar. Berkeley no estaba preparada para hacerle una oferta. El departamento de Bethe en Cornell actuó mucho más deprisa y prometió a Feynman un puesto después de la guerra, que este aceptó.

¿Qué es lo que hizo específicamente Feynman durante sus dos años en Los Álamos? O mejor, ¿qué es lo que no hizo? Sus huellas estaban en prácticamente todas las piezas del equipo, su genialidad detrás de la mayoría de cálculos importantes. Cada vez que llegaba un nuevo ordenador u otro aparato, normalmente desmontado, Feynman solía ser el primero en abrir la caja, extraer las piezas y ensamblarlas. Dominaba los mecanismos interiores y exteriores, sabía desde conectarlo hasta interpretar sus lecturas, por lo que se convertiría en la persona de referencia si algo no funcionaba.

Una de las primeras contribuciones clave de Feynman se refería al comportamiento de los neutrones rápidos emitidos por el uranio-235. Se difundían (extendían) de una manera que era imposible de calcular de forma precisa para casos realistas. Aceptó el reto y diseñó un procedimiento paso a paso —en algunos aspectos, parecido a los métodos de suma que desarrolló en Princeton— que programó en los primitivos ordenadores de IBM. En aquella época, programar era un proceso tedioso que implicaba válvulas y cables... precisamente el tipo de material manipulable que a él le encantaba.

Después, durante el ensamblaje de la bomba de plutonio, Feynman demostró sus proezas de cálculo una y otra vez. Produjo de forma automática los detalles de lo que ocurriría en todas las fases del funcionamiento de la bomba, desde los mecanismos de su detonación a su capacidad explosiva. Su conocimiento experto de matemáticas, ordenadores y física de partículas contribuyó a la creación del arma más potente que el mundo había visto.

Sumergido en el desarrollo de la maquinaria para producir muertes masivas, Feynman tenía poco tiempo para pensar en las implicaciones morales de crear unos artilugios tan potentes. Se centraba, en cambio, en los retos técnicos y en el deber de ayudar a derrotar a Alemania. Solo más tarde reflexionaría sobre las profundas cuestiones éticas.

## Compañeros de bromas

Feynman se esforzaba también por ser un buen marido para su esposa enferma. Lo hacía lo mejor que podía, dada la distancia entre ambos y las limitaciones que imponían su empleo y la salud de ella. Actuando como el confidente y el cómico personal de Arline, Feynman hacía grandes esfuerzos para animarla. Ella le correspondía con un amor desbordante y con muchas bobadas.

A miles de kilómetros de distancia de Nueva York, de sus amigos y familiares, la joven pareja dejaba que su lado disparatado y travieso se desbocara. Cuando Richard visitaba a Arline en el hospital de Albuquerque, por lo general los fines de semana, ella preparaba juegos y bromas para divertirlo. Por ejemplo, fingían que un elefante de peluche llamado *Snuggle** que tenía Arline en la habitación era real. Desviando el foco de su propia situación, ella le informaba de cómo se encontraba *Snuggle*. Ambos soñaban con formar algún día una verdadera familia, y cuidar de *Snuggle* suponía una buena forma de ir practicando.

A menudo, cuando se dirigía a Alburquerque, Feynman le pedía prestado el coche a un amigo íntimo y colega investigador, Klaus Fuchs. Pero no se imaginaba que este llevaba una vida secreta. Cinco años después de la guerra, se hallaría a Fuchs culpable de haber espiado para la Unión Soviética. Pasaría un tiempo en prisión antes de emigrar a la Alemania Oriental.

Para el vigésimo séptimo aniversario de Richard, Arline preparó un periódico especial con un falso titular que rezaba: «Toda la nación celebra el aniversario de R. P. Feynman». Se las arregló para entregar y distribuir copias del mismo a su grupo en Los Álamos. A Feynman le encantó ver este periódico manipulado, que generaba mucha risa entre sus colegas, pegado en todas partes.

Consideraba a la dulce e inteligente Putzie su verdadera confidente y «socia en el crimen», y le encantaba contarle sus alocadas travesuras. Sin revelar ninguna información clasificada, alardeaba de lo que podría llevarse del laboratorio, supuestamente, de alta seguridad. Por ejemplo, se escabullía a través de un agujero en la valla perimetral para asegurarse de que no quedara registrada su ausencia en el diario, y se reía mientras le explicaba cómo había eludido la vigilancia. Lamentablemente, la salud de Arline continuaba empeorando, y ella necesitaba que Richard hiciera todo lo posible para levantarle los ánimos.

* Mimo, arrumaco. (*N. del t.*)

Feynman estaba muy orgulloso de sus habilidades para forzar cerraduras, que había aprendido de un estudiante graduado que fue compañero suyo en Princeton. Equipado con un clip para sujetar papeles, podía abrir prácticamente cualquier cosa que utilizara una llave. Después de abrir un candado tras otro, llevaba el contenido de los archivadores a las reuniones y se quejaba de que nada estaba seguro. Cuando Edward Teller insistió en que el cajón de su propia mesa, que contenía documentos secretos, era inexpugnable, Feynman aceptó el reto y extrajo su contenido a través de una rendija en la parte posterior de la mesa. «Feynman parecía estar compuesto a partes iguales de físico y de humorista», recordaba Teller.[7]

Después de que las cerraduras con llave fueran sustituidas por cerraduras de combinación, Feynman se sintió obligado a proteger su reputación. Después de muchos meses de manipular diales, de escuchar los patrones de los clics, de tomar notas de cada caja fuerte y de leer libros sobre el tema, Feynman dominaba el arte de descubrir la combinación de cajas fuertes. Le entusiasmaba ver la cara de los que trabajaban con él cuando abría incluso las más complejas. Como un mago consumado, disfrutaba sorprendiendo a la gente con sus hazañas.

Nada le gustaba más a Feynman que hacer que los demás pensaran que era un muchacho completamente normal. Y que después descubrieran que tenía trucos increíbles escondidos bajo la manga, como abrir cajas fuertes, resolver complejos rompecabezas o realizar cálculos de extraordinaria dificultad. Para sus colegas era un buen tipo, sin pretensiones. Aspiraba a ser uno más de los muchachos, y por ello bebía, fumaba y empleaba un lenguaje picante. Pero una noche se emborrachó tanto que luego escribió a Arline prometiéndole que se portaría bien y dejaría de beber y de fumar.

Resultaba evidente que Feynman estaba orgulloso de sus actividades más creativas, como su destreza a la hora de tocar los bongós, una pasión que empezó en Los Álamos y que duraría toda su vida. «Apenas puedo pensar en aquel período inicial sin acordarme del sonido de los bongós —explicaría Teller— ... Los tocaba cada noche durante horas.»[8]

## Una familia dispersa

La vida de Wheeler durante el Proyecto Manhattan fue muy diferente de la de Feynman. Para empezar, tenía tres hijos pequeños; y alejarse de la estabilidad que le proporcionaba Princeton no iba a ser en absoluto una experiencia agradable. Más bien todo lo contrario: desplazar a su familia por el país para desempeñar sus tareas resultó ser una pesada carga.

En general, Wheeler era poco propenso a despreocuparse y dejarse llevar. Comparado con la tosquedad de Feynman, tenía el comportamiento de un catequista. Su humor era seco y sutil, en lugar de excesivo, basado en el ingenio y la provocación juguetona. En resumen, mientras que los años del proyecto ofrecieron a Feynman la oportunidad de hacer algunas locuras, Wheeler no tuvo esta oportunidad ni el deseo. Su prioridad fue mantener feliz a su familia durante todos los desplazamientos.

El torbellino de viajes de la familia Wheeler empezó en el verano de 1942, poco después de que naciera su hija más pequeña, Alison. John encontró una casa de alquiler en Chicago, cerca de la universidad, donde podían permanecer cierto tiempo. Dado que su hijo, Jamie, estaba enfermo con fiebre reumatoide, y Janette se recuperaba de complicaciones posparto, no fue un período agradable.

En marzo de 1943, Compton reasignó a Wheeler a un puesto en Wilmington, Delaware, de manera que pudiera operar como enlace con los laboratorios DuPont. La familia se vio obligada a desplazarse de nuevo. Estuvieron allí poco más de un año, antes de rebotar, como un electrón en un experimento de dispersión de Compton, hasta el lado opuesto del país. Desde el verano de 1944 hasta el final de la guerra, en septiembre de 1945, residieron en Richland, Washington. Así, Wheeler podía ir a trabajar en la vecina Hanford para supervisar la construcción y operación de un reactor de producción de plutonio. Pero todavía tendría que desplazarse en ocasiones a Wilmington, un laborioso viaje en tren que implicaba múltiples conexiones.

Como parte de su papel en Hanford, Wheeler visitó Los Álamos varias veces para consultar con sus expertos acerca de la seguridad del plutonio y otras cuestiones. Nadie sabía cuánto plutonio podía reunirse de manera segura. ¿Tendrían que construir nuevas y costosas instalaciones de almacenamiento para separar el plutonio producido y así impedir que llegara a estado crítico y causara un accidente nuclear? ¿O podrían mantenerlo de manera segura en un único contenedor?

Feynman se encontró, de nuevo, aplicando sus capacidades de cálculo a las preguntas de Wheeler, solo que ahora, en lugar de teoría abstracta, la tarea era una cuestión de vida o muerte. Analizó los números y le ofreció algunos datos, que este se llevó de regreso. Después de discutir los resultados con el gestor de la planta, Bill Mackey, Wheeler y sus colegas de Hanford idearon maneras de minimizar el riesgo de accidentes.[9]

Wheeler empatizaba enormemente con la angustia de Feynman por la preocupante situación de salud de Arline. Durante una visita a Los Álamos pasó por el hospital donde estaba ingresada para ofrecerle su apoyo y su deseo de pronta recuperación. Feynman estuvo agradecido por ese gesto, que encajaba con la imagen que tenía de Wheeler, a quien consideraba un santo. Un santo con ideas absurdas, pero santo, al fin y al cabo.

Con el esfuerzo nuclear rondando su mente, Wheeler y Feynman disponían de poco tiempo para debatir su anterior investigación. En aquella época, es probable que el primero pensara más en ella que el segundo. Feynman calculaba; Wheeler soñaba. Incluso cuando intentaba centrarse en asuntos más prácticos, este último no podía dejar de pensar en la verdad oculta de la naturaleza.

Entre el estrés de su trabajo de guerra, Wheeler anhelaba un futuro en el que de nuevo pudiera contemplar tranquilamente, desde su ventana del Laboratorio Palmer, el campus vernal de Princeton, y pensar profundamente acerca de la esencia de la realidad. ¿Podría explicarlo todo en términos de electrones? ¿Son los electrones, o quizá un solo electrón, las piezas constituyentes de la realidad? ¿O acaso podría existir algo incluso más fundamental? ¿Podría haber una explicación lo bastante convincente para poner de una vez por todas de acuerdo a las dos mayores influencias de su vida, su mentor, Niels Bohr, y su amigo Albert Einstein?

## Exiliado y exaltado

Por aquel entonces, Niels Bohr tenía preocupaciones mucho más apremiantes que sus debates con Einstein sobre la teoría cuántica. Desde abril de 1940, los nazis habían ocupado Dinamarca. Con la intención de continuar liderando la comunidad científica danesa y preservar la integridad de su instituto, Bohr permaneció en Copenhague tanto tiempo como le fue posible.

En septiembre de 1943, miembros de la resistencia danesa le hizo saber que el régimen nazi estaba a punto de arrestarlo porque su madre era judía. Tras aconsejarle que escapara, consiguieron unos pasajes con destino a la neutral Suecia para él y su familia. Huyeron en plena noche: Bohr atravesó uno de los estrechos daneses en una barca de pesca, aferrado a lo que creía que era una botella verde de agua pesada, útil para moderar reacciones nucleares.

Con la intención de poner todavía más distancia entre los nazis y su familia, Bohr aceptó el ofrecimiento de viajar en avión hasta Gran Bretaña. Su hijo Aage, que estudiaba física nuclear, viajaría en otro avión. Para evitar ser detectado y abatido sobre la Noruega ocupada, Bohr fue transportado en un Mosquito, un tipo de avión militar capaz de volar a gran altitud. Cuando entró en el aparato, le dijeron que se colocara una máscara de oxígeno.

Por alguna razón —quizá porque no le ajustaba bien o simplemente porque se olvidó—, Bohr no se colocó la máscara de oxígeno, y se desmayó en mitad del vuelo. Por suerte, lo reanimaron al aterrizar en el Reino Unido. Al llegar, descubrió que la botella verde que sostenía con tanta firmeza contenía cerveza: con las prisas, se había equivocado al cogerla. La resistencia danesa tuvo que volver a introducirse en su casa para recuperar la preciosa agua pesada.

En diciembre de 1943, Niels y Aage fueron invitados a visitar Estados Unidos para apoyar el Proyecto Manhattan. Al llegar a Washington D. C., se reunieron con el general Groves, quien les informó de los progresos conseguidos hasta el momento. Para reducir el riesgo de que fueran identificados por agentes extranjeros, recibieron los nombres en clave de Nicholas Baker y James Baker. Cuando el proyecto llegaba a sus fases finales, realizaron diversas visitas a Los Álamos, en parte para ofrecer consejos sobre el diseño de una bomba nuclear, pero sobre todo para levantar los ánimos.

Feynman recordaba la agitación cuando «Baker e hijo» llegaron por primera vez al laboratorio. Desde los funcionarios de mayor rango hasta los inferiores, todo el mundo estaba con el alma en vilo, preparándose para la evaluación del físico danés. «Incluso para los jefazos de alto rango, Bohr era el gran Dios», recordaba Feynman.[10]

Para asombro suyo, poco antes de una de las visitas de los Bohr, el científico estadounidense recibió una llamada de Aage, que le pedía una reunión a primera hora de la mañana para deliberar modificaciones en el diseño de la bomba. Feynman no podía imaginar por qué los Bohr lo habían elegido a él, de entre todos, en lugar de a alguien más conocido. Naturalmente, aceptó.

Los tres hombres se sentaron en un despacho apartado. Bohr se dirigió a Feynman y empezó a hablar en voz muy baja, pero este no entendió nada. El danés dio una calada a su pipa y volvió a susurrar. Feynman no tenía ni idea acerca de lo que estaba diciendo Bohr, que era famoso por hablar muy bajito. Por suerte, Aage podía servir de intérprete y explicar el plan de su padre.

Incluso en el caso de alguien tan famoso como el físico danés, Feynman no pudo hacer otra cosa que ofrecer una reacción sincera. Le explicó lo poco prácticos que resultaban los detalles técnicos que sugería, y este supo apreciar su honestidad. Aunque Feynman no estaba de acuerdo con él, Bohr le agradeció su franca valoración.

A mediados de 1944, el proyecto iba ya a toda marcha. Al mismo tiempo, los acontecimientos globales habían empezado a sucederse rápidamente. El 6 de junio, tropas aliadas occidentales cruzaron el canal de la Mancha y desembarcaron en Normandía, Francia. El Día D, como se conoció esta fecha crucial, supuso un punto de inflexión crítico para la fase europea de la guerra. A lo largo de los meses siguientes, cada vez más tropas aliadas occidentales sacaron partido de este punto de apoyo y se dirigieron a Berlín. Mientras tanto, tropas soviéticas iban en dirección al oeste, hacia el mismo destino. El día de la victoria en Europa, el 5 de mayo de 1945, Berlín cayó en manos de los Aliados, y la fase europea del conflicto terminó. Sin embargo, debido a que los líderes japoneses rehusaron rendirse sin condiciones, como pedían los Aliados, la guerra continuó en el Pacífico.

Bohr no podía esperar para volver a Copenhague y reanudar su liderazgo en el Instituto de Física Teórica. Se aproximaba un importante aniversario para él: su sexagésimo cumpleaños, el 7 de octubre de 1945. Dado su papel fundamental en la física moderna, era objeto de una gran admiración y un enorme respeto, por lo que las preparaciones para esta celebración iban a comenzar mucho antes.

Una tradición sagrada en la comunidad de la física es la creación de un *Festschrift*, que consiste en una colección de artículos de colegas y antiguos alumnos, para quienquiera que haya hecho contribuciones importantes y cumplido sesenta años. Normalmente, un compilación así rinde homenaje al recoger los resultados, innovaciones y descubrimientos que han tomado como base las contribuciones del homenajeado en una determinada materia. Dado que la obra de Bohr tocaba tantos campos, reunir un compendio de este tipo en su honor no sería difícil.

En la primavera de 1945, la prestigiosa revista *Reviews of Modern Physics* dedicó un número completo a Bohr que sirvió efectivamente como *Festschrift*. Los autores constituían todo un elenco de físicos cuánticos y nucleares, entre ellos Max Born, Paul Dirac, Gueórgui Gámov e incluso Einstein, quien, junto con su ayudante Ernst Straus, escribió sobre la gravitación y el universo en expansión.

Un artículo inicial de Wolfgang Pauli sobre el legado de Bohr ayudó a establecer el tono. El teórico, a menudo avinagrado, elogiaba efusivamente al padre de la teoría atómica. Siguiendo el coronamiento de Pauli, un artículo tras otro en el volumen elogiaban a Bohr y llamaban la atención sobre el impacto de sus contribuciones.

A pesar de hallarse empantanado con los deberes bélicos, Wheeler deseaba de corazón enviar un artículo para el homenaje a Bohr. Sus resultados con Feynman parecían el tema perfecto, y volver a ellos le aliviaría la incomodidad de haberlos dejado de lado durante tanto tiempo. En física teórica, demorar la publicación de un resultado es correr el riesgo de que alguna otra persona dé con la misma idea y publique primero. El volumen de homenaje, pensaba Wheeler, ofrecía la oportunidad ideal para llamar la atención de la comunidad de física al menos sobre algunos de los resultados de la acción a distancia. Pronto preparó un artículo —en gran parte escrito por él, pero en el que reconocía a Feynman como coautor— en el que se informaba de una buena parte de sus hallazgos.

## Cuando el futuro moldea el pasado

La obra inaugural publicada de Wheeler y Feynman —aparte de un informe de conferencia—, «Interacción con el absorbedor como mecanismo de radiación», empieza de manera bastante insólita con extensas notas a pie de página ligadas al título. En ellas, Wheeler explica que habían hecho gran parte del trabajo para el artículo hacía ya varios años, pero que la guerra había retrasado la conclusión del proyecto. Por lo tanto, señala, los lectores deberían considerar el artículo como una obra en ejecución, solo una entrega en una serie que, según se anticipaba, tendría varias partes.

Feynman delegó en el juicio de Wheeler la organización y el contenido del artículo. Sin embargo, él personalmente consideraba que el apartado de «partes múltiples» resultaba, de manera innecesaria, ambicioso y altisonante. A consecuencia de esto, acabarían escribiendo juntos solo un artículo más sobre este tema, con una laguna de cuatro años entre las dos publicaciones.

De manera conveniente, en el artículo para el homenaje a Bohr, una enigmática cita del gran físico danés, extraída de un libro que había escrito en 1934, sirve de broche final: «Por lo tanto, debemos estar preparados para descubrir que un mayor avance en este campo requerirá una renuncia aún más extensa a las características que exigimos del modo de descripción del espacio-tiempo».[11]

A Wheeler le gustaba basar sus hipótesis, con independencia de lo excelsas y etéreas que fueran, en los cimientos concretos establecidos por sus respetados predecesores y tutores, sobre todo, Bohr y Einstein. Para él, invocar a uno u otro aseguraba a sus lectores que sus «ideas alocadas» no surgían de la nada; más bien, eran el resultado de una contemplación profunda y extensa de una obra más ortodoxa. En consecuencia, es probable que Wheeler incluyera la cita de Bohr para demostrar la receptividad del pensador danés a la hora de refundar la física cuántica sobre una base diferente, que suponía una concepción alternativa del espacio y el tiempo. Por implicación, la teoría del absorbedor, con su simetría entre el movimiento hacia delante y hacia atrás en el tiempo, ofrecía el siguiente paso en el progreso de la teoría cuántica.

La introducción del artículo continúa esta «estrategia de venta» al poner énfasis en la tradición de la acción a distancia en física, como la formularon Isaac Newton, el matemático alemán Carl Gauss y otros. Aunque estas ideas se habían abandonado en favor de los campos de energía que llenaban todo el espacio, quizá ya era hora de resucitarlas para resolver ciertos enigmas en relación con la radiación. En particular, continúa el artículo, revivir la acción a distancia ofrecería una manera superior de explicar el fenómeno de la resistencia de la radiación.

Después, Wheeler hace referencia a otro de sus mentores clave, Einstein, para ayudar a justificar la idea del absorbedor. Menciona cómo se enteró por este de la obra de un físico neerlandés poco conocido, Hugo Tetrode, que en 1922 había especulado que toda radiación había de tener no solo un origen, sino algo que la absorbiera. Tal como lo expuso Tetrode: «El Sol no radiaría si estuviera solo en el espacio y no hubiera otros cuerpos que pudieran absorber su radiación».[12]

Si Feynman hubiera escrito el artículo por su cuenta, habría dejado fuera la mayor parte de los antecedentes, la especulación y las referencias. Ni siquiera había leído la obra de Tetrode y tenía poco interés en hacerlo. Se habría ceñido a lo básico, planteando simplemente el problema físico de la resistencia a la radiación y presentando sus resultados. Su versión habría sido más como su tesis doctoral, sucinta y directa. Ceder la mayor parte de la redacción a Wheeler había dado como resultado un artículo muy diferente.

Después de cálculos detallados de cómo se comporta la radiación en la teoría del absorbedor de Wheeler-Feynman —lo esencial del trabajo de Feynman—, el artículo vuelve a la pasión de Wheeler para las ideas especulativas. Concluye con una nota relativamente filosófica: una discusión de la flecha del tiempo. Si la acción de un absorbedor en el futuro pudiera determinar el comportamiento de una partícula radiante en el pasado, ¿qué nos dice esto acerca de la causalidad? Tal como escribe Wheeler,

> La preaceleración y la fuerza de la reacción radiactiva que la provoca son desviaciones de aquella concepción de la naturaleza que una vez esperamos, en la que el movimiento de una partícula en un instante dado estaría por completo determinado por los movimientos de todas las demás partículas en momentos anteriores... Se consideraba que el pasado era completamente independiente del futuro. Esta idealización ya no es válida cuando tenemos una partícula que empieza a moverse en anticipación de los campos demorados que todavía tienen que alcanzarla desde cargas circundantes.[13]

Así, el artículo de Wheeler y Feynman termina con una nota revolucionaria: imaginando un mundo en el que el futuro influye sobre el pasado, y viceversa. Al eliminar cualquier distinción entre causalidad hacia delante y hacia atrás, va mucho más allá de afirmar que el ámbito de las partículas simplemente parece reversible en el tiempo. Más bien, hace que el futuro y el pasado sean de igual modo relevantes para el futuro.

La diferencia entre la reversibilidad temporal aparente y la real es importante. Muchas cosas parecen reversibles en el tiempo sin serlo en realidad. Si gritamos «¡ay!», corremos hacia una pared, rebotamos en ella, corremos hacia atrás y gritamos «¡ay!» de nuevo, un vídeo de nuestras payasadas podría parecer simétrico en el tiempo. Sin embargo, no podríamos afirmar realmente que el primer «¡ay!» se debiera a que hubiéramos chocado contra la pared, antes de que esto ocurriera en realidad. En la teoría del absorbedor de Wheeler-Feynman, en cambio, las partículas notan el impacto de acontecimientos que tienen lugar en el futuro: las señales avanzadas generadas por la absorción de su radiación.

De las semillas del concepto de Wheeler y Feynman de señales avanzadas brotaría una aproximación a la electrodinámica totalmente nueva. Coincidiendo con esta nueva idea, se produciría una revolución en el pensamiento sobre el tiempo. Su programa liberó a la física de partículas de los grilletes del movimiento hacia delante del tiempo, y permitió que el pasado, el presente y el futuro se comunicaran entre sí.

## Liberando al demonio

La explosión de una bomba atómica se basa en una cascada de reacciones en cadena, cada una de las cuales, en principio, podría ser reversible en el tiempo. Si, como sugiere la teoría del absorbedor de Wheeler-Feynman, los mecanismos de radiación son simétricos en el tiempo, cabría imaginar grabar en vídeo cada una de las interacciones de partículas implicadas y proyectar dicho filme hacia atrás en el tiempo. La nube en forma de seta se retiraría, el uranio y otros materiales volverían a ensamblarse y el dispositivo se restauraría en su condición prístina.

Sin embargo, en términos de la flecha del tiempo, la realidad a gran escala no se parece en nada al mundo de las partículas. Para empezar, se aplica la segunda ley de la termodinámica, lo que obliga a que para muchos procesos una fracción grande de la energía utilizable se transforme en energía que se disipa. Los enormes estallidos de calor y la extensa destrucción causados por las explosiones atómicas ofrecen ejemplos básicos de esta irreversibilidad. Nadie puede empezar a imaginar siquiera cómo retroceder el reloj y deshacer el devastador impacto de una bomba nuclear lanzada sobre una ciudad.

Después de los bombardeos de Hiroshima y Nagasaki en agosto de 1945, Japón se rindió, la segunda guerra mundial terminó y los Aliados celebraron una victoria que hacía mucho tiempo que esperaban. Harry Truman, que había asumido la presidencia de Estados Unidos después de la muerte de Franklin Roosevelt, tomó la decisión. Junto con la satisfacción de que finalmente se había acabado el conflicto, surgieron muchas preguntas acerca de la ética de incinerar e irradiar grandes poblaciones de civiles, incluso para la finalidad manifiesta de evitar más bajas. Muchos de los que habían advertido a Roosevelt de los esfuerzos nazis, como Einstein y Leo Szilard, o que habían participado en el mismo Proyecto Manhattan, como Wilson, estaban horrorizados porque Estados Unidos hubiera dejado caer la bomba sobre civiles japoneses, cuando dichos científicos habían intentado que su trabajo sirviera solo como una barrera contra los posibles esfuerzos alemanes. El hecho de que el programa nuclear alemán no hubiera despegado nunca proyectaba una luz más siniestra sobre el uso real de dichas armas.

¿Podría haber un modo de volver a poner el demonio en la botella y de evitar una futura conflagración? Una vez revelados, los secretos de construir armas nucleares no podrían «desaprenderse» nunca. Bohr, un firme defensor de la imparcialidad en ciencia, aducía de forma vehemente que toda la información tenía que hacerse pública. Junto con Einstein, Wilson, Szilard y otros, defendía el control internacional de las armas nucleares. Una gran parte de la comunidad de físicos, entre los cuales figuraban muchos de los que habían trabajado en la bomba, fundaron o se hicieron partidarios de organizaciones de control del armamento.

Otros, encabezados por Teller, advirtieron de una carrera armamentística con la Unión Soviética y recomendaron a las potencias occidentales que pusieran a buen recaudo los secretos nucleares. Este propuso el desarrollo de una superbomba, que posteriormente fue llamada bomba H o bomba de hidrógeno, para mantener una ventaja sobre los enemigos de la democracia. Teller continuó realizando investigación avanzada sobre armamento, mucho después de que el Proyecto Manhattan hubiera terminado, y se le conoció como el «padre de la bomba H». En el filme *¿Teléfono rojo? Volamos hacia Moscú* se le satirizó, así como a los que adoptaron su posición militarista.

## Salvando a Joe

Aunque mucho menos vocinglero y militante que Teller, sorprendentemente, Wheeler optó por seguir también el camino pronuclear. Así, continuó su investigación armamentista hasta 1953, y se convirtió en un colaborador importante del desarrollo de la bomba H. Y en defensor de la misma.

¿Por qué habría de seguir Wheeler, un discípulo tranquilo y pacífico de los internacionalistas Bohr y Einstein, esta trayectoria militarista? Una tragedia —la muerte en el campo de batalla de su hermano más joven, Joe, que solo tenía treinta años en aquel entonces— pudo haberlo encaminado a ser partidario de más investigación para el desarrollo de armas nucleares.

Joe era un historiador joven y de talento que se había doctorado en la Universidad de Brown. Con una prometedora carrera por delante, se alistó como soldado de primera clase en el ejército de Estados Unidos. Luchando contra los alemanes en Italia, se encontró en el grueso de la batalla. En algún momento de 1944, envió una postal a John con un mensaje sencillo pero potente: «¡Date prisa!».

En retrospectiva, Wheeler suponía que su hermano, que sabía de su investigación sobre la fisión, sospechaba que estaba desarrollando una superarma con el potencial de acabar con la guerra. Aunque los Aliados tenían a Hitler en el punto de mira, una poderosa demostración de fuerza ayudaría a acelerar su derrota.

Por desgracia, poco después de enviar la carta, Joe desapareció en acción. Su cuerpo descompuesto no se encontró hasta 1946. Cuando John y su familia se enteraron de la dura verdad, la pérdida fue devastadora.

A partir de aquel momento, pensando una y otra vez en el mensaje de su hermano, Wheeler se obsesionó con una historia alternativa en la que no había dejado de lado su investigación sobre la fisión. En la década de 1940 paralela de su imaginación, en lugar de cambiar de marcha y centrarse exclusivamente en su trabajo en electrodinámica con Feynman —junto con su docencia y otras obligaciones—, se dedicaba por completo al desarrollo de armas nucleares. Prestando sus considerables capacidades de investigación y organización a un Proyecto Manhattan acelerado, se aseguraba de que la administración Roosevelt dedicara suficiente potencial humano y recursos a la misión. Cuando Estados Unidos entrara en la guerra, la bomba ya se hallaría en pleno desarrollo. Si hubiera estado lista a mediados de 1944, imaginaba Wheeler, quizá la Alemania nazi se hubiera rendido un año antes, lo que hubiera ahorrado millones de vidas, entre ellas las de numerosos soldados y civiles que murieron en las fases finales del conflicto, y una gran parte de los que fueron asesinados en el Holocausto.

«Estoy convencido de que Estados Unidos, con la ayuda de sus aliados británicos y canadienses, podían haber obtenido la bomba atómica más pronto ... si los líderes científicos y políticos se hubieran comprometido antes con la tarea —escribiría más tarde Wheeler en sus memorias— ... No se puede obviar la conclusión de que un programa de bomba atómica iniciado y culminado un año antes habría salvado quince millones de vidas, entre ellas la de mi hermano Joe.»[14]

Décadas después de la muerte de su hermano, en charlas públicas sobre aquella época, Wheeler subrayaba su culpa por no haberse esforzado antes y más para desarrollar la bomba atómica. Los ojos se le llenaban de lágrimas cuando describía lo que podría haber ocurrido si los Aliados hubieran derrotado antes a los nazis y su hermano estuviera todavía vivo. De nuevo, aquellas angustiosas cuatro palabras: «¿qué habría pasado si...?».

## El reloj del fin del mundo

Un símbolo revelador de la era atómica fue el «Reloj del fin del mundo» (también llamado del Apocalipsis), que empezó a aparecer en 1947 en la cubierta del *Bulletin of the Atomic Scientists*, una revista fundada por veteranos del Proyecto Manhattan que estaban a favor del control armamentístico. El reloj avisaba de la amenaza inminente del desastre nuclear; sus manecillas, que inicialmente señalaban siete minutos antes de la medianoche, se habían movido después hacia delante o hacia atrás para representar los altibajos de tal peligro. La medianoche significa la catástrofe nuclear, cada vez más asociada, a medida que las bombas se hacían más potentes, con el final de la civilización y, quizá, de la vida en la Tierra.

El temor al apocalipsis era generalizado en el primer ensayo de una bomba atómica, que Oppy bautizó como «Ensayo de Trinity». Tuvo lugar a primera hora de la mañana el 16 de julio de 1945, en la región desierta llamada Jornada del Muerto, a unos trescientos kilómetros al sur de Los Álamos. Se colocó una bomba de plutonio en una torre de disparo varios días antes de la cuenta atrás para la detonación. Bethe y Feynman habían calculado detenidamente la cantidad de energía que esperaban que liberara la bomba, mediante lo que se conoció como la «fórmula de Bethe-Feynman». Para comprobar si sus estimaciones y otros aspectos previstos de la explosión eran correctos, se colocaron varios aparatos alrededor del lugar del ensayo. Observadores científicos y altos mandos militares se refugiaron en búnkeres a unos diez kilómetros de la torre. Otros testigos del acontecimiento, entre ellos Feynman, permanecieron a unos treinta y cinco kilómetros de distancia. A todos ellos se les facilitaron gafas oscuras especiales para proteger los ojos. A medida que se acercaba la cuenta atrás, aumentaba el nerviosismo por el impacto de la bomba. Mientras que algunos, como el general Groves, se preocupaban porque creían que no funcionaría en absoluto, otros temían que fuera demasiado efectiva y que desencadenara una reacción en cadena de efectos devastadores, quizá incluso inflamando la atmósfera. Con humor negro, Fermi hacía apuestas sobre si tendría lugar esta incineración atmosférica y, de ser así, si aniquilaría solo Nuevo México o todo el mundo.

Siempre curioso, Feynman decidió prescindir de las gafas oscuras, pensando que no le dejarían ver, y observó la explosión desde el interior de un camión de transporte de armas. Su parabrisas, calculó, protegería sus ojos de cualquier radiación ultravioleta que emitiera la bomba, al tiempo que dejaría pasar la luz visible. Se preparó para ver si sus cálculos eran correctos y el artefacto funcionaba realmente.

De repente, sus ojos registraron un destello blanco cegador. ¡Éxito! Instintivamente, giró la cabeza y vio un manchón púrpura. No importa donde mirara en el interior del camión, seguía viendo de ese color. Incluso con los ojos cerrados, la mancha seguía ahí. En lugar de asustarse, se dijo que solo estaba viendo una imagen accidental transitoria. De modo que abrió de nuevo los ojos y atisbó una bola amarilla que crecía en la distancia como si naciera un segundo sol. Extendiéndose más todavía, se oscureció a anaranjado. La bola se erguía sobre un espeso tallo de humo, que se parecía algo a una seta. Durante todo el tiempo, un «comentador» interno y calmado le ofrecía un informe detallado de las leyes físicas que servían de fundamento a cada paso del proceso. Finalmente, oyó un ¡bum! atronador; el sonido, ya lo sabía, tarda mucho más en llegar que la luz. A treinta y cinco kilómetros de distancia, la diferencia era de un minuto y medio.

Varias semanas después, cuando se lanzaron dos bombas atómicas sobre Japón, no sintió horror ni remordimiento. Compartía la sensación general de alivio de que la guerra había terminado. No se le ocurrió sentirse culpable ni preocupado. De vuelta al laboratorio, se sorprendió cuando Wilson, que le había impelido a unirse al proyecto, condenó la maldad que acababan de soltar en el mundo. ¿Por qué Bob, pensaba, habría de repudiar a su propia criatura? Feynman tardó en darse cuenta de lo que conllevaba la tecnología en cuyo desarrollo él había desempeñado un papel tan importante.

¿Por qué un hombre tan sensible como Feynman se mostró al principio tan indiferente ante las explosiones nucleares y su poder destructivo? Quizá ello se debía a que, unas semanas antes, su mundo ya había terminado. Su verdadero amor se había ido para siempre, y su corazón estaba tan yermo como la localidad de Trinity.

A mediados de junio, Feynman había recibido una llamada del padre de Arline. Estaba de visita en el hospital, y le comunicaba que la situación de la joven era crítica. Tras tomar prestado el automóvil de Fuchs, el científico se dirigió a Albuquerque tan rápidamente como pudo, pero tuvo que parar dos veces a lo largo del camino debido a dos pinchazos. Cuando llegó, Arline apenas estaba consciente y le costaba respirar. Murió el 16 de junio.

Durante todo el tiempo, Feynman se mostró sorprendentemente frío. Su cerebro le decía que morir era un proceso fisiológico natural. Él y Putzie habían disfrutado juntos en muchas aventuras divertidas, incluso cuando ella estaba enferma. Si habían pasado muchas décadas o solo algunos años gozando de la vida matrimonial, al final daba lo mismo.

Feynman notó que el reloj de la habitación de Arline en el hospital se había parado de manera extraña en el momento de su muerte: a las 9.21 de la noche. ¿Acaso el tiempo se detuvo cuando su enamorada abandonó el mundo? No, desde luego. Sus engranajes mentales, siempre en funcionamiento, ofrecían una explicación mucho más razonable. El aparato estaba defectuoso, y a la enfermera se le había caído cuando comprobaba la hora de la muerte.[15]

Un reloj se había detenido también en la vida emocional de Feynman, aunque por aquel entonces no se dio cuenta cabal de ello. En Los Álamos, ante sus amigos, mostraba la misma actitud despreocupada de la que siempre había hecho gala. Observó sin entusiasmo el ensayo de Trinity, y se enteró del lanzamiento de bombas en Japón. Lo celebró con los demás. Pero poco a poco empezó a darse cuenta de que algo iba mal. Faltaba algo esencial. Su cuerpo y su mente estaban en piloto automático; el procesador central se había cerrado, y el producto carecía de significado. ¿Qué mecánico podría reparar su vida interior rota y hacer que latiera de nuevo?

## 4

# Las sendas ocultas de los fantasmas

> En cada encrucijada, tomamos el camino en peores condiciones, el que nos parecía interesante.
>
> MICHELLE FEYNMAN sobre su padre, Richard, en *Perfectly Reasonable Deviations*, p. XIX

Tras el final de la segunda guerra mundial, la gran desolación que conllevaba la enorme pérdida de vidas atemperó el júbilo de los ciudadanos. La terrible devastación de buena parte de Europa, Japón y otras partes del mundo recordaban cada día a los supervivientes que la historia había tomado un rumbo espantoso. Abundaban las especulaciones acerca de cómo habría sido el mundo si Adolf Hitler nunca hubiera existido. ¿Habría sido esta realidad alternativa más pacífica, o acaso los horrores de la guerra eran de alguna manera inevitables? ¿Acaso otros líderes, igualmente brutales, habrían tomado su lugar?

En la otra cara de la moneda, muchos se preguntaban qué habría ocurrido si Hitler hubiera ganado. Abundaban las situaciones hipotéticas de historias alternativas, ejemplificadas por la novela de Philip K. Dick *El hombre en el castillo*, publicada en 1962 y convertida en 2015 en una serie de televisión de Amazon. En este libro, una serie de circunstancias conducen a una victoria del Eje sobre los Aliados. La Alemania nazi y el Japón imperial se reparten el planeta, salvo algunas zonas neutrales.

La visión de Dick se basaba en varias fuentes, entre ellas *Lo que el tiempo se llevó*, novela de 1953 de Ward Moore, en la que el Sur ganó la guerra de Secesión estadounidense, y el antiguo *I Ching* («Libro de los cambios») chino. Este último ha servido durante siglos como un sistema de adivinación en el que hexagramas simbólicos seleccionados al azar, cada uno con un patrón distinto de segmentos lineales, pronostica uno de los muchos futuros posibles.

En la crónica de Dick, varios personajes se basan en el *I Ching* a la hora de tomar decisiones. Uno de ellos es Hawthorne Abendsen, un escritor que lo usa para construir una novela dentro de otra titulada *La langosta se ha posado*. Prohibida en las regiones controladas por los nazis pero popular en otras partes, describe otra variación de la historia en la que los nazis son derrotados de una manera y en una época diferente de las que realmente ocurrieron.

Otra devota del *I Ching*, Juliana, una entusiasta de *La langosta se ha posado*, busca a Abendsen para discutir el significado de su novela. Después de reunirse con él en su casa, llega a una conclusión sorprendente. La derrota ficticia de los nazis, descubre Juliana, es más verdadera que la línea temporal en la que ella vive. En otras palabras, los nazis estaban destinados a perder, no a ganar. Juliana se da cuenta de que la cronología que conoce es realmente un espejismo: una ruta falsa a través del tiempo.

El relato, intrincado y especulativo, de Dick recupera una pregunta que muchos filósofos ya habían planteado: ¿pueden otras narraciones de la historia hallarse en páginas no vistas de un compendio inmenso de posibilidades? Y si así fuera, ¿sería posible percibir las cronologías no realizadas, como hacen varios personajes de la novela?

Gottfried Leibniz, matemático y lógico alemán, especuló que Dios tiene acceso a todas las alternativas. Después de sopesarlas todas, elige la opción óptima. En el caso de la segunda guerra mundial, presumiblemente este sería el escenario real: la victoria sobre los nazis en 1945. La idea de Leibniz sugiere que si se pudiera haber vencido antes a Hitler, Dios hubiera elegido aquella opción.

En *Cándido*, el escritor francés Voltaire satirizó de manera popular con la idea de Leibniz de que vivimos en el «mejor de todos los mundos posibles». Con independencia de qué horrores surjan, un personaje, el Dr. Pangloss, sigue siendo optimista y está convencido de que esa es la situación que estaba prevista. De otro modo, Dios hubiera seleccionado un mejor resultado.

Aunque la idea de historias alternativas sigue siendo increíblemente especulativa en cualquier debate de asuntos humanos, el método del camino integral de Feynman, que Wheeler bautizó como «suma de historias», demostraba que la idea es de aplicación al mundo cuántico. Calcular los resultados de la interacción de cualquier partícula ha de tener en cuenta un lote ponderado de cada cronología posible. Al manipular este abanico de posibilidades, el camino clásico resulta ser el óptimo: el mejor de todos los mundos posibles. Es como si la naturaleza tuviera su propio *I Ching*.

## MELANCOLÍA POSBÉLICA

Aunque Wheeler y Feynman se sintieron aliviados porque el conflicto había terminado, para ambos hombres el período posbélico inmediato —en particular, 1946— fue una época sombría. La pérdida para Wheeler de su querido hermano Joe, y para Feynman, de su amada esposa y musa, Arline, proyectó oscuras sombras sobre cada uno. Wheeler lamentaba muchísimo que su joven protegido hubiera enviudado.

Para los Wheeler, el tan largamente esperado regreso al hogar atemperó la tragedia de la guerra. Cuando volvieron a su confortable casa de Battle Road en Princeton, sus años de vagabundeo parecían haber acabado finalmente —varios años después viajarían a Los Álamos, pero el trayecto no sería tan frenético—. Centrarse en la escolarización de sus hijos y en otras cuestiones domésticas los ayudó a dejar atrás los años de guerra.

Feynman no tenía esta vida familiar que lo distrajera de cavilar. El proyecto al que había dedicado tanta energía durante los últimos años se había desvanecido en nubes de polvo radiactivo. Dejando aparte las cuestiones morales, se sentía inmensamente orgulloso de sus éxitos en Los Álamos, que incluían también la abertura de cajas fuertes y otras travesuras. Ahora todo esto había terminado, y el vacío era inmenso.

La casa familiar de Wheeler en Battle Road, Princeton, Nueva Jersey.
(*Fuente*: Fotografía de Paul Halpern.)

Por si fuera poco el dolor que padecía, en octubre de aquel año murió su padre. La curiosidad ilimitada por la ciencia que tenía Melville Feynman siempre había motivado a Richard, quien con frecuencia pensaba en la mejor manera de explicarle sus ideas. Tras su desaparición, Feynman se preocupó por cómo se las arreglaría su madre, y se volvió muy protector.

Una tarde, se reunió con ella en la ciudad de Nueva York para almorzar, y de manera inesperada le sobrevino la depresión. Al observar la vida callejera a su alrededor —todos los hombres de negocios, turistas y otras personas que vagaban entre los rascacielos de la ciudad—, Feynman calculó mentalmente cuántas manzanas de casas eliminaría una bomba atómica. Pensó en la viabilidad de producir armas nucleares destructivas y tembló ante la posibilidad de que Manhattan pudiera acabar como Hiroshima y Nagasaki. De repente, se dio cuenta del alcance del horror que él y sus colegas de Los Álamos habían desencadenado. No había esperanza para el mundo, concluyó. Todo era fútil.

En tanto que humano, y no una partícula elemental, como un positrón o una onda avanzada, Feynman sabía que no podía retroceder en el tiempo y cambiar la historia. En cambio, aprendería una lección importante de su error. Se había equivocado al suponer que la misión inicial del Proyecto Manhattan (impedir que los nazis desarrollaran la bomba y obtener un monopolio sobre su uso) justificaba su fabricación. Al darse cuenta de que los nazis no habían hecho progreso alguno, él y otros tendrían que haber optado por abandonar. El mundo habría sido mejor sin la espada de Damocles de la guerra nuclear colgando sobre él. Para futuras misiones, se prometió, reexaminaría constantemente sus premisas y ajustaría sus planes a las condiciones cambiantes.

Por aquella época, Feynman sintió un poderoso impulso de consolar a Arline y de decirle cuánto la amaba todavía y cuánto la echaba de menos. Decidió escribirle una carta en la que le diría todo lo que deseaba haberle dicho cuando todavía estaba viva. Recordando el deseo de Arline de no apesadumbrarlo con sus problemas, le explicaba cómo, por el contrario, ella lo había ayudado mucho, incluso durante su período de enfermedad. Era su inspiración. Sin ella, la vida simplemente no resultaba tan divertida. «Tú fuiste la "mujer-idea" y la instigadora general de todas nuestras alocadas aventuras», escribió Feynman.[1]

El científico comprendía bien la situación paradójica de escribir a alguien que había fallecido. Para empezar, como él mismo indicaba, era evidente que no podía enviarle la carta por correo. Pero confesaba que Arline todavía significaba más para él que cualquier persona viva. «Amo a mi esposa. Mi esposa está muerta», concluyó tristemente.[2] La carta, que nunca se envió, está muy manoseada, lo que indica que Feynman la releyó una y otra vez.

## Santa simplicidad

El retorno de Wheeler a Princeton después de la guerra lo liberó para volver a sus dos pasiones intelectuales: enseñar y realizar investigación fundamental. De nuevo, podía mirar desde su ventana en el Laboratorio Palmer —donde se había trasladado su despacho de Fine Hall—, contemplar los patrones retorcidos de los árboles y meditar profundamente acerca de la verdadera esencia de la naturaleza.

Desde el punto de vista filosófico, Wheeler continuaba creyendo que nuestro complejo mundo podría estar construido a partir de componentes sencillos, como un modelo intrincado de una ciudad erigido utilizando bloques básicos de Lego. Su investigación con Feynman parecía confirmar su presentimiento de que todo provenía de los electrones, junto con sus equivalentes positivos, los positrones. Podría haber un único electrón, zigzagueando hacia delante y hacia atrás en el tiempo, o múltiples electrones y positrones.

Como dúos musicales que llenan el aire con hermosas armonías, los electrones crean arcoíris, puestas de sol, rayos y otros muchos tipos de exhibiciones luminosas visibles e invisibles mediante sus interacciones mutuas. Aunque la teoría cuántica estándar afirmaba que los fotones sirven como intermediarios (lo que se conoció como «partículas de intercambio» que transmiten fuerza cuando son trocadas hacia delante y hacia atrás), la teoría del absorbedor de Wheeler-Feynman eliminó esta condición. Los electrones (y los positrones) podían generar luz mediante su propia armonización. Así, el mundo de las partículas se hizo más simple.

Wheeler atribuía su celo por el minimalismo a su entorno protestante y austero. Específicamente, había sido unitario toda la vida, una fe que destila principios unificadores procedentes de diversas creencias. En línea con estos valores, buscaba ardientemente la esencia de las cosas, mirando más allá de las diferencias superficiales.

Como un ebanista shaker* que se dedica a su actividad con sierra, martillo y clavos, Wheeler consideraba que la simplicidad era una virtud.

* Miembro de la Iglesia del Milenio, que busca la simplicidad en su actuación. (*N. del t.*)

Sus materiales de construcción cambiarían con el tiempo, pero su búsqueda de lo básico permanecería constante. Así describió su pasión:

> A lo largo del tiempo creció una letanía, sin duda, que se enseñó a más de un estudiante para que la repitiera con una fe estúpida propia de un catecismo: existen cuatro fuerzas, la fuerte, la débil, la eléctrica y la gravitatoria. Pero mi formación protestante me hizo rechazar dicho catecismo. ¿Qué fe más simple podría poner yo en su lugar? Ideales de unidad y simplicidad, inalcanzables ahora y quizá durante los próximos años. Toma una fuerza, el electromagnetismo, y explórala y explótala hasta el límite. Esto constituía un programa lo bastante puro y ambicioso al que podría dedicarme de manera entusiasta.[3]

Para continuar su misión de simplicidad, Wheeler aspiraba en aquel momento a construir todas las demás partículas y fuerzas conocidas a partir de electrones y positrones. Publicó un artículo en el que acuñó el término «polielectrones» para describir tipos de «átomos» y «moléculas» construidos a partir de pares electrón-positrón. De alguna manera, esperaba identificar tales constructos con los habitantes del reino de las partículas. El emparejamiento de un único electrón con un único positrón en un átomo simulado y muy inestable se conoció como «positronio». Dos átomos de positronio formarían una molécula de dipositronio. La innovación de Wheeler era imaginar un mundo construido a partir de electrones y positrones solamente, agrupados en átomos y moléculas, que de algún modo serían más fundamentales que la mezcla estándar de protones, neutrones y electrones. Aunque en último término su visión de construir protones y neutrones a partir de positrones y electrones se demostraría imposible, Wheeler estaba en el buen camino. Décadas más tarde, los científicos descubrirían que protones y neutrones están constituidos por cuarks y anticuarks, que, como partículas puntuales, son los «primos» de electrones y positrones. De modo que la familia de partículas resultó ser mayor de lo que él pensaba.

La investigación de Wheeler sobre el polielectrón, aunque especulativa, le granjeó reconocimiento. La Academia de Ciencias de Nueva York, un apreciado grupo de eruditos, lo honró en 1947 con su prestigioso premio A. Cressy Morrison y publicó su artículo sobre aquel tema en sus anales. Era el primero de numerosos honores y premios que Wheeler recibiría durante su larga carrera.

Por aquella época, era creciente la sensación de que la naturaleza tenía al menos tres —y quizá cuatro— fuerzas fundamentales. Los teóricos aspiraban a comprender dichos mecanismos mediante el lenguaje de la mecánica cuántica. Wheeler y Feynman se habían centrado en el electromagnetismo, que hacía tiempo que se entendía desde el punto de vista clásico, gracias a las ecuaciones de Maxwell, y que estaba preparado para una descripción cuántica. Otra interacción bien estudiada era la gravitación. La teoría general de la relatividad de Albert Einstein había demostrado ser una manera general y clásica de entender la gravedad. Unos pocos teóricos habían intentado, sin éxito, cuantificar asimismo esta fuerza.

Aunque las teorías del electromagnetismo y la gravitación explicaban una gama increíblemente amplia de fenómenos naturales —desde el giro de los motores al movimiento de rotación de los planetas—, no podían aplicarse a varios tipos distintos de comportamiento a nivel nuclear. El primero era la desintegración radiactiva de los neutrones en protones, electrones y —lo que acabaría llamándose— antineutrinos. Este proceso, denominado «desintegración beta», carecía de una explicación íntegra, a pesar de los intentos de Enrico Fermi y otros para modelarlo teóricamente. La descripción completa, en cuyo desarrollo Feynman desempeñaría un papel destacado, acabó llamándose «interacción débil».

Otro importante proceso nuclear que requería una explicación satisfactoria era la fuerza que mantiene pegados entre sí a los nucleones (protones y neutrones) dentro de los núcleos atómicos. Esta atracción potente pero de corto alcance se denominó posteriormente «interacción fuerte». Hideki Yukawa había propuesto en 1935 un posible mecanismo que implicaba una partícula de intercambio llamada «mesotrón», que posteriormente se rebautizó «mesón». A diferencia de los fotones, los mesones tendrían una masa importante. Tal como ocurre con las pesadas bolas de bolera, que solo se pueden lanzar a una corta distancia hacia arriba, su pesadez reduciría de manera significativa su alcance. De ahí deducía que la fuerza nuclear fuerte se hallaría confinada a distancias subatómicas.

Por una extraña coincidencia, al año siguiente, los investigadores Carl Anderson y Seth Neddermeyer analizaron un flujo de radiación cósmica y descubrieron una partícula que encajaba aproximadamente con la masa que había predicho Yukawa. Se la conoció como «mesón mu», nombre que posteriormente se redujo a «muon». De hecho, si a esta se la hubiera reclutado para unir nucleones, habría sido despedida inmediatamente por incompetente. Los muones ni siquiera experimentan la fuerza fuerte. No parecen desempeñar ningún papel especial en la naturaleza, aparte de su existencia en los rayos cósmicos y la producción de varios procesos. Refiriéndose a la falta de finalidad de los muones, el físico I. I. Rabi planteó la siguiente pregunta, que se hizo famosa: «¿Quién pidió esto?».

La partícula de Yukawa verdadera, denominada «mesón pi» o «pion», se encontraría en 1947 tras otro análisis de rayos cósmicos. Los piones son partículas voluminosas, de corto alcance, que responden a la fuerza fuerte y, por lo tanto, encajan en la descripción. Sin embargo, décadas más tarde los físicos descubrirían que no son fundamentales. El verdadero mecanismo de la interacción fuerte implica «gluones», otro tipo de partículas de intercambio.

Wheeler esperaba que los polielectrones ayudaran a modelar los mesones y otras partículas encontradas en los rayos cósmicos. Al construir mesones a partir de las piezas fundamentales de los pares electrón-positrón, esperaba explicar la abundancia de partículas y fuerzas exóticas utilizando el electromagnetismo familiar y el electrón común y corriente. De la misma manera que la tabla periódica muestra la manera en que los elementos químicos están constituidos por núcleos y electrones, quizá las disposiciones de polielectrones, pensaba, podrían hacer lo mismo para las partículas elementales. Acerca del descubrimiento de los piones, Wheeler contaría al *New York Times*: «Cada vez más se nos sugiere la posibilidad de que todas las partículas más pesadas estén construidas, de alguna manera que no comprendemos, a partir de electrones positivos y negativos».[4]

Sin embargo, Wheeler no era de los que se lo juegan todo a un solo caballo. Apostar su reputación científica por los polielectrones, una hipótesis especulativa y no demostrada, no resultaba sensato. A lo largo de los últimos años de la década de 1940 y de los primeros de la de 1950 publicó varios artículos más convencionales sobre física nuclear y de partículas, que incluían descripciones de interacciones entre muones y piones, discusiones sobre el origen de los rayos cósmicos y un análisis de determinados procesos en los que se emiten dos fotones.

Como un respetado heredero del legado de Niels Bohr, incluido su codesarrollo de trabajo clave en la fisión nuclear que ayudó a hacer posible la bomba, Wheeler estaba por aquel entonces muy solicitado para dar conferencias públicas, así como para participar en comités del gobierno. Publicó varios artículos sobre el futuro de la energía nuclear, un tema en el que poseía una pericia especial. También produjo textos biográficos sobre Bohr y Joseph Henry, un físico estadounidense pionero; todo ello, señales de su interés creciente en la historia de la física.

En septiembre de 1946, Bohr volvió a Princeton para participar en un congreso titulado «El futuro de la ciencia nuclear», que coincidía con el bicentenario de la fundación de la universidad. Wheeler estaba encantado de acoger a su mentor, además de a muchos otros físicos notables (entre ellos Feynman, Rabi, Fermi, Robert Oppenheimer y Paul Dirac), para discutir la dirección de la física después de la guerra. Esto dio a Feynman una oportunidad de charlar brevemente con Dirac acerca de su manera de aplicar el principio de la acción mínima a la mecánica cuántica, que, después de todo, era una extensión del trabajo de este último. Dirac lo escuchó durante un momento, pero estaba centrado en sus propias ideas.

Feynman parecía positivamente wheeleresco en los informes que comentó en el congreso sobre la simplicidad en la física de partículas: «¿Qué es lo que resultarán ser las partículas fundamentales: más partículas o menos partículas? O quizá todas aquellas a las que calificamos de partículas "diferentes" no son partículas "diferentes", sino estados diferentes de la misma partícula... Necesitamos un salto intuitivo en el formalismo matemático, al igual que ocurrió con la teoría del electrón de Dirac; necesitamos un toque de genialidad».[5]

Un tema de debate en el congreso fue la marea de dinero que el gobierno y la industria insuflaban a la ciencia, y sus posibles efectos corruptores.[6] Muchos participantes adujeron que los físicos necesitaban luchar por su independencia.

Wheeler creía con firmeza en el deber de un ciudadano de apoyar a su gobierno, tanto en la paz como en la guerra. Se mantenía en estrecho contacto con sus antiguos colegas del Proyecto Manhattan, jurando que como científico nuclear tenía que estar al día de los progresos militares tanto como de los civiles. Se había comprometido a no cometer la misma equivocación —según su opinión— de dejar de lado la investigación sobre armamento y delegar la toma de decisiones solo en los políticos. Los físicos, determinó, han de permanecer activos en la defensa de la nación para evitar decisiones mal informadas.

Feynman, en cambio, había perdido por completo su interés por el trabajo militar. Aunque no era activo políticamente como Robert Wilson, había seguido en gran manera el camino de este. Wilson había abandonado la investigación fundamental e iniciado el trabajo militar con el propósito expreso de frenar a Hitler. Una vez supo que los nazis no tenían la bomba, su interés por las armas se había evaporado. Aunque continuó hasta la finalización del proyecto, no ponía su corazón en ello.

Después de la guerra, Wilson no podía esperar a volver a una vida civil y explorar las maravillas del mundo físico. Feynman sentía lo mismo. Aunque no condenó el desarrollo de la bomba, no tenía deseo alguno de seguir participando en el mismo. Tras explicar que tenía otros planes, rechazó educadamente diversas invitaciones para asesorar en Los Álamos y en otros lugares. Descifrar los enigmas de la naturaleza era una actividad mucho más gratificante que encontrar nuevas maneras de hacerla saltar por los aires.

## Los muchachos de Bethe

Después del Proyecto Manhattan, Feynman tenía varias opciones de carrera. Diversas universidades habrían estado contentas de tenerlo en su claustro de profesores. Podría haber intentado reactivar la oferta para trabajar en la Universidad de Wisconsin. O haber seguido en Berkeley, donde Oppenheimer lo había apoyado. Raymond Birge, el catedrático del departamento, fue lento a la hora de proponerle una oferta, pero acabó haciéndosela.

Sin embargo, Feynman encontró que la propuesta de Hans Bethe para enseñar e investigar en Cornell era la más tentadora. Feynman respetaba al consumado grupo experimental nuclear de Cornell y pensaba que sus resultados podrían estimularlo a construir una teoría mejor. Desde el punto de vista práctico, se hallaba a unas pocas horas de la ciudad de Nueva York, lo que le permitiría volver a conectar con su familia y asistir a algunos de los congresos nacionales de física que se celebraban allí.

Otra opción, que Feynman terminó rechazando, era convertirse en investigador en el Instituto de Estudios Avanzados. Allí no habría tenido que enseñar en absoluto. Podría simplemente meditar cuanto le apeteciera sobre las cuestiones últimas, al tiempo que ganaría un generoso salario.

Pero Feynman había visto cómo Einstein y otros físicos aislados en el instituto habían perdido su conexión con la realidad. A veces los descubrimientos recientes en física no atravesaban las paredes del instituto. Sin interacciones con los estudiantes, la mente de sus miembros era libre de vagar, de imaginar, de rumiar... pero ¿sobre qué? Feynman no tenía interés en cuestiones abstractas o puramente matemáticas. Ni tampoco, en aquel momento, quería abordar el dilema de unificar las fuerzas de la naturaleza. Sin el ímpetu de preparar clases y enseñar, estaría menos motivado para estar al día. Más bien, como le ocurría a Einstein, podría quedar enredado en un mundo de sueños teóricos.

Además, Feynman sabía que, para cualquier teórico, el camino hacia la resolución de problemas podía ser traicionero. Si estuviera en una institución de enseñanza, cuandoquiera que quedara atrapado en la rutina podría centrar su atención en la pedagogía. Esto lo ayudaría a aislarse de los sentimientos de inutilidad. Después de todo, le gustaba enseñar y lo encontraba fácil. En aquella época se hallaba profundamente deprimido y le costaba pensar siquiera en la investigación, de modo que creyó que este camino era el más seguro. En consecuencia, eligió Cornell por encima de otras alternativas.

El primer día de Feynman en el campus fue en algunos aspectos parecido a la llegada bíblica de José y María a Belén: no había habitación en la posada. Se encontraría allí después de la medianoche, sin reserva, pues no había previsto que todas las habitaciones de todos los hoteles estarían ocupadas. En Ithaca, la ciudad universitaria compacta y montuosa que es el hogar de Cornell, el inicio del semestre es siempre una época concurrida. No obstante, las necesidades de Feynman eran simples. Buscó un edificio que no estuviera cerrado, encontró un espacio tranquilo con un sofá y en él se quedó dormido de inmediato.

Cuando se despertó por la mañana, se presentó en su departamento y preguntó dónde iba a dar su clase sobre métodos matemáticos en física. Cuando se le dijo que había llegado con una semana de antelación, se lamentó porque había preparado su primera lección y estaba consternado por tener que esperar tanto para impartirla. Sin ninguna información sobre dónde alojarse, se dirigió de nuevo al edificio en el que había pasado la noche anterior a escondidas. O al menos eso pensaba, pues su secreto ya se había difundido. Un funcionario del centro le avisó: «Oiga, amigo, el tema de las habitaciones está fatal. De hecho, está tan mal que, lo crea o no, un profesor tuvo que dormir en el vestíbulo la otra noche».[7]

Por suerte, muchos de los físicos de Cornell conocían muy bien a Feynman y sus extravagancias. Allí, Bethe reuniría un grupo joven de genios excelentes que había trabajado en Los Álamos y otros laboratorios atómicos. Junto con Feynman y Wilson, que fue contratado poco después, los reclutados procedentes del Proyecto Manhattan incluían a Philip Morrison, que había llevado el núcleo de la bomba de Trinity al lugar del ensayo en la parte trasera de un sedán y ayudado a cargar las bombas destinadas a Japón en los bombarderos. Constituían un equipo consumado de expertos que transfirieron sus formidables habilidades, desde el diseño y montaje de las bombas a bregar con algunas de las cuestiones más desafiantes de la física contemporánea. Para aquellos veteranos de Los Álamos, el sonido del bongó de Feynman a todas horas era tan familiar como el gorjeo de los pájaros en la primavera.

## Corazones rotos y platos bamboleantes

La primavera es siempre bienvenida en lugares que, como Ithaca, sufren la nieve y el hielo cada invierno. Durante los meses más fríos del año, cuando conviene rezar antes de enfrentarse a las calles empinadas y resbaladizas, muchas parejas se acurrucan junto al fuego, felices de gozar de la calidez de la compañía del otro. Para un joven viudo como Feynman, aquellos días grises y helados eran terriblemente solitarios.

Feynman se esforzó en apartar a Arline de su mente y reanudar su investigación. Pero cuanto más intentaba dirigir su atención de nuevo a la teoría, más frustrado estaba. Se preocupaba cada vez más por haber perdido su don. Cornell se había equivocado al contratarlo, pensaba.

Al dirigir su energía a la enseñanza, pronto se dio cuenta de que había encontrado su vocación. En el aula era un verdadero artista: un genio del entretenimiento científico. Todos los ojos estaban pendientes del maestro mientras contaba sus locos relatos acerca de las extrañas maravillas de la naturaleza. De la misma manera que impresionaba a su hermana, a los hijos de Wheeler y a muchos otros, regalaba a sus estudiantes demostraciones alocadas y explicaciones pintorescas de cómo funcionan las cosas. Al igual que lanzaba al aire latas de sopa en la casa de los Wheeler, encontraba cualquier cosa disponible (artículos sencillos y comunes) para explicar las leyes de la física y cómo estas afectan a todo.

Sin embargo, después de la clase, volvía a pensar que debería hacer alguna otra cosa además de enseñar. El hecho de que universidades como Berkeley y laboratorios de ideas como el Instituto de Estudios Avanzados hubieran intentado captarlo le parecía ridículo. No tenía casi nada que mostrar en cuanto a investigación, excepto su artículo con Wheeler, así que ¿cómo podían situarlo en la misma categoría que Oppenheimer y Einstein?

Por fortuna, sus colegas de Cornell apreciaban realmente su talento y lo apoyaban mucho. Se ponían en su pellejo e imaginaban el poco trabajo que habrían conseguido hacer si hubieran perdido a sus esposas a una edad tan joven. Wilson le aconsejó que no se preocupara por impresionarlos. Su docencia era muy buena, y la investigación siempre era un riesgo. Finalmente, con los ánimos de Wilson, la nube de depresión de Feynman empezó a disiparse.

La ansiedad opera de maneras extrañas. A veces, si insistimos en presionar hacia un objetivo, nos sentimos tan frustrados como Sísifo al ver que la roca que ha empujado montaña arriba vuelve a caer rodando. Los intentos iniciales de Feynman para investigar después de la guerra fueron así. Pero si nos centramos en otra tarea, como enseñar, y transformamos la actividad adversa en algo parecido a un pasatiempo, de pronto se convierte en una diversión distante que anticipamos con regocijo.

Poco después del discurso motivador de Wilson, Feynman se hallaba sentado en la cafetería de Cornell cuando observó a alguien que lanzaba un plato al aire, simplemente por diversión. El plato bamboleaba y giraba mientras volaba. Feynman descubrió que fijándose en la posición del escudo de Cornell, que parecía una mancha roja que giraba alrededor del plato, podía contar la proporción de las tasas de su bamboleo y su giro. Pronto escribió las ecuaciones dinámicas para objetos bamboleantes y giratorios, y confirmó que la proporción era idéntica. ¡Estaba en lo cierto! ¿Qué sentido tenía un ejercicio como este? Tal como le explicó a un Bethe perplejo, que veía poca relación con su investigación, era divertido calcular estas cosas. Este ejercicio cerebral le ayudaba a renovar su fe en su propia proeza y en su pasión por la física.

Una vez que sus mecanismos mentales estaban en marcha, empezó a pensar en volver a tratar el tema de su tesis. Su trabajo con Wheeler le había convertido en un maestro artesano a la hora de ensamblar modelos de partículas que interactúan. Se había transformado en un virtuoso de las herramientas matemáticas más efectivas. Pero su tesis era limitada, porque no incluía los efectos de la relatividad especial, del espín cuántico y de otros aspectos importantes de la física moderna. Pensó de nuevo en las preguntas abiertas que había planteado Dirac. Muchos aspectos de la descripción cuántica del comportamiento de los electrones se basaban en cimientos inestables. Ya era hora de volver a trabajar; ya era hora de volver a la diversión.

## Las grietas de Dirac

Cuando Wheeler y Feynman desarrollaron la teoría del absorbedor, no eran en absoluto los únicos físicos que intentaban poner parches en las grietas del edificio desarrollado por Dirac. Por ejemplo, Hendrik «Hans» Kramers, un eminente físico neerlandés, había indicado de manera persistente lo que consideraba que eran huecos importantes en la electrodinámica cuántica. Kramers había sido la mano derecha de Bohr durante muchos años, de manera que su influencia tenía un peso considerable.

A pesar de la belleza de la obra de Dirac, Kramers entendía perfectamente sus fallos. Había hecho un estudio de todas las deficiencias matemáticas en la teoría. La mayoría de estos defectos podían resumirse —o, mejor, no resumirse— en una única palabra: divergencia. Ya hemos mencionado cómo una suma infinita en uno de los cálculos de Dirac motivó el trabajo de Feynman con Wheeler y condujo a su teoría del absorbedor. Kramers señalaba un ejemplo tras otro de cálculos que divergían en la versión de la electrodinámica cuántica de Dirac. Los infinitos son geniales en las reflexiones matemáticas abstractas, pero en física son problemáticos. Una suma infinita hace que cualquier cálculo carezca de sentido, en especial si experimentos meticulosamente construidos señalan hacia un valor finito.

Al contrario que la teoría del absorbedor de Wheeler-Feynman, Kramers creía que los electrones han de interaccionar con los campos electromagnéticos. A la luz de la elegancia y la simplicidad de la explicación del campo en electromagnetismo, no estaba a favor de la cirugía radical de eliminar completamente los campos. En lugar de ello, buscaba separar los efectos de los campos de los propios electrones esenciales o desnudos. «Esenciales», en este contexto, se refería a la situación hipotética en la que no existían campos. La masa de un electrón medida experimentalmente, aducía, combinaba la masa del electrón esencial más la masa adquirida por la interacción del electrón con el campo que creaba. (La masa surge de la energía, según la famosa relación de Einstein.) En un proceso denominado «renormalización», argumentaba Kramers, la masa de la autointeracción podía restarse de la masa experimental para obtener un valor más realista. En último término, Kramers esperaba eliminar los infinitos de la electrodinámica cuántica para permitir cálculos finitos y razonables de la autoenergía y otras cantidades físicas.

Naturalmente, cualquier aproximación revolucionaria exigía una comprobación minuciosa para confirmar todas sus predicciones. Y esto valía para la hipótesis de Kramers, la teoría del absorbedor de Wheeler-Feynman y todos los demás intentos de resolver el enigma de la divergencia. Resultó que experimentos nuevos y precisos realizados a principios de 1947 y revelados en un congreso crucial en Shelter Island llevarían a físicos prominentes, Feynman entre ellos, a utilizar las ideas de Kramers y otros para situar la electrodinámica cuántica sobre cimientos más firmes.

## Reuniones de mentes

La génesis del congreso de Shelter Island y de varios encuentros sucesivos fue una idea brillante de Duncan MacInnes. Este miembro del Instituto Rockefeller pretendía canalizar la energía científica de las superestrellas del esfuerzo de guerra para resolver cuestiones profundas en física. MacInnes propuso la idea a la Academia Nacional de Ciencias (NAS, por sus siglas en inglés), cuyos directivos la respaldaron de manera entusiasta. Las reuniones tendrían un impacto inconmensurable en la ciencia moderna.

Frank Jewett, el presidente de la NAS, trabajó con MacInnes para orientar la estructura de las conferencias. Promovió la idea de reuniones breves, sobre temas de actualidad y restringidas a pequeños grupos de expertos importantes. Con el diseño de Jewett en mente, la NAS ofreció una financiación muy generosa para costear los lugares donde se llevarían a cabo, lo que permitió elegir escenarios confortables y pintorescos.

Después de una conferencia inaugural que trataba de física biológica, se planificó una segunda sobre el tema «Problemas fundamentales de la teoría cuántica». Para ella, dos físicos eminentes ofrecieron su ayuda, Karl Darrow, el vehemente secretario de la Sociedad Física Americana, y su amigo, Léon Brillouin, que tenía mucha experiencia con las famosas Conferencias Solvay celebradas en Europa. Brillouin, a su vez, sugirió solicitar la ayuda de Wolfgang Pauli.[8]

El consejo de Pauli no fue en absoluto lo que habían pensado MacInnes y Jewett. Planteó el panorama de un gran congreso, repleto de investigadores más viejos que habían estado implicados en la empresa cuántica antes de la guerra y querían reanudar sus discusiones. Pauli no tenía en gran estima la física estadounidense, en su mayor parte, por lo que propuso que los participantes fueran principalmente europeos.

Después de hablar con Jewett, MacInnes decidió responder a Pauli desestimando su idea con buenas maneras. Dando de manera profusa las gracias a Pauli, le explicó que buscaban una reunión íntima, con investigadores emergentes, no un acontecimiento grande con profesores venerables. Pauli respondió recomendando que hablaran con Wheeler, que estaría más familiarizado con los debutantes.

Como de costumbre, Pauli tenía razón. Wheeler era la elección perfecta para tender un puente entre generaciones. Su elegancia, deferencia y fluidez en alemán le habían hecho ganarse el respeto de muchos de los físicos europeos más ancianos; pero su generosidad llana y su fino humor le granjeaban la admiración de jóvenes investigadores estadounidenses como Feynman.

Wheeler tuvo la gentileza de aceptar el reto de ayudar a planificar la reunión. Le encantaba la idea de físicos distinguidos debatiendo temas próximos a sus intereses, como las interacciones entre electrones y el papel de los mesones. Inicialmente, él y Pauli sugirieron que la reunión tuviera lugar en Copenhague bajo los auspicios del instituto de Bohr. Sin embargo, temiendo que pocos norteamericanos quisieran viajar hasta Dinamarca y confiando en reducir los costes, Darrow propuso una localidad en Estados Unidos. De hecho, los gastos totales de la reunión terminarían siendo menos de mil dólares.

Después de meses de planificación, el equipo decidió que la Ram's Head Inn, en Shelter Island, era el lugar adecuado. La isla proporcionaría un entorno ideal para que los grandes pensadores se reunieran en un lugar tranquilo y deliberaran. En aguas de la punta nororiental de Long Island, estaba bastante cerca de la ciudad de Nueva York y del sur de Nueva Inglaterra, pero mantenía la sensación aislada de un rocoso y remoto enclave del Atlántico. Se escogieron las fechas de manera que pudiera asistir Oppenheimer, en aquel momento el físico estadounidense más famoso y una atracción importante para la comunidad de físicos.

MacInnes trabajó con Wheeler en la elaboración de la lista de invitados, y eligieron tres líderes, cada uno de ellos un físico prominente, que dirigirían los talleres: Oppenheimer, Kramers y un brillante emigrado austríaco, Victor «Viki» Weisskopf, del MIT.

Weisskopf era otro de los muchos veteranos del Proyecto Manhattan invitados al congreso. Al igual que Kramers, era un protegido de Bohr. Y, notablemente, había trabajado también con Max Born (su director de doctorado), Werner Heisenberg, Erwin Schrödinger, Dirac y Pauli, lo que hacía de su lista de mentores algo así como el quién es quién del mundo cuántico.

Inspirado por una sugerencia de Pauli, en 1939 Weisskopf había desarrollado una aproximación innovadora al cómputo de la autoenergía del electrón (la energía debida a su interacción con el campo electromagnético que genera), con el objetivo último de obtener un valor finito. Al igual que Kramers, pero a diferencia de la subsiguiente teoría del absorbedor de Wheeler-Feynman, conservó el campo electromagnético. Para obtener un valor cuántico adecuado para la autoenergía, calculó los efectos de las «fluctuaciones en el vacío».

Una fluctuación en el vacío tiene lugar cuando de manera espontánea surgen partículas de la aparente vacuidad del espacio, persisten durante un breve intervalo y después se hunden de nuevo en el vacío, como delfines que emergen brevemente para tomar aire antes de volverse a sumergir en el mar. Por ejemplo, un electrón y un positrón podrían aparecer juntos, gozar de un atisbo fugaz de realidad y aniquilarse uno al otro con rapidez. Esta creación temporal de materia a partir de la nada se permite bajo el principio de incertidumbre de Heisenberg mientras la duración sea lo bastante breve (cuanto mayor es la masa, más rápida es la permanencia).

Otra restricción para estas entidades transitorias, conocidas como «partículas virtuales», es que tienen que conservar la carga. Esta es una razón por la que los positrones surgen junto a los electrones; sus cargas se eliminan mutuamente. El vacío de la naturaleza es como una línea de crédito que permite préstamos considerables, pero con límites estrictos.

Una característica clave del mar virtual de partículas cerca de un electrón —u otra partícula cargada— es que tiende a polarizarse, es decir, alinearse a lo largo de la dirección, de positiva a negativa, de la misma manera que las pilas se alinean en una linterna. A este fenómeno se lo denomina «polarización del vacío».

La polarización del vacío sustituye efectivamente la carga puntual de un electrón por una nube de carga. Como las púas de un erizo asustado, pares de partículas virtuales de cargas opuestas radian hacia fuera desde el electrón. Lo hacen de tal manera que el extremo positivo de cada par se halla más cerca del electrón que el extremo negativo. Estas cargas alineadas protegen la carga desnuda del electrón, de manera que este se convierte efectivamente en un grupo finito en lugar de un punto infinitesimal. En esencia, se extiende la masa y la carga del electrón.

De forma notable, Weisskopf había descubierto que la polarización del vacío ayudaba a moderar la autoenergía de un electrón, lo que supuso un progreso a la hora de resolver uno de los enigmas clave de la electrodinámica cuántica. El cálculo de la autoenergía todavía se disparaba hasta el infinito, pero menos rápidamente: como una lenta infestación de termitas en una casa de madera en lugar de un incendio devastador. El resultado era parecido, pero el proceso era mucho más lento y potencialmente manejable. La hipótesis de Weisskopf ofrecía la promesa de que manipulaciones matemáticas futuras podrían producir un valor de autoenergía finito, que hacía mucho tiempo que se buscaba.

Junto con los tres líderes de los debates, fueron invitados unas dos docenas de otros físicos. Por supuesto, Feynman fue uno de los que escogió Wheeler. Este también se escogió a sí mismo, lo que permitió a los dos colegas gozar de un tiempo juntos para contraponer ideas que ambos anhelaban. Otros en la lista eran Eugene Wigner, John von Neumann, Hans Bethe, Edward Teller, Gregory Breit (que había sido uno de los supervisores posdoctorales de Wheeler), Enrico Fermi y Julian Schwinger, un joven y brillante teórico de Harvard. Al igual que Feynman, Schwinger era originario de Nueva York. Había trabajado con Oppy y tenía una reputación estelar. Schwinger y Weisskopf habían cimentado relaciones estrechas entre sus respectivos Departamentos de Física, que se hallaban uno frente al otro en la misma calle de Cambridge, Massachusetts.

No todos eran estrictamente teóricos. De hecho, otro invitado, Willis Lamb, de la Universidad de Columbia, era un experto en medición atómica e informaría de resultados experimentales cruciales que dirigirían la discusión del congreso. Rabi, que había sido el director de tesis de Schwinger en Columbia y realizado investigación tanto experimental como teórica, presentaría asimismo resultados clave.

## El majestuoso Lamb* y las líneas desplazadas

Wheeler conocía muy bien a Lamb y guardaba un gran respeto por su obra. En 1939, poco después de que Lamb se doctorara por Berkeley, habían publicado juntos un artículo sobre cómo los átomos en la atmósfera afectan a los rayos cósmicos energéticos que la atraviesan zumbando. Los electrones de los rayos cósmicos, obligados por la resistencia del aire a ceder parte de su energía, suelen desintegrarse en otras partículas, en lo que se denomina una «cascada». Wheeler y Lamb calcularon cómo influyen los átomos atmosféricos en la producción de dichas partículas. (En 1956 encontrarían un error en sus cálculos originales, revisitarían el tema y publicarían un artículo secuela.)

Sin embargo, la investigación mejor conocida de Lamb tuvo lugar en la primavera de 1947, mientras se estaban haciendo los últimos preparati-

* Doble sentido: *lamb* significa cordero en inglés. (*N. del t.*)

vos para Shelter Island. Lamb y su estudiante de posgrado Robert Retherford aplicaron una nueva manera de investigar el átomo de hidrógeno y demostraron que una de las predicciones de Dirac se había quedado corta. En concreto, Dirac había calculado que dos de los estados de los electrones en el hidrógeno, conocidos técnicamente como $^2S_{1/2}$ y $^2P_{1/2}$, habían de tener exactamente la misma energía. El experimento de Lamb-Retherford reveló una discrepancia sutil pero importante en la estructura fina del hidrógeno: un minúsculo desplazamiento en sus líneas espectrales, que representaba una diminuta diferencia de energía entre los dos estados en cuestión. La revelación de que los modelos atómicos anteriores eran ligeramente erróneos ofrecía un resquicio para que los teóricos hicieran avanzar el campo de la electrodinámica cuántica.

Durante su trabajo en Defensa, realizado en el Laboratorio de Radiación de Columbia, Lamb se había convertido en un experto en producir microondas concentradas y de frecuencia relativamente elevada con el objetivo de emplearlas en transmisiones de radar. De longitud de onda más corta que las ondas de radio, las microondas ofrecían una manera más precisa de investigar un blanco, lo que permitía la identificación de mínimas desviaciones en los niveles de energía. Después de la guerra, Lamb decidió aplicar sus expertos conocimientos para realizar pruebas sobre las propiedades atómicas. En particular, deseaba saber si el modelo de Dirac predecía correctamente el espectro del hidrógeno.

El 26 de abril, después de varios intentos de aplicar sondas de microondas a átomos de hidrógeno, Lamb y Retherford tuvieron éxito. Encontraron que aplicando una señal de aproximadamente mil megaciclos (millones de ciclos) por segundo, podían excitar un electrón desde el estado $^2P_{1/2}$ al $^2S_{1/2}$. Según principios cuánticos que se remontaban a Max Planck y Albert Einstein, esta frecuencia concreta correspondía a una cantidad de energía determinada y minúscula. Por lo tanto, demostraron la existencia de una diferencia de energía, pequeña pero perceptible. La discrepancia se conoció como «desplazamiento de Lamb».

Como empezaban a correr rumores sobre su descubrimiento, Lamb inició la preparación de un informe para el inminente congreso de Shelter Island. Había llevado el estudio de los electrones atómicos a una precisión mucho mayor de la que nunca habían logrado otros experimentadores, y su resultado era una indagación sin precedentes de distinciones finas en los niveles de energía de los electrones.

Sobre la base de sus propios cálculos, Weisskopf ya tenía un presentimiento sobre la diferencia de energía entre los dos estados. Pensaba que las interacciones entre los electrones y el vacío cuántico debían causar esta división. Sin embargo, al esperar ansiosamente una prueba experimental, no había publicado todavía sus resultados. Más adelante lamentaría su vacilación, al creer que podía haberle costado un premio Nobel.

La presentación de Lamb ofrecería la evidencia de que, como sospechaban Weisskopf, Kramers y otros, la electrodinámica cuántica de Dirac necesitaba desesperadamente una revisión. Muchos años después, en el sexagésimo quinto aniversario de Lamb, el físico Freeman Dyson lo elogiaría así:

> Tu trabajo en la estructura fina condujo directamente a la oleada de progreso en electrodinámica cuántica... Aquella época, cuando el desplazamiento de Lamb era el tema central de la física, fueron años dorados para todos los físicos de mi generación. Tú fuiste el primero en ver que este minúsculo desplazamiento, tan esquivo y difícil de medir, habría de clarificar de una manera fundamental nuestra manera de pensar sobre partículas y campos.[9]

# 5

# La isla y las montañas: cartografía del paisaje de partículas

> [Feynman] tenía esa maravillosa visión del mundo como una textura entretejida de líneas en el espacio y en el tiempo, con todo moviéndose libremente, y las diversas historias posibles todas sumadas al final para describir qué ocurría.
>
> FREEMAN DYSON, *Trastornando el universo*

Hay muchísimas maneras de llegar al mismo lugar. Tómese una docena de mentes brillantes y es probable que imaginen dos docenas de soluciones para un mismo dilema. Resolver el problema de la electrodinámica cuántica requirió un esfuerzo combinado con muchos participantes diferentes. Los tres congresos de la Academia Nacional de Ciencias, que tuvieron lugar en una isla, en las montañas y en un valle, respectivamente, revelaron distintas versiones del mundo de las partículas que los teóricos reconciliarían con suerte.

Richard Feynman siguió siempre su propio camino. Su descripción de la electrodinámica cuántica introduciría un nuevo léxico (los diagramas de Feynman) que cambiaría el campo de manera fundamental. Estos garabatos que inicialmente parecieron raros se convertirían en una taquigrafía esencial para modelar los procesos de partículas.

La manera en que Feynman sumó estos garabatos, tomando prestada la idea de la suma de historias de su propio trabajo de tesis, revolucionó el concepto de tiempo en la física cuántica. El científico sabía que había varias rutas para llegar al mismo fin y aplicó la misma flexibilidad al mundo subatómico; solo que, a diferencia de los humanos, las partículas podían tomar, de alguna manera, caminos múltiples al mismo tiempo.

## La isla de los sueños

A finales de mayo, en un soleado y apacible fin de semana del Día de los Caídos de 1947, los físicos se reunieron en la sede de la Sociedad Física Americana, en el centro de Manhattan, donde se citaron para salir de excursión. Situada cerca de la estación de Pensilvania, adonde muchos llegarían en tren, era un punto de reunión adecuado. Allí, al igual que escolares en una salida al campo, llevaron a los físicos a un viejo y desvencijado autobús. Su destino era Greenport, Long Island, donde embarcarían en el ferri hasta Shelter Island.

Después de meses de planificación, John Wheeler tenía muchas ganas de participar en los debates sobre las conexiones entre electrones, positrones y otras partículas. El congreso ofrecería una gran oportunidad de aprovechar la mente de algunos de los mayores pensadores, incluido el portavoz no oficial de la comunidad de físicos norteamericanos, Robert Oppenheimer. Quizá él pudiera convencer a algunos de los asistentes de que «todo es electrones». En cualquier caso, sus reacciones serían interesantes.

Victor Weisskopf y Julian Schwinger esperaban ansiosamente la presentación de Willis Lamb, pues habían tenido noticias de manera informal de sus emocionantes resultados. En el tren desde Boston ambos discutieron aplicaciones potenciales de la fórmula relativista de Weisskopf de la autoenergía del electrón para cada uno de los dos estados que Lamb había estudiado. Debido a que la fórmula de Weisskopf estallaba a una tasa más lenta, era más manejable que la equivalente no relativista. Restar las dos energías conduciría a un desplazamiento finito del tipo del que Lamb había encontrado. Solo había que producir rápidamente el valor específico para ver si correspondía.

¿Dónde estaba Feynman? O bien había perdido el autobús o decidido no subir al mismo —en una entrevista posterior, no estaba seguro de la razón; quizá había visitado a su familia—.[1] Conocía Long Island realmente bien, desde luego, al haber crecido en Far Rockaway. De modo que decidió desplazarse en coche hasta Greenport.

Mientras el autobús serpenteaba a través de Queens y Nassau, y llegaba al condado rural de Suffolk, comenzó a incrementarse el tráfico en la dirección contraria. El fin de semana de vacaciones se acababa, y eran muchos los automóviles que se dirigían de vuelta a Nueva York desde diversas playas locales. Aquellos conductores se habrían sorprendido de haber sabido que muchos de los diseñadores de la bomba atómica acababan de pasarlos en un autobús.

Sin embargo, una vez que los físicos llegaron a Greenport, los habitantes de la localidad se dieron cuenta de que algo ocurría. Una caravana policial los escoltó a través del pueblo, bloqueando el tráfico mientras ellos atravesaban una intersección tras otra. El autobús llegó a un hotel en el que iban a pasar la noche.

Feynman se unió al grupo en un restaurante de Greenport para gozar de una comida gratis, obsequio del propietario. Una vez terminada la cena, el dueño se puso de pie y aplaudió a los físicos por haber ganado la guerra. Su hijo había estado sirviendo en el Pacífico cuando los japoneses se rindieron. Estaba agradecido a los que proyectaron la bomba atómica porque su hijo había vuelto a casa sano y salvo.

Al día siguiente tomaron el ferri hasta Shelter Island y llegaron a la Ram's Head Inn. El congreso era un acontecimiento de tres días, del 2 al 4 de junio. Cada mañana se iniciaba con un discurso por parte de uno de los conferenciantes inaugurales (sucesivamente, Oppenheimer, Hans

Físicos en el congreso de Shelter Island, 1947. De izquierda a derecha: Willis Lamb, Abraham Pais, John Wheeler, Richard Feynman, Herman Feshbach y Julian Schwinger. (*Fuente*: AIP Emilio Segrè Visual Archives.)

Kramers y Weisskopf) y después se llegaba a presentaciones más especializadas. Algunos de los asistentes a la reunión aseguraron que un omnipresente Oppenheimer se impuso durante los tres días.

Aunque la comunicación de Lamb, tal como habían anticipado Schwinger y Weisskopf, resultó ser el principal plato fuerte experimental, otros resultados presentados en el congreso generaron también mucho revuelo. I. I. Rabi, que trabajaba en un laboratorio diferente de la Universidad de Columbia, había enrolado a dos de sus estudiantes de posgrado, John Nafe y Edward Nelson, para que llevaran a cabo un experimento de gran precisión destinado a medir el «momento magnético» del electrón, un parámetro físico relacionado con la manera en que una partícula reacciona en un campo magnético. Rabi anunció en el congreso que su equipo había conseguido resultados ligeramente superiores a los esperados. También informó de mediciones anómalas del momento magnético del electrón efectuadas por Polykarp Kusch, su colega de Columbia, que había utilizado métodos diferentes.

Gregory Breit, que había estado trabajando con Rabi para interpretar dichos resultados, dio una conferencia sobre su propia intervención en el tema. Había determinado que la discrepancia entre el momento magnético original y el corregido parecía proporcional a un importante parámetro teórico denominado «constante de estructura fina», indicado mediante la letra griega alfa y que era casi exactamente igual a 1/137. La constante de estructura fina establece la intensidad de la fuerza electromagnética al regir el acoplamiento (interacción) entre partículas cargadas, como los electrones, y los fotones. Suponiendo que no sea una simple coincidencia, una relación así entre la discrepancia y la constante de estructura fina podría demostrar cómo los fotones virtuales del vacío influyen de alguna manera en las propiedades magnéticas de los electrones.

Con el desplazamiento de Lamb y los resultados anómalos del momento magnético, que indicaban la necesidad de una descripción revisada del electrón, gran parte de la discusión del congreso se centró en posibles maneras de resolver el problema. Weisskopf ofreció sus sugerencias, basadas en su idea de que el entorno de un electrón influye sobre sus propiedades. Schwinger no estaba de acuerdo y empezó a pensar en maneras de reescribir la electrodinámica cuántica para tener en cuenta las interacciones con el vacío. Aspiraba a reproducir estos resultados experimentales de manera consistente.

Pero los planes de boda se interpondrían en su camino. Solo unos pocos días después de Shelter Island Schwinger iría al altar con su novia,

Clarice Carrol. Una larga luna de miel viajando por Estados Unidos retrasó que se pusiera a trabajar en el tema. Hasta septiembre no empezaría a reescribir la dinámica cuántica a su manera, distintivamente sistemática y rigurosa desde el punto de vista matemático.

La charla de Feynman en Shelter Island tuvo lugar el último día de la reunión, cuando los asistentes ya se preparaban para volver a casa. Desveló lo que había empezado a denominar el «enfoque del espacio-tiempo» de la mecánica cuántica: esencialmente los métodos matemáticos empleados en su tesis para describir interacciones entre electrones, incluyendo la suma de historias. En esta fase, sus técnicas no podían explicar fenómenos como el desplazamiento de Lamb. El concepto todavía no estaba maduro para la comunidad de físicos, de modo que su charla tuvo poco impacto. No fue hasta después del congreso cuando Feynman realizó algunos cambios esenciales, reforzó mejor su idea y finalmente logró avanzar: su teoría rivalizaba con la de Schwinger, pero ofrecía un lenguaje diferente y una visión única del tiempo.

## Trucos de fiesta

Cuando se clausuró el encuentro, Feynman se dirigió de nuevo a Cornell, donde se alojaba en la Telluride House, una residencia para estudiantes graduados con honores. Fue seleccionado como residente de la facultad, lo que daba derecho a comida gratuita, alojamiento y confortables despachos para hacer sus cálculos. Como le gustaba pasar el rato con estudiantes, para él resultó el lugar perfecto para vivir.

Hans Bethe volvió a Cornell de una manera más enrevesada, como si siguiera el camino menos probable en una suma de historias de Feynman. Para atender algunas responsabilidades de asesoramiento para General Electric, se detuvo durante algunas semanas en Schenectady. En el viaje en tren hasta allí desde Nueva York, tomó lápiz y papel y empezó a pensar en maneras de calcular el desplazamiento de Lamb. Al igual que Feynman, a Bethe le apasionaba hacer cálculos durante los trayectos. A medida que el valle del Hudson pasaba velozmente por las ventanas del vagón, cada vez fluían más símbolos y números de la mano de Bethe. Empezó con la idea, muy discutida en el congreso, de que las interacciones con el vacío cuántico influyen sobre la masa y la energía de un electrón. De forma brillante, anulando algunos términos, encontró una manera para obtener una formulación finita. Cuando, después de su llegada, introdujo los números en el ordenador, descubrió que había dado en el blanco: obtuvo un valor cercano al resultado medido de mil megaciclos por segundo.

Bethe había organizado una fiesta, pero por alguna extraña razón, cuando se desvió hasta Schenectady, decidió no cancelarla ni posponerla, por lo que tendría lugar sin él. Como había invitado a Feynman, Bethe sabía que lo encontraría en su propia casa, así que decidió llamar directamente allí. En efecto, Feynman descolgó el teléfono y oyó cómo Bethe le informaba de sus resultados muy emocionado. Dado que había conseguido reproducir el valor medido, Feynman se sentía intrigado.

Bethe escribió sus resultados del desplazamiento de Lamb y envió una copia de los mismos a cada uno de los asistentes a Shelter Island. También entregó el artículo para su publicación. No se trataba de una nueva versión completamente acabada de la electrodinámica cuántica, pues no tenía en cuenta los efectos relativistas. En lugar de ello, daba a entender una nueva dirección para el campo.

Weisskopf se enfureció. Él había tenido originalmente la idea de que el desplazamiento de Lamb se debía a una nube de interacciones de partículas virtuales. Estaba en lo cierto: lo había sugerido en el congreso y se lo había mencionado a Bethe. Pero este último había presentado sus resultados como la obra de un único autor. Weisskopf consideraba que él tenía que haber sido incluido como coautor, o al menos haber aparecido de manera destacada en los agradecimientos. Se recriminaba no haber publicado antes la idea y logrado el reconocimiento que se merecía.

Tal como recordaba el físico Kurt Gottfried, que había estudiado bajo Weisskopf, «Viki ... creía que Bethe recibía demasiado crédito, pero también comprendía que él realmente no había completado dicho cálculo cuando este envió su trabajo para su publicación. Durante cierto tiempo se sintió apenado por este asunto».[2]

Una vez que Bethe volvió a Cornell, impartió un seminario sobre sus resultados. Feynman, que se hallaba entre el público, vio que, aunque eran consistentes con el desplazamiento de Lamb, los cálculos tenían todavía una cualidad aleatoria. Implicaban varias cancelaciones de términos infinitos que Bethe no podía justificar adecuadamente. Necesitaba desembarazarse de los valores infinitos para obtener una respuesta realista y finita. Pero no podía explicar por qué algunos de dichos valores se eliminaban mutuamente para producir, en algo parecido a un truco de magia, el valor esperado de mil megaciclos por segundo.

Uno más infinito es igual a infinito. Dos más infinito es igual a infinito. De hecho, cualquier número sumado a infinito da infinito. Por lo tanto, infinito menos infinito es igual a cualquier número. ¿Cómo podía justificar que su propia sustracción de infinitos diera en el blanco? Bethe había hecho el cálculo de forma no relativista.

Feynman le dijo a Bethe al final de seminario que pensaba que él podía cuadrarlo con la relatividad especial. Y, al día siguiente, se presentó en el despacho de este con sus intentos preliminares. Todavía no eran del todo correctos, pero Feynman era persistente. Durante los meses siguientes aplicó su genio a un enfoque completamente nuevo de la electrodinámica cuántica, enfoque que coincidía con el desplazamiento de Lamb y otros resultados experimentales.

## Garabatos, líneas y bucles

Mediante la aplicación del conjunto de técnicas que había ido recopilando en Princeton, Feynman se dispuso a comprender cómo los electrones interactúan con el vacío cuántico de una manera que altera su masa y su carga observadas. Pero antes era necesario que diera varios pasos para poner sus métodos de acuerdo con lo que se consideraba normal. En primer lugar, necesitaba desterrar su idea, que se remontaba al MIT, de que los electrones no poseen autointeracciones. En realidad, las tienen, como resultaba evidente por la posibilidad de que puedan emitir un fotón virtual y se lo puedan zampar de nuevo. Esta era la idea que había detrás del cálculo de Bethe, y Feynman sabía que necesitaba aceptarla. Dejó de lado la acción a distancia y volvió al concepto más generalizado de electrones que interactúan mediante fotones.

En segundo lugar, necesitaba abandonar la idea de señales que retrocedían en el tiempo y de causación inversa. Bethe no había incluido esta posibilidad, de modo que por consistencia Feynman tampoco quería hacerlo. En cualquier caso, no estaba seguro de si creía en ellas, incluso si la teoría del absorbedor las necesitaba. En consecuencia, sustituyó la mezcla de mitad y mitad de señales hacia delante y hacia atrás con solo señales temporalmente hacia delante. En otras palabras, los fotones se desplazaban en exclusiva hacia el futuro, y la causa siempre precedía al efecto.

Sin embargo, Feynman conservó dos aspectos importantes de este trabajo inicial. Aunque eliminó las señales dirigidas hacia atrás en el tiempo, mantuvo los electrones que se desplazaban hacia atrás en el tiempo como sustitutos de los positrones, como Wheeler había sugerido. La única alternativa que había visto para tratar con los positrones era la teoría del agujero de Paul Dirac, que resultaba notoriamente difícil de manejar en cálculos detallados. Era de locos pensar en los electrones de Wheeler que se desplazaban hacia atrás en el tiempo, pero era mucho más fácil considerarlos desde el punto de vista del cómputo. Feynman simplemente ignoró el aspecto de «todos los electrones son el mismo» de la hipótesis de Wheeler y mantuvo la parte más útil: su manera sencilla de representar los positrones.

Y todavía más importante, Feynman continuó aplicando las técnicas de la suma de historias que dominaba, reestructurando la electrodinámica cuántica dentro del marco de su aproximación del espacio-tiempo. Su manera de computar todas y cada una de las rutas cuánticas concebibles según una cantidad denominada su «amplitud», que se obtenía multiplicando las funciones de transformación y elevando al cuadrado dichas amplitudes para obtener probabilidades, se demostró una manera inteligente y potente de describir cómo los campos cuánticos interaccionan en la física de partículas.

Wheeler había machacado en la cabeza de Feynman la importancia de dibujar diagramas para representar fenómenos físicos. A Feynman le encantaba el arte, y encontró que las representaciones visuales eran utilísimas. De modo que dio con su propia taquigrafía visual para ilustrar las posibilidades de interacción entre partículas. Representando el espacio a lo largo de un eje de coordenadas y el tiempo a lo largo del otro, esbozó las características esenciales de cómo se comportaban las partículas. Además, los diagramas de espacio-tiempo resultaban ideales para incluir los efectos de la relatividad especial. Estas representaciones pictóricas, que posteriormente se desarrollaron con mayor amplitud a través de los debates con Freeman Dyson sobre los grafos en matemáticas, llegarían a conocerse como «diagramas de Feynman».

Los primeros diagramas de Feynman eran relativamente primitivos y tenían una calidad a medida. Con el tiempo, y tras consultar con Dyson, Feynman establecería normas más consistentes. Las contribuciones de Dyson al método diagramático resultarían ser tan vitales que muchas referencias iniciales las atribuían a ambos.

En la versión final de los diagramas de Feynman, los electrones (y otras partículas materiales) se ilustran como segmentos lineales dirigidos que apuntan hacia delante en el tiempo. Normalmente, hay flechas que indican sus direcciones. Los positrones también se muestran como segmentos lineales dirigidos, pero orientados hacia atrás en el tiempo. Los fotones son representados por garabatos, cuando son emitidos o absorbidos por partículas cargadas o cuando se desvían hacia el espacio. Un bucle muestra un electrón virtual y un positrón virtual (u otro par de partícula-antipartícula con cargas opuestas) que surgen del vacío y después vuelven de nuevo a él al aniquilarse mutuamente. Otra manera de considerar este proceso en bucle es que el electrón virtual circula de forma continua a lo largo del tiempo: hacia atrás y hacia delante, una y otra vez. De esta manera, el círculo cerrado actúa como una especie de uróboros (una serpiente que se come su cola).

Por lo tanto, para un electrón que emite un fotón que es captado por otro electrón, un diagrama mostraría segmentos lineales dirigidos para cada electrón que entrara, un garabato que conectaría sus trayectorias, y segmentos lineales con ángulos diferentes para los electrones que salieran. El cambio en las direcciones de los electrones sería el resultado de un intercambio de fotones. Las flechas para cada electrón se dirigirían hacia delante en el tiempo; de otro modo, el diagrama ilustraría positrones.

Para tener en cuenta la suma de historias, Feynman dibujaría un diagrama diferente para cada proceso concebible. Desde luego, algunos eran menos probables que otros. Aun así, la suma tenía que incluir todas las posibilidades, ponderada en función de su probabilidad. Por lo tanto, un típico evento de partículas, como la dispersión, implicaría un conjunto de diagramas, no solo uno. También computaba las posibilidades para diferentes números de espín cuántico, otro factor esencial.

Para representar cómo los efectos del vacío producen el desplazamiento de Lamb, Feynman dibujó un segmento lineal dirigido que representaba el electrón esencial. Lo denominó la «trayectoria directa». Después conectó un garabato al segmento, que demostraba lo que ocurriría si el electrón emitía y después reabsorbía un fotón virtual. Se refería a la adición del fotón como una «corrección», que tenía en cuenta un determinado tipo de fluctuación cuántica. Esta era una historia posible.

Otro diagrama, que Feynman consideraría más adelante, implicaba un bucle conectado a un segmento lineal mediante un garabato. Ilustraba un electrón que emitía un fotón virtual, y que a su vez producía un par virtual partícula-antipartícula. Sumando estos dos diagramas se obtiene la corrección de primer orden (la más básica) a la energía del electrón, que se aproxima al desplazamiento espectral detectado por Lamb y Robert Retherford. (Obtener la corrección de segundo orden implica diagramas con dos bucles, y así sucesivamente.)

Sin embargo, en su celo para obtener los valores correctos, Feynman se tomó muchas libertades con sus matemáticas. Aunque había desarrollado un método diagramático claro, no comprobó su rigor matemático. No obstante, parecía funcionar —con ajustes en unos pocos parámetros—. Era como ensamblar apresuradamente un sistema de radar mediante la conexión de un manojo de cables y sentirse satisfecho cuando en la pantalla empezaban a aparecer señales luminosas, sin considerar si el artilugio improvisado cumplía el código eléctrico.

«Ya sabes cómo trabajo, de manera que la mayor parte es solo una buena suposición —escribiría Feynman más tarde al físico Ted Welton, de la Universidad de Pensilvania, un viejo amigo de sus días en el MIT—. Todas las demostraciones matemáticas fueron descubrimientos posteriores que no entiendo totalmente, pero pienso que las ideas físicas son muy simples.»[3]

Feynman se preocupaba sobre todo de si el resultado final correspondía a la predicción experimental. Matemáticos y filósofos podían desgañitarse discutiendo sin ton ni son, pero él no. Mientras sus diagramas produjeran respuestas correctas de una manera predecible, era feliz. Tal como ha señalado el historiador de la ciencia David Kaiser, «Feynman creía fervientemente que los diagramas eran más primarios y más importantes que cualquier derivación que se les pudiera dar. En realidad, Feynman continuó evitando la cuestión de la derivación en sus artículos, sus lecciones de cursos y su correspondencia».[4]

Por suerte, Dyson, que se incorporó a Cornell como alumno de posgrado de Bethe, ayudaría a desarrollar y promover los diagramas de Feynman al tiempo que los conectaría más estrechamente a otras interpretaciones de la electrodinámica cuántica. Su unificación de los diversos métodos se demostraría fundamental para su éxito.

## La odisea de un inglés en Ithaca

Cuando era un muchacho en el sur de Inglaterra, Freeman Dyson pasaba sus vacaciones en una casita de campo junto al mar. Su padre era un músico clásico —compositor de la famosa obra *Los peregrinos de Canterbury*— y su madre, una entusiasta de Chaucer. Ninguno de los dos se sorprendía de que su hijo amara la lectura y fuese muy reflexivo. No obstante, quedaron anonadados cuando en las vacaciones de Navidad llevó a casa un libro sobre ecuaciones diferenciales y lo leyó durante catorce horas de promedio cada día.[5] Resolvió todos los problemas, esperando hacer realidad la promesa del texto de dominar la teoría de la relatividad de Einstein. ¡Aquella fue la Navidad favorita de su vida!

Gracias a una beca de la Commonwealth, el graduado del Winchester College (una escuela privada inglesa) y de Cambridge terminó pasando un año en el departamento de Cornell que dirigía Bethe y en el que a menudo se escuchaba la serenata de un tamborilero de bongó. El chico solitario y el bromista se llevaron divinamente: Dyson y Feynman se convirtieron pronto en amigos íntimos y confidentes. Y, lo que fue más importante, el primero ayudaría a llamar la atención de la comunidad de físicos sobre el trabajo del segundo, al promover su enfoque diagramático, al tiempo que aspiraba a fortalecer su base matemática y a conectarla con la obra relacionada de Schwinger.

Cuando Dyson llegó como alumno de posgrado en septiembre de 1947, la informalidad de Cornell le sorprendió. Todos llamaban «Hans» a Bethe, algo inaudito en cualquier universidad británica de la época. Dyson también quedó atónito por el estilo informal del famoso físico, en particular los zapatos llenos de barro que llevaba en su primera reunión.[6] Si se viera a un catedrático de Cambridge con un calzado así, la gente supondría que había caído en una zanja. Pero en Estados Unidos, este era un atuendo normal.

Hans era poco convencional y Feynman estaba loco, pero aun así al tímido Freeman le encantaba. No había conocido en su vida a nadie como el joven genio de Far Rockaway, con su tambor a las dos de la madrugada y su alocado sentido del humor. Feynman se mofaba de lo convencional de una manera que Dyson ni siquiera había imaginado, especialmente en un profesor: encontró los métodos de Feynman bastante estrafalarios al principio; pero, por extraño que parezca, funcionaban de maravilla. No solo reproducían los resultados de Bethe, sino que también predecían cosas que Bethe no podía calcular. Como en *La ciudad mágica*, de Edith Nesbit, otro libro que a Dyson le había encantado cuando era niño, parecía que surgían cosas maravillosas de la nada en un universo con reglas extravagantes.

El chiflado ordenaba que los bongós se tocaran por la noche. Todo lo que podía suceder, sucedía. A los electrones les gustaba rizar el rizo en el tiempo o emparejarse con garabatos del vacío. La realidad tenía que contener todas las posibilidades. Y, al sumar todo esto, ¡abracadabra!, se podían predecir las líneas espectrales del hidrógeno por arte de magia.

Dyson recordó la primera vez que se encontró con la peculiar aproximación de Feynman a la física cuántica: «Al enterarme directamente por

Feynman de la suma de historias en Cornell en 1947, quedé asombrado y perplejo. Asombrado porque, desde el punto de vista físico, la imagen era correcta. Perplejo porque, desde el punto de vista matemático, no tenía sentido».[7]

Habría de pasar algún tiempo antes de que Feynman se tomara la molestia de explicar las matemáticas que había detrás de sus métodos. Mientras tanto, calcularía de manera enigmática con los diagramas, como un brujo que acapara secretos. Le encantaba la admiración que se reflejaba en la cara de la gente cuando obtenía la respuesta correcta, sin que pareciera que realizara ningún cálculo. Dyson, en cambio, aunque llevó el método de los diagramas a una audiencia más amplia —una variación incluso se denominó «diagramas de Dyson» durante un tiempo—, se esforzó mucho más por encontrar una manera de hacerlos más consistentes desde el punto de vista matemático.

El matemático Marc Kac comparó una vez a Bethe y Dyson con Feynman, y declaró: «En ciencia ... existen dos tipos de genios: los "ordinarios" y los "magos"». Mientras que Bethe y Dyson eran realmente brillantes a la hora de efectuar cálculos, y seguían pasos claros y directos, Feynman, en cambio, no era un «genio ordinario», sino más bien, en su aparente capacidad para extraer resultados de la nada, «un mago del mayor calibre».[8]

## Maratón en la cumbre

La secuela del congreso de Shelter Island —que tuvo lugar en la Pocono Manor Inn, en las montañas Pocono, en Pensilvania, desde el 30 de marzo al 2 de abril de 1948— resultaría también importante, si bien más por la introducción de nuevos métodos teóricos que por la presentación de resultados experimentales novedosos. Schwinger dominaría la reunión, al presentar su versión meticulosa y matemáticamente rigurosa de la electrodinámica cuántica, que ofrecía un progreso considerable por la eliminación de los términos infinitos y por la producción de respuestas finitas. Con mucha menos alharaca, Feynman desveló su método diagramático de la suma de historias como un enfoque alternativo. Esta conferencia contó con varias caras nuevas, que no habían estado en la reunión previa, como Niels Bohr (y su hijo Aage), Eugene Wigner y Dirac.

Una posada histórica, conocida como «La gran señora de las montañas», ofreció unas instalaciones adecuadas para llevar a cabo la reunión.

Una vez más, Oppy dirigió el espectáculo. Para los físicos teóricos norteamericanos, él seguía siendo el maestro de ceremonias indiscutible.

Los asistentes se prepararon para largas jornadas de charlas, en particular el día en el que Schwinger hacía su exposición. Hablando durante unas ocho horas, escribió en la pizarra ecuación tras ecuación, detallando de manera metódica una aproximación completa a la electrodinámica cuántica que encajaba con nuevos hallazgos experimentales. Partía del concepto de renormalización de Kramers (que redefinía la masa y la carga para eliminar los términos infinitos) sin adoptar el rechazo total que Kramers hacía de Dirac. En lugar de ello, Schwinger generalizaba el concepto cuántico relativista del electrón de Dirac para incluir sus interacciones electromagnéticas de tal manera que, de forma consistente, daba respuestas razonables y finitas. Esta modificación de masa y carga ofrecía el truco exacto para eliminar aquellos términos que estaban causando problemas, venciendo así las oscuras nubes de la divergencia y dejando cielos despejados ante sí.

De entrada, obtener un resultado finito a partir de un recuento infinito podría parecer imposible. Sin embargo, a veces la respuesta que uno obtiene depende de cómo se disponen las elementos: algunas maneras alternativas de agrupar y contabilizar pueden revelar que una suma aparentemente infinita es, en realidad, finita.

Consideremos, por ejemplo, una situación fantástica en la que Peter Pan y Wendy, que viven juntos para siempre en Nunca Jamás, se intercambian regalos cada día. Supongamos que el joven le regala tres joyas de oro cada mañana, y ella le obsequia con seis de plata cada tarde. Como sea que, en el dinero del país imaginario, seis piezas de plata valen exactamente lo mismo que tres de oro, el resultado es un trueque justo. Con cualquier cálculo razonable, la ganancia o pérdida neta de fondos de Peter Pan cada día es igual a cero.

Supongamos que un día el joven, de mal humor, se cansa y decide replantearse su vida. Calcula el número de joyas que acabará regalándole a Wendy hasta la eternidad, y se da cuenta de que será una suma infinita. Después de encararse con ella, esta hace lo mismo y se da cuenta de que también le dará a Peter un número infinito de piezas. Están muy enfadados el uno con el otro, hasta que por suerte llega «Schwingerilla» —es decir, Campanilla— y les muestra cómo agrupar los términos por días para obtener una respuesta finita.

Cada día, señala Campanilla, su intercambio neto vale cero. Por lo tanto, sumando estos ceros día a día el resultado total es finito: simplemente cero. Los infinitos eran solo la consecuencia de un método de recuento deficiente. Satisfechos por la explicación, Peter Pan y Wendy viven felices para siempre jamás con idéntica satisfacción.

No tenemos ningún documento que indique si, durante la comunicación maratoniana de Schwinger, a alguien le sobrevino el sueño suficiente para verse arrastrado a estas fantasías. Las matemáticas, aunque se presentaron de manera sólida y meticulosa, debieron de parecer bastante mágicas. Sus hábiles técnicas para calcular valores experimentales conocidos, como el desplazamiento de Lamb y el momento magnético anómalo del electrón, eran realmente una maravilla. Incluso presentarlas durante tanto tiempo fue una hazaña. Wheeler, que tomaba notas minuciosas de la conferencia, compiló cuarenta páginas que detallaban lo que Schwinger expuso, muchas más que para cualquier otro conferenciante.

El logro de Schwinger, basado en meses de esfuerzo intenso, era impresionante: el científico había comenzado en septiembre de 1947, y se había convertido en una fuente de energía teórica reunida en una sola persona. Terminada su boda y su luna de miel, se había lanzado a toda máquina a una exploración sistemática de maneras para formular la electrodinámica cuántica de manera factible. Los hallazgos de Weisskopf sobre el papel de la polarización del vacío y el concepto de Kramers de destilar la masa esencial de un electrón a partir de su masa experimental mediante la renormalización resultaron ser la clave para sus cálculos. Schwinger hizo también un amplio uso de los campos matemáticos conocidos como «teoría de grupo» y «teoría gauge» que habían explorado Wigner, el matemático Hermann Weyl y otros. El dominio total que Schwinger tenía sobre este tema sobresaldría a lo largo de su charla.

Lo que era insólito del trabajo de Schwinger, que empezó alrededor de esta época, era que él quería hacerlo todo por sí mismo. No había subjefes, solo el jefe máximo. Irónicamente, a lo largo de su carrera admitiría toneladas de estudiantes graduados, muchos más, por ejemplo, que Feynman. Pero insistía en que sus alumnos trabajaran por su cuenta.

Otros físicos bromearon acerca de cómo Schwinger aspiraba a dominar el campo imponiendo su propia metodología. El *Journal of Jocular Physics*, una serie de volúmenes humorísticos que celebraban diversos aniversarios de Bohr, incluía una guía satírica para tener éxito en las publicaciones de física. La plantilla para hacer bromas empezaba con la frase: «Según Schwinger...», y aconsejaba a los investigadores que a continuación rellenaran el espacio en blanco. La ponencia de Schwinger en el congreso de Pocono, cuidadosamente preparada, ya mostraba esta intención de imponer sus ideas.

## La debacle del debut de Dick

Al final de la épica presentación de Schwinger, los asistentes estaban impresionados, pero exhaustos. Por desgracia, estaba programado que Feynman hablara a continuación. Aunque normalmente era un comunicador muy cautivador, en este caso iba mal preparado para explicar sus exóticas nuevas ideas. En lugar de empezar por los aspectos básicos (el principio de mínima acción, la integración a lo largo de diferentes trayectorias, etcétera), actuó como si todos supieran la teoría y estuvieran listos para un ejemplo. Por lo tanto, los que asistieron a su charla se sintieron como si se hubieran perdido la primera mitad de un curso de física avanzada y se hallaran en una sesión de repaso de solución de problemas. No solo estaban cansados, sino totalmente perdidos.

El principal ejemplo que Feynman escogió consistía en dos electrones que interactuaban por medio de un fotón virtual. Después de haber intentado explicar con rapidez cómo calcular su comportamiento empleando el método diagramático, la audiencia, con los ojos hinchados, no tenía prácticamente ni idea de lo que Feynman hacía. Se apresuró al exponer la idea de la suma de historias y del concepto de que los positrones son electrones que se desplazan hacia atrás en el tiempo. Wheeler, que tomaba notas con avidez, podía al menos seguir estas partes. El resto estaba cada vez más confuso.

La mayoría de miembros de la audiencia conocían las brillantes contribuciones de Feynman al Proyecto Manhattan. Algunos tenían también presente la trágica pérdida de Arline y sabían el trauma que había infligido la guerra y sus drásticas decisiones. Puesto que era indudable que Feynman había estado deprimido, algunos debieron preguntarse si había perdido la cabeza. ¿Acaso el genio se había vuelto loco?

Después de la charla de Feynman, Bohr dirigió una sesión de debate. En su manera habitual, en voz baja, ofreció una crítica sarcástica. Sin haber entendido la taquigrafía de Feynman, señaló que el principio de incertidumbre de Heisenberg hacía imposible trazar las trayectorias exactas de los electrones a través del espacio y a lo largo del tiempo. ¿Cómo podía Feynman pretender esbozar las trayectorias reales de los electrones? Bohr también rechazó la idea de que los electrones pudieran desplazarse hacia atrás en el tiempo, algo completamente contrario a los principios físicos básicos. Edward Teller se sentía estupefacto porque el procedimiento de Feynman no parecía estar de acuerdo con el principio de Pauli según el cual dos electrones no podían residir nunca en el mismo estado exacto. Wheeler tomó notas meticulosas, pero hasta donde registra la historia, no defendió a Feynman. Wheeler siempre trató a Bohr, su querido mentor y modelo, con la mayor deferencia y respeto.

Dirac, mejor situado, junto con Wheeler, para examinar el aspecto de la suma de historias de la presentación de Feynman —pues parte del mismo estaba basada en su propia obra—, planteó una pregunta importante. Al sumar las amplitudes ponderadas de las diversas trayectorias, ¿comprobó Feynman que la probabilidad total para todas las opciones sumara el ciento por ciento? De forma embarazosa, Feynman respondió que no lo había hecho. Este era un error craso e importante, pues la cuenta podría no haber considerado, o haber contado de más, determinados modos de interacción. Era como decir que había una probabilidad del 50% de que una moneda estuviera debajo de cada una de las tres tazas, pero que esto suponía una probabilidad del 150% de que estuviera debajo de cualquiera de ellas. Esto no cuadra. Feynman necesitaba comprobar el total y ajustar las probabilidades si fuese necesario (que lo era).

Otra crítica de la presentación de Feynman era que no había tenido en cuenta la polarización del vacío, la gran innovación de Weisskopf que se había convertido en una parte esencial de los cálculos de Schwinger. La notación de Feynman la representaba con un diagrama de un bucle. Por mor de la brevedad, decidió presentar algo más básico, solo dos electrones que intercambian un fotón, pero esto no satisfizo el deseo de la audiencia de una explicación de los hallazgos experimentales clave: el desplazamiento de Lamb y el momento magnético anómalo. Resultaba evidente que Schwinger podía hacerlo; parecía que Feynman solo estaba dibujando garabatos sin sentido.

Bethe simpatizó con Feynman, que, aunque abandonó la reunión sintiéndose fatal, decidió escribir sus ideas en un artículo para explicar sus técnicas de una manera mucho más completa. Tal como Bethe recordaba:

> Feynman tenía una manera totalmente nueva de considerar las cosas ... que yo conocía, pero que la mayoría de los demás encontraron extraña. Y especialmente Niels Bohr, quien, después de todo, era el líder de todos nosotros. Niels Bohr no podía entenderla, no quería, presentó algunos argumentos muy incisivos contra ella, y trató bastante mal a Feynman. Y este,

desde luego, estaba muy decepcionado porque tenía lo que él consideraba que era una teoría hermosa. Y allí estaba el mayor de todos los físicos cuánticos, que no quería creerlo. De modo que cuando volvió a casa, tuve que consolarlo. Yo estuve en la reunión; escuché las presentaciones, así como la reacción de Bohr. Lamentablemente, a Feynman le gusta presentar su obra (o le gustaba presentarla, en aquel entonces) de la manera más paradójica posible. Y era totalmente imposible que alguien como Bohr entendiera esto.[9]

## Frenético viaje por carretera

Tras varios meses de genio creativo, que había levantado su espíritu, la autoestima de Feynman se hundió de nuevo. Al no estar adecuadamente preparado para las preguntas que su charla generó, se había sentido humillado ante Bohr, Dirac, Oppy y los demás, la verdadera realeza de la física cuántica. Su vida se había convertido en algo parecido al Cyclone* de Coney Island, con grandes subidas y bajadas que le revolvían el estómago. En sus momentos más sombríos sentía que sus cálculos no tenían ningún sentido, dado que no detendrían la proliferación de bombas atómicas ni evitarían que estas aniquilaran a toda la humanidad. De hecho, precisamente fueron sus cálculos en Los Álamos los que habían ayudado a abrir aquella caja de Pandora. No tenía sentido mirar hacia atrás, pero, aun así, él y el mundo habían metido la pata.

Como de costumbre, cuando se sentía tan estúpido, canalizaba su energía creativa en su docencia. Se encontraba mucho más seguro explicando cosas a los estudiantes que a notorios iconos de la física. Además, conducir mentes jóvenes al descubrimiento era un uso mucho mejor de su tiempo que enfurruñarse, algo que nunca le gustó. Cuando le costaba dormir, aporrear los bongós durante un rato también aliviaba su estrés.

Otra distracción agradable, cuando conseguía escabullirse del campus, era buscar mujeres jóvenes y bonitas de cualquier clase social; no importaba qué pensaran o qué supieran de física. Joven y agraciado, también cortejaba a estudiantes de instituto, que solían sorprenderse al saber que era un profesor.

Se había mantenido en contacto con una mujer de Nuevo México, una secretaria a la que había conocido durante sus días en Los Álamos. En su correspondencia, ella había empezado a referirse a otro hombre

* Histórica montaña rusa de madera. (*N. del t.*)

que parecía gustarle. Con la esperanza de visitarla, de cortar el paso a las proposiciones del otro tipo y de encender una llama antes de que fuera demasiado tarde, Feynman decidió hacer un viaje por carretera hasta Albuquerque.[10] Además, echaba realmente en falta la libertad del Salvaje Oeste y quería volver a sentirla. El verano de 1948, después de que las clases terminaran, sería un momento perfecto.

Asimismo, Dyson también necesitaba viajar hacia el oeste del país. Había aceptado asistir a un seminario de verano en Ann Arbor, Míchigan, que Schwinger ofrecería como una especie de curso intensivo sobre sus métodos de electrodinámica cuántica. Bethe animó de manera encarecida a Dyson a que aprendiera dichas técnicas.

Feynman se ofreció a llevarlo en coche a Albuquerque. Desde el punto de vista de Dyson, esta no era en absoluto la opción más conveniente. En primer lugar, las clases no empezarían hasta agosto, y Feynman se marchaba en junio. Por otro, Ann Arbor y Albuquerque estaban cerca en la lista alfabética, pero no físicamente, pues estaban separadas por miles de kilómetros. Desde luego, no era el tipo de trayectoria eficiente de espacio-tiempo que una partícula elemental tomaría, al menos una partícula cuerda y sobria.

Pero ¡al cuerno con el principio de Fermat del tiempo mínimo! Dyson quería explorar el Oeste americano, incluso de una manera completamente enrevesada. Así que decidió que viajaría hasta Albuquerque con Feynman (cuatro días de coche) y después tomaría un autobús de larga distancia de vuelta a Ann Arbor para comenzar su curso. La generosa beca de la Commonwealth incluía dinero para viajar en verano, de modo que bien podría usarlo.

En aquellos años previos a las autopistas interestatales, la mejor carretera desde el Medio Oeste al suroeste era la Ruta 66. La serpenteante autovía conectaba innumerables pueblos, en los que solía servir como calle principal. Estaciones de servicio, hoteles baratos, bares llenos de humo y fondas de mala muerte rompían la monotonía.

El largo viaje cimentó la amistad entre los dos hombres. Mientras atravesaban inacabables campos de cereales y los suaves paisajes ondulados de las montañas Ozark, hablaron de sus orígenes, pasiones y maneras de entender la física. De vez en cuando, recogían a alguien que hacía autoestop y más tarde lo dejaban en algún otro lugar. Ni siquiera el vagabundo más desagradable que hacía dedo inquietaba a Feynman. Dyson, que nunca sabía qué les aguardaba, pero que se lo pasaba inmensamente bien, confiaba en el buen juicio de Feynman.

Cuando se acercaban a Oklahoma City, de repente el cielo se abrió con un fuerte aguacero. Tras quedar la carretera muy inundada, dieron la vuelta, se dirigieron hasta el pueblo de Vinita y buscaron de forma desesperada un lugar para resguardarse de la lluvia. Pero otros automovilistas atrapados habían tenido la misma idea, por lo que no había muchas opciones buenas. Feynman decidió detenerse en un hotelucho de mala muerte que ofrecía alojamiento compartido por cincuenta centavos la noche. La habitación no tenía ni puerta, solo una sábana colgada. El comportamiento de algunas de las jóvenes que deambulaban por los corredores hizo que Dyson se diera cuenta de que el lugar hacía las veces de burdel. Estaba demasiado nervioso para aventurarse a salir de la habitación, ni siquiera para usar el cuarto de baño situado al final del pasillo. Sin ningún otro lugar adonde ir, decidieron enclaustrarse en el sitio asignado y pasar la noche sin problemas.

Con la lluvia golpeteando afuera, los dos físicos se desahogaron y se revelaron mutuamente sus secretos íntimos. Después de hablar sobre la vida en Los Álamos, Feynman reveló su percepción de que solo era cuestión de tiempo que las armas nucleares destruyeran el mundo. Dyson se sorprendió por la visión apocalíptica de su colega: era una Casandra imperturbable, convencida del desastre que se avecinaba, pero que continuaba con toda la calma. Feynman era el cuerdo, comprendió Dyson; el resto del mundo estaba loco.

Después, su conversación derivó hacia la electrodinámica cuántica. Feynman expresó su esperanza de extender sus métodos a todas las fuerzas conocidas, y de alcanzar finalmente la unidad que había eludido Einstein. Dado que la suma de historias funciona para el electromagnetismo, debería poder aplicarse asimismo a las interacciones nucleares y a la gravitación. Feynman expuso con claridad una gran visión en la que una combinación de diagramas que expresaran todas las historias concebibles podría cartografiarlo todo en la naturaleza.

Dyson replicó que sería mejor centrarse primero en la electrodinámica y poner de acuerdo las diversas aproximaciones cuánticas: la de Feynman, la de Schwinger y una tercera metodología desarrollada durante la guerra por el físico japonés Sin-Itiro Tomonaga y que poco después del congreso de Pocono se había comunicado a Bethe y a Oppy.

El concepto de Tomonaga, algo parecido al de Schwinger solo que expresado de manera más simple, se publicó en revistas japonesas en 1943, pero no estuvo disponible traducido hasta 1948. Asombrados por las intuiciones de Tomonaga, dado su aislamiento de la comunidad de físicos de Occidente durante la guerra, Bethe, Oppy y otros que trabajaban en el campo quedaron también anonadados porque hizo su descubrimiento mucho antes del hallazgo del desplazamiento de Lamb.

Cuando al día siguiente la lluvia amainó, Feynman y Dyson siguieron viaje hasta Texas, pasaron otra noche juntos y después se dirigieron a Albuquerque. Al acercarse a la ciudad encontraron un control de velocidad, la policía los obligó a detenerse y les impuso una multa astronómica. Enviados al juzgado, por suerte Feynman consiguió convencer al juez de servicio de que redujera el importe.

Después de pagar la mitad de la multa por exceso de velocidad, Dyson se despidió y subió a un autobús Greyhound con destino Santa Fe. Feynman se quedó en Albuquerque, solo para descubrir que la mujer con la que se había estado carteando no estaba disponible. No obstante, permaneció en la ciudad durante algún tiempo, probando suerte con las damas en diversos bares y garitos a lo largo de la Ruta 66.

## El enfoque del autocar

Desde Santa Fe, Dyson fue subiendo a un autobús tras otro, y se dirigió de manera gradual hacia el este, hasta Ann Arbor. Podía establecer su propio ritmo, pues tenía mucho tiempo hasta el inicio del curso de Schwinger. A medida que las ruedas giraban sobre carreteras entre praderas y el sol se ponía bajo el terreno llano, mantuvo conversaciones memorables con sus compañeros de viaje acerca de sus pasiones y experiencias.

La clase de cinco semanas resultó ser reveladora. Durante cada lección, la tiza de Schwinger se deslizaba maravillosamente por la pizarra: de izquierda a derecha, de arriba abajo, una y otra vez, trazando brillantes cálculos. Cada paso seguía al anterior con férrea lógica matemática. Sus exposiciones se quedaban cortas solo en que no era fácil imaginarlas y, por lo tanto, se parecían más a matemáticas que a física. Afortunadamente, Dyson se llevaba bien con Schwinger y tuvo muchas oportunidades de preguntarle en privado acerca de los procesos mentales subyacentes a su obra.

Dyson trabajó con detenimiento sus notas hasta que dominó las técnicas de Schwinger tan bien como conocía las de Feynman. Vio una diferencia fundamental entre las dos ideas. La de Schwinger era como un tapiz continuo tan perfectamente tejido que transmitía poco acerca de su motivación y propósito. Si un punto se soltaba y Schwinger no estaba disponible, todo el conjunto se descosería, pues nadie más se atrevería a arreglarlo. La de Feynman, en cambio, era como un cuadro primitivo, pintado de forma sensual con gruesas pinceladas, manchado y enmarañado en algunos lugares, pero mucho más seductor. Tenía defectos, seguro, pero resultaba mucho más accesible. Otros podrían intentar usar sus técnicas para crear obras similares. ¿Podría haber una fusión ingeniosa de los dos enfoques, uniendo pensamiento y sentimiento en una teoría potente y vibrante?

Después de su estancia en Ann Arbor, Dyson decidió viajar por el país un poco más por su cuenta y en autobús. Tomó una ruta bumerán, dirigiéndose primero al oeste hasta San Francisco, a través de las majestuosas Montañas Rocosas, y después volviendo a la Costa Este. La larga excursión le ofreció mucho tiempo para pensar a fondo en maneras de reconciliar los diferentes métodos.

En la última parte de su viaje (varios días y noches dirigiéndose al este a lo largo de la autopista), en su mente cristalizó una visión unificada de la electrodinámica cuántica. Con gran placer, se dio cuenta de que se

Freeman Dyson en el Instituto de Estudios Avanzados en Princeton, Nueva Jersey. (*Fuente*: AIP Emilio Segrè Visual Archives, Physics Today Collection.)

podía escribir el formalismo de Schwinger de tal manera que se dividiera naturalmente en una serie de diagramas de Feynman. En otras palabras, podían organizarse los términos para que representaran una suma de historias. ¡Había «feynmanizado» a Schwinger! Puesto que el trabajo de Tomonaga tenía mucho en común con el de Schwinger, descubrió que también lo podía hacer coherente con la concepción de Feynman. A bordo de aquel cacharro de Greyhound, mientras los pasajeros apiñados en los asientos a su alrededor leían novelas de misterio o completaban crucigramas, Dyson había resuelto un enigma mucho más profundo: cómo unificar la física de partículas.

Por último, después de su excitante verano de viaje y revelación, Dyson llegó a Princeton para iniciar una estancia de todo un año en el Instituto de Estudios Avanzados (IAS). Oppy, su nuevo director, lo había inscrito como profesor visitante desde el otoño de 1948 a la primavera de 1949, ofreciéndole así una buena oportunidad de completar los pequeños detalles de su unificación de las diferentes variedades de electrodinámica cuántica. Dyson ya había pensado en un título para el artículo que planeaba escribir: «Las teorías de radiación de Tomonaga, Schwinger y Feynman». Completaría rápidamente el extenso artículo y lo enviaría a la *Physical Review* en octubre de 1948. Publicado a principios del año siguiente, tendría una gran influencia posterior.

En el IAS, Dyson tendría la oportunidad de discutir sus ideas con otras brillantes mentes jóvenes, sobre todo con Cécile Morette, una mujer francesa, física matemática y con puntos de vista apasionadamente independientes. Su respaldo para el método de la suma de historias ayudaría a afirmar su validez.

## Verdades integrales

Al igual que Feynman, Cécile Morette conoció la tragedia de joven. Solo que en su caso, se enfrentó a la muerte de seres queridos a una edad más temprana. Durante la ocupación nazi de su país, Cécile vivía con su familia en Caen, una ciudad de la región de Normandía. Deseando visitar París para «vivir aventuras», decidió inscribirse en cursos avanzados de matemáticas en la universidad de la ciudad. De otro modo se le hubiera prohibido viajar hasta allí, debido a las restricciones impuestas por el régimen ocupante. Mientras estaba en París, tuvo lugar el Desembarco de Normandía, el Día D. Como parte de aquella operación, los Aliados bombardearon Caen, y en su objetivo de despejar el área de tropas y tanques alemanes. De manera trágica, miles de civiles franceses perecieron. Morette estaba realizando un examen cuando una bomba errante cayó en la casa familiar y mató a su madre, su hermana y su abuela. Por aquel entonces, tenía solo veintiún años.

Obligada de golpe a enfrentarse sola con la vida, Morette completó su tesis doctoral, de física matemática, sobre la dispersión de mesones. Después de haber viajado a institutos en Dublín y Copenhague para trabajar en puestos de investigación, Oppenheimer la invitó como profesora visitante del Instituto de Estudios Avanzados. Trabajaría allí de 1948 a 1950.

Durante su primer año en el instituto, Dyson también llegó allí para un puesto de visitante. (Posteriormente se convertiría en profesor permanente del IAS.) Dyson estaba muy interesado en los diagramas de Feynman y el método de la suma de historias. Pero sus fundamentos matemáticos eran flojos y muy evidentes. Dyson discutió su preocupación con Morette, que no opinaba lo mismo. Era optimista en cuanto a demostrar que la técnica era válida. Tal como recordaba Dyson: «Después de desplazarme a Princeton en 1948, hablé frecuentemente con Cécile Morette (posteriormente DeWitt), que estaba convencida de que ella podía hacer que la suma de historias fuera matemáticamente rigurosa. Discutí de manera enérgica con ella y mantuve una mente abierta».[11]

De hecho, Morette emplearía su destreza matemática para ayudar a situar el método, conocido formalmente como «integrales funcionales» o «integrales de trayectoria», sobre bases matemáticas más sólidas. Los físicos matemáticos familiarizados con su obra aplicarían la técnica a muchos tipos de problemas difíciles de resolver de otra manera. Tal como relató Barry Simon, que escribió un libro sobre el tema: «Parecía que las integrales de trayectoria eran un instrumento muy potente usado como una especie de arma secreta por un pequeño grupo de físicos matemáticos».[12]

En octubre de 1948, Dyson y Morette emprendieron un viaje en tren de diez horas desde Princeton a Ithaca para pasar un fin de semana con Feynman. Este los recibió en la estación la tarde del viernes, los condujo hasta su casa y los entretuvo hasta la una de la madrugada, tocando varios ritmos en tambores americanos nativos que había conseguido en Nuevo México. Al día siguiente, Feynman divirtió y pasmó a Morette con una explicación más clara que el agua de sus teorías y sorprendió a Dyson al resolver dos problemas aparentemente intratables. Tal como recordaba este último: «Aquella tarde, Feynman produjo más ideas brillantes por minuto al cuadrado que las que yo haya visto en cualquier otra parte antes o de las que vería después».[13]

El fin de semana terminó pronto, y Feynman se despidió cariñosamente de Dyson y Morette. Volvieron a Princeton hablando con entusiasmo del potencial de los métodos de Feynman.

Feynman publicó cinco artículos clave en este período. El primero, «Aproximación espaciotemporal a la mecánica cuántica no relativista», introdujo su idea del total de historias de una manera mucho más aceptable y coherente que en la charla de Pocono. El segundo, con Wheeler, ampliaba la explicación de su teoría conjunta del absorbedor. Otro artículo planteaba la idea de que los positrones son electrones que se desplazan hacia atrás en el tiempo, y demostraba las ventajas de esta teoría frente al concepto de agujeros de Dirac. Los dos últimos detallaban la manera en que Feynman introducía efectos relativistas en su concepción.

En Oldstone, en el tercer congreso sobre teoría del campo cuántico patrocinado por la Academia Nacional de Ciencias, que se celebró cerca de Peekskill, Nueva York, desde el 11 al 14 de abril de 1949, Dyson presentó en sociedad su proyecto unificado. Su exposición, así como una explicación mucho más coherente por parte de Feynman, demostraban que los diagramas de este último ofrecían una manera increíblemente práctica de manejar las interacciones entre partículas. Gracias a estas charlas, y a todos los artículos importantes de Feynman y Dyson publicados en esa época, la elegante simplicidad de los diagramas cuajó rápidamente. Pronto fueron una parte indispensable de cualquier artículo sobre teoría de partículas. El concepto de suma de historias, al que Schwinger se oponía —o que al menos ignoraba—, tardaría mucho más en conseguir una aceptación más amplia entre la principal comunidad de físicos.

Sin embargo, una vez aceptadas, la suma de historias demostró ser un paso adelante de gran importancia para comprender los mecanismos cuánticos. Ayudó a situar la teoría cuántica dentro del contexto del pensamiento, que se remontaba a varios siglos, de por qué los objetos se desplazan a lo largo de las trayectorias que realizan. Lo hacen por la misma razón que la gente compraba mapas —y más adelante dispositivos de GPS—: para hacer sus rutas más eficientes. La única diferencia entre lo clásico y lo cuántico es que en este último las rutas menos eficientes ejercen también una influencia fantasmal, como las sugerencias alternativas en un programa de cartografía. Los cómputos de los resultados de procesos cuánticos como la dispersión necesitan ponderar todas las trayectorias dispares, no solo la que tiene la mayor amplitud —que es la que se elegiría en un sistema puramente clásico—. Tal como relató Dyson: «La suma de historias nos dio finalmente una imagen intuitiva de los procesos cuánticos, suficientemente clara y sencilla para que los estudiantes de primer curso la entendieran. También pueden entenderla personas que son ignorantes en cálculo».[14]

Poco después de Oldstone, Dyson terminó su estancia en el IAS, así que volvió a Inglaterra, donde se incorporó a la Universidad de Birmingham como investigador. Permanecería en este puesto hasta la primavera de 1951.

Mientras tanto, en el otoño de 1949, un joven y brillante investigador estadounidense, Bryce Seligman DeWitt, entró en el IAS. Pronto se interesó por la atrevida e independiente Cécile. Sin embargo, lo último que a ella se le pasaba por la cabeza era enredarse en una relación. Estaba decidida a volver a Francia una vez que su contrato de profesora visitante hubiera terminado. Pero el amor tenía otros planes.

## Gravidinámica cuántica

Bryce DeWitt había llegado al IAS desde Harvard, donde estaba terminando su doctorado bajo la dirección de Schwinger. Allí, había intentado infructuosamente situar la gravitación bajo el paraguas de la teoría cuántica, empleando métodos similares a la electrodinámica cuántica. Denominaba «gravidinámica cuántica» a su concepto. Schwinger había llamado la atención de DeWitt acerca de intentos previos de cuantizar la gravitación por parte de otros físicos, como Léon Rosenfeld. En concreto, este había intentado calcular la autoenergía gravitacional de un fotón, y encontró que era infinita. Schwinger aprobó el tema de tesis de DeWitt con la esperanza de que sus técnicas de renormalización, acabadas de descubrir, eliminaran dichos infinitos. Pero después de su reunión inicial y de algunas breves discusiones más, Schwinger no pasó mucho tiempo con DeWitt, y prefirió centrarse en sus propios proyectos. Este último recordaba así su experiencia con él:

> Bueno, probablemente lo vi un total de veinte minutos. Intenté poner los campos gravitacionales en electrodinámica cuántica, quedé atascado por muchas dificultades, y fui a verlo. Me dijo que intentara eliminar el campo electrón-positrón y simplemente conectara la gravitación y el electromagnetismo. Schwinger conocía la literatura, y había un artículo de alrededor de

> 1930 de Léon Rosenfeld que demostraba que la autoenergía gravitacional del fotón era infinita. Y él pensaba que esto era una tontería: no puede ser infinita y mantener invariancia gauge, para corresponder a una renormalización de la carga. En cualquier caso, me dejó que siguiera con esto. Y creo que me dio buenas recomendaciones después, porque lo dejé tranquilo.[15]

Tal como DeWitt había descubierto, los métodos de Schwinger no funcionaban para la gravitación. No se podía tratar la gravitación simplemente como otro campo y esperar que produjera resultados finitos. A pesar de sus intentos y de los de muchos otros, una teoría de campo cuántico de la gravitación no podía renormalizarse utilizando las técnicas matemáticas que Schwinger había iniciado. Los términos infinitos persistían como una mancha indeleble.

A pesar de sus contratiempos en Harvard, la experiencia de DeWitt lo impulsó a una búsqueda, que duró toda la vida, para poner la gravitación en el redil cuántico. Los principios cuánticos no pueden pertenecer a algunas fuerzas solamente, supuso; han de ser aplicables a todas. En aquella fase temprana, DeWitt estaba muy verde, como él decía, y pensaba que la reconciliación sería mucho más fácil de lo que resultó ser. En realidad, después de muchas décadas de esfuerzo, en el momento de escribir este libro, todavía no se ha conseguido. «Yo solo era un estudiante, y no conocía mucho el mundo que me rodeaba», recordaba DeWitt.

Ya en el IAS, el joven y encantador físico pronto intimó con Morette. Después de un largo y divertido día de ir en canoa juntos, DeWitt decidió declararse.[16] Al principio ella lo rechazó, pues estaba totalmente decidida a volver a Francia. Sin embargo, pronto pensó en una manera para que el matrimonio funcionara y, aun así, cumplir sus sueños de regresar a su hogar. Estaba dispuesta a casarse con él y a residir en Estados Unidos si podían encontrar una manera de pasar parte del año en Francia. Sorprendido y encantado por su reconsideración, DeWitt aceptó sus términos. Como resultado de este pacto, poco después de casarse en 1951, Cécile establecería en los Alpes franceses la Escuela de Verano de Les Houches, una destacada fragua de importantes ideas en física teórica.

## Un traidor en la mesa

El 23 de septiembre de 1949, un anuncio sorprendente del presidente Harry Truman cambió el mundo para siempre. Los soviéticos habían detonado una bomba atómica, inaugurando así una carrera armamentística entre las dos superpotencias. Dados los esfuerzos hercúleos necesarios para completar el Proyecto Manhattan y lo rápidamente que los soviéticos habían hecho explotar su propio dispositivo, muchos expertos se preguntaron si, de alguna manera, habían tenido acceso a información muy secreta. Varios meses después, el desenmascaramiento de un espía daría respuesta, al menos parcial, a la pregunta.

Klaus Fuchs, uno de los amigos más íntimos de Feynman durante sus días en Los Álamos —aquel que a menudo le prestaba el coche—, había estado trabajando en secreto para los soviéticos desde que se inició el Proyecto Manhattan. Les había enviado planos detallados de las bombas atómicas construidas y desplegadas, así como esbozos de algunos de los conceptos que se desarrollaban, como las ideas de Teller de una superbomba basada en la fusión del hidrógeno. Es probable que poseer estos planos, en particular para las bombas terminadas, permitiera a los soviéticos un comienzo rápido, con una ventaja de, al menos, un par de años. Finalmente, habrían construido la bomba, pero era evidente que sin la ayuda clandestina de Fuchs hubiera habido una demora mayor.

Fuchs había engañado por completo a Bethe, Oppy, Wheeler y a todos los que estaban conectados con el proyecto. Teller, que desconfiaba mucho de los soviéticos, estaba particularmente afectado, lo que impulsó su determinación de presionar para obtener armas más potentes todavía. Fuchs había estado presente incluso cuando habían discutido la posibilidad de violación de la seguridad, y nadie había sospechado de él. Feynman, con sus intentos deliberados de eludir el protocolo y de abrir cajas fuertes, solía actuar de manera mucho más sospechosa. Una vez había dicho en broma que si alguien fuera un espía, sería él.

Después de la guerra, Wheeler se había unido a un grupo asesor llamado Comité de Salvaguarda del Reactor Nuclear, que ofrecía recomendaciones sobre el desarrollo de energía nuclear comercial. Por ejemplo, aconsejó el uso de cúpulas como medida de seguridad para las plantas de energía atómica. Teller ejercía de presidente. Feynman pertenecía también al grupo, pero solo fue a la primera reunión.

Antes de ser desenmascarado como espía, Fuchs había asistido a una de las sesiones del comité, que se efectuó conjuntamente con físicos británicos en el laboratorio Harwell, cerca de Oxford. Fuchs era un residente de Reino Unido, y había vivido allí antes y después de la guerra. Como un científico atómico importante que podía proporcionar consejos valiosos sobre seguridad nuclear, se le dio la bienvenida sin vacilación a la reunión conjunta.

Wheeler recordaba de manera gráfica cómo planteó en la reunión la posible amenaza de saboteadores de la planta energética. Alguien con conocimiento de primera mano podía alterar los mecanismos de seguridad y desencadenar lo que ahora denominamos una «fusión nuclear». En su opinión, para un sistema con muchas salvaguardas, el sabotaje era un riesgo mayor que un fallo accidental. Un saboteador tal podría ser cualquiera, lo más probable un fanático político con considerable experiencia, discretamente determinado a generar un caos máximo. Mientras Wheeler describía este perfil de traición, Fuchs estaba sentado impertérrito al otro lado de la mesa.

Después del ensayo nuclear soviético, Scotland Yard inició una extensa investigación sobre posibles violaciones de seguridad. La pista llevó hasta Fuchs, que fue arrestado el 2 de febrero de 1950. Confesó haber pasado secretos atómicos. Después, al ser interrogado por agentes del FBI, reveló el nombre de su correo estadounidense, Harry Gold. Agentes de Estados Unidos arrestaron a este último, quien a su vez implicó a David Greenglass, un científico nuclear norteamericano que también había trabajado para el Proyecto Manhattan. Después de acusar formalmente de manera similar a Greenglass, este implicó a Julius y Ethel Rosenberg, un matrimonio emparentado con él (ella era su hermana). Aunque no sin controversia, se declaró a los Rosenberg culpables de espionaje y fueron ejecutados. Mientras tanto, Fuchs fue sentenciado a catorce años de prisión y cumplió solo nueve. Cuando lo liberaron, emigró a la Alemania Oriental y vivió allí con comodidad durante muchas décadas.

Años después, Wheeler encontraría a Fuchs en un congreso internacional de física. Antes de acercarse a él, cogió una taza de café y un cuaderno y los sujetó con fuerza, para no tener que estrecharle la mano. Para el apacible Wheeler, no estrechar las manos era una señal de fuerte desaprobación. Habló de manera educada con Fuchs unos pocos minutos y después se marchó.[17]

## La llamada del deber

En la época en que Truman anunció la primera bomba nuclear soviética, apodada «Joe 1» en honor de Iósif Stalin, Wheeler acababa de iniciar un año sabático en Europa con la ayuda de una beca Guggenheim. Planeaba quedarse en París y ocasionalmente tomar el tren hasta Copenhague para consultar a Bohr. Wheeler decidió pasar el año en Francia, en parte para que sus hijos pudieran aprender el idioma. Esto también le dio tiempo para trabajar en problemas, con independencia, sin tener que participar de manera explícita en el grupo de Bohr. Como pasatiempo, asistía dos veces por semana a clases de arte, un interés que compartía con Feynman.

A finales de otoño, Wheeler recibió incesantes llamadas telefónicas de Teller y Harry Smyth, un colega de Princeton, que lo animaban a implicarse en nuevos esfuerzos en Los Álamos para desarrollar una superbomba. Con los soviéticos capaces de construir y lanzar artefactos de fisión similares a las que se lanzaron sobre Hiroshima y Nagasaki, Estados Unidos necesitaba armas mucho más potentes para mantener la superioridad nuclear. De otro modo, Stalin podría sacar partido de la debilidad norteamericana para endurecer su control sobre Europa oriental y expandir su poder a otras partes del mundo.

A Wheeler se le planteaba una elección muy difícil. Por un lado, debía tener en cuenta a su familia, y tenía un compromiso con la Fundación Guggenheim que sería difícil de romper. Por otro, estaba el asunto de un estudiante graduado, John Toll, que había aprovechado la oportunidad de residir en París durante el año académico y de colaborar con él sobre el problema de las colisiones entre fotones. Finalmente, no quería decepcionar a Bohr.

Además, había prometido no dejar nunca el desarrollo de armas solo en manos de los funcionarios del gobierno. Los científicos tenían el deber de presentar al gobierno la información más precisa sobre las capacidades de las armas. Con este conocimiento, podía frustrarse a tiranos como Stalin y Adolf Hitler antes de que tuvieran la oportunidad de cercenar la vida de millones de personas. Por lo tanto, después de llegar a nuevos acuerdos con la Fundación Guggenheim, con Bohr, con Toll y con los otros, decidió volver de nuevo a Los Álamos. Su familia permanecería todavía varios meses en París, para ayudar a los chicos a mejorar su francés, antes de reunirse con él.

## Dirigíos al oeste, jóvenes físicos

Durante un año, a partir de la primavera de 1950, Wheeler trabajó en el laboratorio de Los Álamos, implicado por completo en el proyecto secreto de construir una bomba de hidrógeno. Le ayudaban Toll, que vino desde París, y otro estudiante graduado de Princeton, Kenneth W. «Ken» Ford. Dirigían los trabajos Teller y un físico emigrado de Polonia, Stanislaw «Stan» Ulam, un amigo íntimo de John von Neumann. Consideraron varios planes y, al final, se decidieron por un diseño en dos fases que acabó conociéndose como la idea de «Ulam-Teller» o «Teller-Ulam», en función de quién lo describía. (Teller tenía la tendencia a minimizar las contribuciones de Ulam.) Anunciaron el potente programa para una bomba H en un informe interno de máximo secreto, terminado el 9 de marzo de 1951, titulado «Sobre detonación heterocatalítica I. Lentes hidrodinámicas y espejos de radiación». Hasta el día de hoy, buena parte del informe sigue siendo confidencial. Aun así, como indica Ford, más de la mitad es de conocimiento común.[18]

Por aquella época Wheeler ya tenía ganas de irse de Los Álamos y volver a Princeton. Buena parte de su ímpetu radicaba en la presión familiar. Después de las delicias de París, la vida en un complejo militar aislado era decepcionante. La casa en el enclave histórico llamado Bathtub Row era fabulosa; Oppy había residido allí durante la guerra. Pero Janette añoraba a sus amigos, no le gustaban las escuelas y urgía a John para que encontrara una manera de retornar al este.

Otra cuestión era que, aparte de Teller, Ulam y algunos otros pocos científicos bien conocidos, prácticamente no se podía persuadir a ningún investigador académico para que fuera a Los Álamos para el proyecto de la bomba H. Mientras que el Proyecto Manhattan se basó en un enorme depósito de talento, la charca parecía haberse secado. Quizá se trataba de una cuestión geográfica, especulaba Wheeler.

Wheeler diseñó un plan excelente para continuar su investigación militar y al mismo tiempo volver a Nueva Jersey. ¿Por qué no establecer una especie de campus satélite de Los Álamos en la región de Princeton? Lo podría vender a las agencias de financiación como una «fábrica de ideas» para armas termonucleares. Tenía el presentimiento de que un centro de este tipo, situado en una parte del país más poblada y accesible, atraería mucho más talento. Cuando menos, tenía a varios estudiantes brillantes que estaban deseosos de hacer una contribución: Toll, Ford y posiblemente otros. El centro llevaría el nombre de Proyecto Matterhorn.

Por la misma época, Feynman estaba experimentando su propia inquietud. Se encontraba enfermo y cansado de los glaciales inviernos de Ithaca, que parecían durar más de la mitad del año. La nieve y el hielo omnipresentes contribuían poco a sacarlo de su depresión. Los claros paisajes de sus días en Los Álamos lo llamaban desde el recuerdo.

En consecuencia, cuando el Instituto de Tecnología de California (Caltech) le ofreció un puesto de profesor titular, aprovechó la oportunidad. Desde luego, echaría de menos a Bethe y Robert Wilson, y ellos también lo añorarían, pero no podía verse, un invierno tras otro, rascando el hielo de su coche. California del Sur sería cálida y soleada durante todo el año.

Bethe decidió que si alguien podía sustituir Feynman, este sería Dyson, que lo sustituiría en Cornell a partir del otoño de aquel año. Pasaría allí algunos años, antes de aceptar un puesto permanente en el IAS —donde, en el momento de escribir esto, goza de una activa categoría de emérito.

En su ansia por viajar, Feynman había aceptado también otra oferta, un puesto de visitante durante diez meses en Río de Janeiro, Brasil. Por suerte, Caltech había aceptado considerar este tiempo en el extranjero como un año sabático. Feynman había visitado Brasil en breves ocasiones para impartir algunas conferencias y no podía esperar durante más tiempo para experimentar su vibrante cultura.

Con gran sorpresa, después de llegar a Caltech, pero antes de dirigirse a Brasil, Feynman recibió una carta de Wheeler en la que le preguntaba si le gustaría participar en el Proyecto Matterhorn: continuaba admirando su genialidad y le entusiasmaba la idea de volverlo a tener en Princeton, al menos durante breves períodos. Además, un colaborador tan crucial del Proyecto Manhattan sería un activo fenomenal para el desarrollo de la bomba H.

Wheeler iniciaba la carta a Feynman, con fecha del 29 de marzo de 1951, especulando acerca de la posibilidad de que estallara la guerra entre la Unión Soviética y Estados Unidos: «Sé que planeas pasar el próximo año en Brasil. Espero que las condiciones mundiales lo permitan. Pero quizá no. Mi personal suposición aproximada es que hay al menos un 40% de probabilidades de que haya guerra en septiembre, e indudablemente tú tienes tu propia estimación de probabilidad. Convendría que pensaras un poco acerca de lo que harás si la emergencia se agudiza. ¿Considerarías la posibilidad de incorporarte a un programa a gran escala de trabajo termonuclear en Princeton, al menos hasta septiembre de 1952?».[19] Poco dispuesto a reanudar ningún trabajo militar, pero ansioso por no ofender a Wheeler, Feynman reiteró que estaba totalmente decidido a pasar su año sabático en Brasil. Aunque reconocía que la tercera guerra mundial, si acaso se producía, era probable que desbaratara sus planes de viaje, por otra parte no quería cambiarlos.

Lo que ocurrió es que Feynman viajó a Brasil, disfrutó de su cultura diversa y apasionada, aprendió mucho sobre su sistema educativo y se convirtió en un experto gran conocedor de la samba y de otros tipos de música del país. Fue una aventura que no hubiera querido perderse por nada del mundo.

En abril de 1951, el Proyecto Matterhorn fue aprobado y se le destinó un lugar, justo fuera del campus de Princeton, en lo que se llamaba el Edificio Forrestal. Wheeler y su familia se mudaron de nuevo, contentos, a su casa de Battle Road. Toll y Ford se unieron a Wheeler en el proyecto, que empezaría más tarde, aquel mismo año, y continuaría a lo largo de 1952.

El 1 de noviembre de 1952, Estados Unidos realizó el primer ensayo de una bomba de hidrógeno. El «artilugio Mike», como se le llamó, se basaba en el diseño de Teller y Ulam. Para la prueba, se eligió Eniwetok, un atolón del Pacífico. Mike fue ensamblado y detonado en una isla, Elugelab, que quedó arrasada cuando el artilugio explotó. La bomba H resultó ser más de ochocientas veces más potente que la bomba de fisión lanzada sobre Hiroshima, lo que representaba un importante avance en el poderío militar estadounidense. La ventaja se demostraría efímera, pues los soviéticos probarían su propia bomba H solo nueve meses más tarde.

Wheeler presenció el ensayo de Mike a bordo del *SS Curtis*, un buque estacionado a unas treinta y cinco millas de distancia. Incluso vistos a través de las gafas oscuras, que el gobierno le había proporcionado y que estaba obligado a llevar, el resplandor de la explosión y la nube de polvo en expansión que produjo fueron inolvidables. Wheeler intentó enviar rápidamente un mensaje cifrado a Toll, Ford y otros del equipo de Matterhorn, para hacerles saber el éxito, pero era demasiado críptico para que lo entendieran. Por suerte, pronto tuvieron noticias indirectamente a través de Teller, y se mostraron eufóricos porque la bomba había funcionado.

## Descarrilado

Solo unos pocos días después del ensayo de Mike, Dwight Eisenhower fue elegido presidente. Era una época de gran paranoia en el gobierno de Estados Unidos, debido a los temores de espionaje soviético. El incidente de Fuchs había calado hondo y agitado a la clase dirigente. Muchos oficiales militares acusaban a los científicos nucleares de ser demasiado laxos, mientras que estos pensaban que el ejército estaba desarrollando nuevas armas devastadoras sin la más mínima preocupación. Con acusaciones por ambos lados, la confianza entre la comunidad científica y los militares, que había sido fundamental para el éxito del Proyecto Manhattan, se había evaporado en gran parte.

Muchos científicos prominentes, como Einstein y Bohr, se unieron a grupos que exigían el control internacional de las armas nucleares y un desarme final. Su posición inquietaba a los halcones en el Congreso de Estados Unidos, y una vez Eisenhower asumió el cargo, a su administración. Los que presionaban para un ulterior desarrollo de las bombas sospechaban que los soviéticos estaban operando tras las bambalinas, intentando fomentar el movimiento pacifista para asegurar su propia hegemonía. Políticos oportunistas, como el senador Joseph McCarthy, promovieron la idea de que simpatizantes comunistas y antiguos miembros del partido se habían infiltrado en la sociedad y ocupaban puestos importantes en el gobierno. Fue algo tristemente célebre que McCarthy empezara a dirigir operaciones en las que se investigaban supuestos casos de infiltración comunista. En abril de 1954, Oppenheimer, que se había opuesto al desarrollo de la bomba H, vio revocada su autorización de seguridad debido a supuestas conexiones con el Partido Comunista. Teller testificó contra él. Fue un día triste para la física.

Por suerte, Wheeler nunca se enfrentó a los brutales interrogatorios y a la vergüenza pública que padeció Oppenheimer. Pero una violación de seguridad en un tren le supuso problemas con Eisenhower. Aunque Wheeler nunca perdió su autorización, sí que recibió una reprimenda presidencial.

El incidente ocurrió en 1953, cuando Wheeler viajaba a altas horas de la noche en un tren desde Trenton, Nueva Jersey, hasta Washington D. C. Como material de lectura había llevado consigo parte de un documento secreto, llamado Informe Walker, que analizaba qué podía haber aprendido Fuchs en Los Álamos sobre las primeras ideas de Teller para una bomba de hidrógeno, y si los soviéticos habrían encontrado útil dicha información en la construcción de un artefacto. El contenido incluía datos específicos sobre el diseño de la bomba de hidrógeno. No estaba previsto que Wheeler llevara consigo un informe confidencial de este tipo en un transporte público, pero aun así lo hizo para aprovechar mejor el tiempo.

Cuando, a una hora muy temprana de la mañana, el tren llegó a la Union Station, permaneció allí estacionado durante un rato para que los pasajeros pudieran echar una cabezadita antes de partir de nuevo. De repente, Wheeler se despertó y se dio cuenta de que las páginas secretas habían desaparecido. Después de buscar frenéticamente sin encontrarlas, contactó con agentes del gobierno. Estos clausuraron el vagón y buscaron en cada centímetro del mismo, pero tampoco pudieron hallar el material clasificado. A día de hoy, nadie sabe qué ocurrió con este.

Tras tener conocimiento del incidente poco después de acceder al cargo, Eisenhower se enojó mucho. Smyth, que asistió a una reunión en el Despacho Oval con el presidente, en la que se trató específicamente la violación de seguridad, informó después a Wheeler sobre la reprimenda personal que recibiría. Por fortuna, para entonces el principal trabajo sobre la bomba H en el Proyecto Matterhorn ya se había cerrado. La única tarea que le quedaba a Wheeler era completar un informe detallado de lo que él y su equipo habían conseguido. En cualquier caso, no tenía planes para seguir haciendo más investigación militar. Al contrario, había redirigido de nuevo sus esfuerzos a enseñar a los estudiantes de Princeton y a dedicarse a investigación fundamental. Por lo tanto, en último término, la reprimenda tuvo poco efecto sobre su carrera.

## Nos equivocamos

Durante los años del Proyecto Matterhorn, la experiencia de Feynman con la electrodinámica cuántica lo había hecho dudar cada vez más de la teoría del absorbedor que había desarrollado con Wheeler. No podía entender cómo explicaba resultados experimentales conocidos sobre los electrones, los positrones y otras partículas, como el desplazamiento Lamb. Había empezado a preguntarse si Wheeler sentía las mismas dudas. «Quería saber tu opinión sobre nuestra vieja teoría de la acción a distancia», escribió Feynman a Wheeler en mayo de 1951. «Se basaba en [el supuesto de que] los electrones actúan solo sobre otros electrones ... [Pero] ahí está el desplazamiento de Lamb en el hidrógeno que supuestamente se debe a la autoacción del electrón.»[20] De hecho, por aquel entonces, las contribuciones de Feynman a la electrodinámica cuántica habían dejado de lado, al menos en esencia, el concepto anterior, como una hija que adquiere y moderniza la empresa de su madre. La teoría original había servido bien a su propósito, pero estaba obsoleta y tocaba retirarla.

Mucho más tarde, en su discurso de aceptación del premio Nobel de Física de 1965, Feynman describiría cómo su encaprichamiento con la teoría del absorbedor, aunque se demostró errónea, había ayudado a motivar su trabajo más relevante. Condujo a la suma de historias, que a su vez motivaron su aproximación diagramática a la electrodinámica cuántica. Tal como Feynman contaría: «La idea [de interacciones directas entre electrones] me pareció tan evidente y tan elegante que me enamoré profundamente de ella. Y, al igual que enamorarse de una mujer, ello solo es posible si no la conoces mucho, de modo que no puedas ver sus defectos. Los fallos se harán aparentes más adelante, pero después de que el amor sea lo bastante fuerte para mantenerte unido a ella».[21]

Wheeler no renunció de manera activa a sus viejas ideas. Más bien, lo que hizo fue pasar a otra teoría absurda. En lugar de considerar las partículas, sobre todo los electrones, como fundamentales, cambió a la geometría pura y a los campos de energía. Tal como hizo el matemático William Clifford en el siglo XIX y Einstein en sus últimos años, Wheeler empezó a concebir un universo tejido por completo en el telar de las relaciones geométricas. Apenas había descendido del Matterhorn* cuando se encontró nadando en un espumoso mar de especulación cósmica.

* Juego de palabras: el Matterhorn o Cervino es una montaña de los Alpes, entre Suiza e Italia, de la que el proyecto de la bomba H tomó el nombre. (*N. del t.*)

# 6

# La vida como una ameba en un mar espumoso de posibilidades

> Podemos imaginar una ameba inteligente con una buena memoria. A medida que pasa el tiempo la ameba se divide continuamente, y cada vez las amebas resultantes poseen los mismos recuerdos que la progenitora ... Sería realmente difícil convencer a una ameba así de la situación real, a menos que la enfrentáramos a sus «otros yo». Lo mismo ocurre si se acepta la hipótesis de la función de onda universal.
>
> HUGH EVERETT III, borrador de la tesis doctoral, Universidad de Princeton

Ser normal o nada convencional, esa es la cuestión. ¿Es mejor ser regular, predecible y directo, o extraño, aleatorio y veleidoso?

La época de Eisenhower fue conocida por la conformidad. Suburbios se expandían y levantaban una hilera tras otra de casas cortadas por el mismo patrón. Intentando estar a la altura de sus vecinos, la gente acudía en manada a los grandes almacenes y adquiría el último modelo de televisor. Pero ¿qué era lo que miraban? Humoristas hilarantes, como Milton Berle, que se vestía con trajes estrafalarios, y comediantes como Sid Caesar e Imogene Coca, que actuaban de la manera más ridícula posible en las situaciones más tontas. Para ser popular, un espectáculo implicaba, al menos, una pizca de subversión.

Richard Feynman y John Wheeler eran conscientes del contraste entre los aspectos «locos» y los más convencionales de su vida. En el caso del primero, esta falta de conformismo se expresaba sobre todo en su estilo personal. Nunca quiso ser el profesor común y corriente, vestido de *tweed*, sumergido en los delicados detalles de los comités académicos y teniendo charlas triviales sobre vinos y quesos. Eso, simplemente, no encajaba con él. Bongós, bares y aventuras extravagantes era lo que le iba. Prefería tener toneladas de cuentos absurdos bajo la manga, con los que impresionar a los atentos oyentes, que actuar como un académico tradicional. Siempre que era posible, también quería que su trabajo lo divirtiera: que implicara cálculos estimulantes que se presentaran como rompecabezas. Arline hubiera querido que él continuara divirtiéndose.

Pero también comprendía de buena gana los beneficios de sentar cabeza. Esperaba que algún día pudiera gozar de una verdadera vida de familia, como aquella con la que había crecido. Tenía el mayor respeto por individuos sólidos como Wheeler, que ponía a los demás por delante y tenía unas relaciones maravillosas con su esposa e hijos, hasta donde Feynman podía decir.

En efecto, Wheeler apreciaba los beneficios de una vida tranquila. Se había cansado de saltar de un lugar a otro como una bola de *pinball*, y esperaba gozar de una existencia más calmada en el idílico Princeton ahora que el proyecto de la bomba H había finalizado. Para su vida personal, esto sería absolutamente perfecto.

Sus aspiraciones académicas eran harina de otro costal. Había conseguido un gran éxito al describir procesos y dispersión nucleares. Podría haber continuado publicando en estos campos. Hacerlo habría sido seguro, fácil. Sin embargo, su intelecto se rebelaba ante tal predictibilidad. Su mente se sentía atraída por los extremos del mundo físico. Le encantaban las rarezas cósmicas y lo que decían sobre la naturaleza.

Ambos hombres sentían que el circo de la vida estaba incompleto sin un espectáculo de bichos raros. Las experiencias extrañas excitaban a Feynman, mientras no afectaran a su carrera como físico. Aporrear exóticos tambores brasileños o africanos bien entrada la noche, recoger autoestopistas en carreteras desiertas, visitar lugares recónditos, seducir a chicas guapas en sus viajes con frases de ligue preparadas... cada una de estas cosas confería alicientes a una existencia de otro modo convencional.

Las ideas estrafalarias intrigaban a Wheeler mientras no pusieran a prueba los principios fundamentales de la física. Calificaba su enfoque de «conservadurismo radical».[1] Los extremos de cualquier teoría ofrecían la mejor prueba de su validez. Le gustaba dejar que su mente vagara hasta los límites mismos del tiempo, el espacio y la percepción. Las cosas más diminutas, los componentes más básicos del universo, las fuerzas más poderosas, todo alentaba su Cirque du Soleil del pensamiento.

Para justificar sus atrevidas expediciones a lo desconocido, Wheeler dijo una vez: «Vivimos en una isla rodeada por un mar de ignorancia. A medida que nuestra isla de conocimiento crece, también lo hace la orilla de nuestra ignorancia».[2]

Desde luego, los dos teóricos no invertían su tiempo en cualquier hipótesis; esta tenía que estar basada en hechos. La pseudociencia y lo oculto no les iban a ninguno de ellos. Feynman, en una charla muy posterior, las calificaría de «ciencia del culto de carga», que era su manera de abreviar una especie de creencia primitiva e indemostrable. La ciencia puede ser extraña, pero ha de ser definible, observable y reproducible. Wheeler estaba totalmente de acuerdo.

## La trama y la urdimbre de la historia

Lo clásico y lo cuántico ilustran el contraste absoluto entre la predictibilidad y la rareza. La mecánica clásica cartografía la vida de las partículas con tanta precisión que bien pudieran ser hombres de negocios vestidos de gris que cada día siguen la misma ruta hasta el despacho. La mecánica cuántica, en cambio, es caprichosa, y dirige las partículas en una dirección o en otra como un portero quisquilloso que vigila la entrada a un club con criterios arbitrarios. En sus presentaciones públicas, Feynman insistía en lo poco intuitiva que era realmente la física cuántica. Por ejemplo, en una serie de conferencias titulada *El carácter de la ley física*, Feynman dijo: «Creo que puedo decir con seguridad que nadie entiende la mecánica cuántica».[3]

Pero, mediante la idea de la suma de historias, Feynman armonizó de maravilla dichos extremos. Demostró de manera brillante cómo, entre todas las posibilidades peregrinas que la física cuántica podría conjurar, el principio de mínima acción obligaba a que la clásica trayectoria formal fuera la más probable. Sin embargo, si nos desviamos hasta el ámbito subatómico, cada vez se introduce en el panorama más rareza cuántica, incluidas las correcciones representadas por los diversos tipos de diagramas de Feynman.

Creyendo que la unificación de Feynman tenía mucho más sentido por sí misma que la mecánica clásica o la cuántica, Wheeler quería correr la voz. Sabía que ya había muchas mentes privilegiadas trabajando en las implicaciones de la electrodinámica cuántica. Por lo tanto, decidió tácitamente mantenerse alejado de este tema y buscar maneras de aplicar el concepto de suma de historias a otras fronteras inexploradas, como la gravitación.

El vecino de Wheeler al otro lado de la calle era un tejedor. El trabajo del telar (las acciones de trama y urdimbre) lo fascinaban. Tal como recordaba su hija Alison, le intrigaba la idea de coser la realidad a partir de los hilos de diferentes posibilidades. Empezó a considerar que la suma de historias se aplicaba al propio universo. «Mi padre hablaba de la trama y la urdimbre de la historia —contaba Alison—. Tienes las corrientes y las contracorrientes que vienen a enriquecer la historia.»[4]

Para tejer una visión así, Wheeler necesitaría aprender a usar dos telares diferentes al unísono. El primero era el de Feynman, la suma de historias, que ya conocía bien. Era nuevo, recién salido de fábrica, y estaba listo para ser usado. El segundo era el telar de Albert Einstein, la teoría general de la relatividad, que guía la manera en que se cose el tejido del espacio-tiempo. Como Einstein había construido la teoría en 1915, muchos físicos la consideraban obsoleta. Viendo su potencial, Wheeler le quitaría el polvo, lubricaría sus mecanismos y la pondría a funcionar incluso mejor que cuando era nueva.

## Una escasez de posibilidades

A finales de la década de 1940 y principios de la de 1950, prácticamente ningún investigador joven en Estados Unidos estaba interesado en la relatividad general: Peter Bergmann, que había trabajado con Einstein, había escrito uno de los pocos manuales sobre el tema; y Bryce DeWitt había leído el manual de Bergmann y deseaba poner la teoría acorde con los métodos de Julian Schwinger para la electrodinámica cuántica. Aparte de estas excepciones dispersas, la mayoría de estudiantes graduados y de jóvenes profesores no tocarían el tema ni con un palo de diez pársecs —esto es un poco exagerado, pero el lector ya capta la idea—. Casi todas las revistas de referencia como la *Physical Review*, también evitaban publicar artículos sobre el tema.

Se podría especular acerca de las razones de este ostracismo. El propio Einstein ya tenía una edad avanzada, y había pasado mucho tiempo desde que su teoría de 1915 fue noticia. Esto había ocurrido en 1919, con mediciones efectuadas durante un eclipse de sol que confirmaron una de sus predicciones. Aparte de datos obtenidos durante otros eclipses solares, no hubo nuevos resultados experimentales que inspiraran un interés continuado en el tema. Ni siquiera Einstein siguió con este, centrado como estaba en teorías de campo unificado que modificaran la relatividad general para hacer entrar el electromagnetismo en la cuestión.

La principal aplicación de la relatividad general había sido en la cosmología, el estudio del universo. Dicho tema incluía algunas soluciones bien conocidas de las ecuaciones de Einstein, que se encontraron haciendo suposiciones simplificadoras, como la uniformidad del espacio. El hallazgo clave fue el descubrimiento en 1929 por Edwin Hubble de que todas las galaxias del cosmos —excepto nuestras vecinas más próximas, que se hallan gravitatoriamente unidas a nosotros de manera más firme— se alejaban unas de otras, lo que en términos generales se interpretó como una prueba de la expansión del espacio.

Dos escuelas de pensamiento debatían qué significaba la expansión espacial. La primera, encabezada por Gueórgui Gámov y basada en las ideas de Alexander Friedmann, Georges Lemaître y otros, proponía que el universo tuvo un inicio incandescente, cuando toda su materia y energía estaban concentradas en una región minúscula. Gámov señalaba dos pruebas para ello. La primera era la expansión de Hubble. La segunda era la formación de elementos superiores, como el helio, a partir del simple hidrógeno. La mayor parte del helio que se observa en la actualidad solo pudo haberse creado durante las ardientes condiciones de un universo primitivo compacto. Las estrellas no podían haber generado suficiente helio para producir la cantidad que hay actualmente en el cosmos. Trabajando con Ralph Alpher, Gámov publicó esta hipótesis en 1948. Jugando con las tres primeras letras del alfabeto griego (alfa, beta y gamma), Gámov incluyó el nombre de Bethe entre el de Alpher y el suyo, aunque Bethe no había desempeñado ningún papel en la investigación. De ahí que, con Alpher, Bethe y Gámov como los autores listados, se la conoció como la «teoría alfa, beta, gamma».

Tres astrónomos, Fred Hoyle, Hermann Bondi y Thomas «Tommy» Gold, dirigían el bando opuesto. Hoyle dio el nombre de «Gran Estallido» (*Big Bang*) al modelo de Gámov y Alpher y ridiculizó la idea de que toda la materia y la energía del universo surgieran instantáneamente de la pura nada. En cambio, su cosmología del «Estado Estacionario» sostenía que el nuevo material tenía que salpicar de manera gradual el cosmos, en cantidades minúsculas, a lo largo de los eones. A medida que el universo se expande, la materia virgen se fusiona poco a poco en galaxias incipientes que, al final, repueblan los vacíos entre las antiguas. De ahí que el cosmos mantenga más o menos el mismo aspecto a lo largo del tiempo.

Tanto los modelos del Gran Estallido como del Estado Estacionario obedecen el principio cosmológico, que enuncia que el espacio y su material son aproximadamente uniformes en todas partes y en todas direcciones. En otras palabras, ninguna parte del universo parece diferente por completo del resto. Como resultado, son modelados en la relatividad general mediante soluciones simples de las ecuaciones de Einstein que son a la vez isotrópicas (idénticas en todas direcciones) y homogéneas (similares en todas partes). Solo un puñado de soluciones cumplen estos requisitos.

Tal como insistían Bondi y Gold, el concepto de Estado Estacionario se ajusta asimismo a lo que llamaron el «principio cosmológico perfecto». Un requisito todavía más estricto, exige que el universo, como un todo, tenga aproximadamente el mismo aspecto a lo largo del tiempo, así como a lo largo del espacio. Puesto que surgen nuevas galaxias siempre que hay huecos, una especie de colágeno cosmológico se inyecta en el universo, por lo que este envejece tan poco como Dorian Gray. Al igual que el principio cosmológico, el principio cosmológico perfecto limita la gama de posibles soluciones a las ecuaciones de Einstein.

Al ser necesaria solo una pizca de relatividad general para entender las soluciones cosmológicas y con pocas aplicaciones por lo demás, no es extraño que solo unos pocos físicos se acercaran a la relatividad general en los primeros años de la década de 1950. Muchos la veían simplemente como un «patio de recreo para matemáticos».[5] No obstante, una nueva mirada a un artículo de 1939 de Robert Oppenheimer y reflexiones acerca de los ingredientes fundamentales de la naturaleza inspiraron a Wheeler para cambiar la tendencia y ayudar a revitalizar el campo.

## Los márgenes de la relatividad general

A principios de 1952, con el Proyecto Matterhorn a toda potencia, los pensamientos de Wheeler se desviaron momentáneamente a cuestiones fundamentales acerca del universo. Al revisitar su trabajo nuclear con Niels Bohr, es probable que diera otra ojeada al número del 1 de septiembre de 1939 de la revista *Physical Review*, donde se había publicado su artículo clave. En el mismo número había otra publicación, escrita por Oppenheimer y su alumno Hartland Snyder, titulada «Contracción gravitatoria continuada», sobre una posible situación hipotética para los estados finales de las estrellas gigantes.

Resultaba extraño que Oppenheimer y Snyder hubieran predicho que, bajo determinadas circunstancias, las estrellas pesadas que hubieran gastado su combustible nuclear y que no pudieran expulsar la mayor parte de su material se colapsarían de una manera imparable. Dentro de un período finito, estos gigantes estelares implotarían en estados infinitamente densos, conocidos como «singularidades». Su energía gravitatoria sería tal que nada, ni siquiera la luz, podría escapar de pequeñas regiones esféricas situadas alrededor de sus centros. Por lo tanto, nadie en el exterior podría ver ni registrar lo que ocurriera en el interior. Posteriormente, Wheeler se referiría a dichos objetos como «agujeros negros».

Sin embargo, en este momento, Wheeler no acababa de creerse el resultado de Oppenheimer-Snyder. Pensaba que algún tipo de mecanismo —quizá un proceso cuántico u otro tipo de homogeneización— detendría el colapso antes de que se convirtiera en una singularidad. Las singularidades también parecían el inconveniente para otras teorías físicas, como la autoenergía del electrón clásico. Quizá resolver la cuestión gravitatoria revelaría algo fundamental acerca de cómo la naturaleza evita las singularidades. Para encontrar una alternativa razonable, necesitaba estudiar a fondo la relatividad general hasta haber dominado el tema.

Wheeler había descubierto que la mejor manera de aprender una materia era enseñarla. Había adquirido la costumbre de reunir meticulosos apuntes de las lecciones de cada año, lo que podría funcionar también como un recurso excelente cada vez que continuara investigando un tema. A menudo, en sus cuadernos de notas introducía algunas especulaciones entre los apuntes. Podría plantear estas preguntas a sus alumnos, considerarlas él mismo, o ambas cosas a la vez. Aprender genera enseñar, que genera más aprender, en una espiral maravillosa de saber creciente.

Wheeler pidió a su departamento que le permitiera preparar y enseñar el primer curso de todo un año en Princeton tanto sobre la relatividad especial como la general. El 6 de mayo, recibió el permiso para ofrecerlo al siguiente año académico. Celebró las noticias escribiendo «Relatividad I» en la cubierta de un cuaderno nuevo, anotando la fecha y la hora y empezando a planificar el material del curso. También puso por escrito que esperaba desarrollar un libro sobre el tema algún día, una promesa a sí mismo que cumpliría espléndidamente, años más tarde, con el texto definitivo *Gravitation*, con Charles Misner y Kip Thorne de coautores.

## Superfluidos... y un matrimonio no tan súper

Mientras tanto, Feynman se preparaba para un tipo de hito diferente: su segunda boda. Poco antes de marchar para su año sabático en Brasil, había conocido a una joven en Cornell llamada Mary Louise «Mary

Lou» Bell. Procedía del Medio Oeste rural y tenía un conocimiento enciclopédico de la historia del arte. A juzgar por las apariencias, aparte de un interés en el arte —que Feynman había desarrollado cuando empezó a salir con Arline—, no tenían mucho en común. Sin embargo, mientras estaba en Brasil y añoraba una relación real —en lugar de rollos con azafatas de vuelo—, recordó con cariño algunas de sus conversaciones más interesantes sobre reliquias antiguas y cosas por el estilo. De manera impulsiva y poco convencional, le propuso matrimonio por correo. Ella accedió a casarse con él y a vivir juntos en California del Sur. Se casaron en junio de 1952 y se instalaron en Altadena, no demasiado lejos de Pasadena, donde se encuentra Caltech. Durante la luna de miel en México, Feynman aprendió muchas cosas sobre el arte y la cultura de los mayas, incluido su concepto de tiempo cíclico, con su «rueda calendárica».

Se avecinaban otros cambios. Al separarse de Hans Bethe y del grupo de Cornell, Feynman tuvo la oportunidad de replantearse la dirección de su investigación. Aunque tenía una enorme sensación de orgullo por su trabajo en electrodinámica cuántica, albergaba dudas importantes acerca de los métodos usados en la renormalización. En algún momento sintió que el proceso necesitaba una revisión general para precisar algunos de sus aspectos arbitrarios. Mientras tanto, quizá ya era hora de hacer algo completamente diferente.

En su libro *QED*, publicado décadas más tarde, Feynman escribiría:

> El timo al que jugamos ... se llama técnicamente «renormalización». Pero con independencia de lo ingenioso que sea el título, es lo que yo llamo un proceso tonto. Tener que acudir a este tipo de abracadabra nos ha impedido demostrar que la electrodinámica cuántica es autocongruente desde el punto de vista matemático ... Sospecho que la renormalización no es matemáticamente legítima.[6]

Durante sus primeros años en Caltech, Feynman investigó superfluidos, sustancias, como el helio líquido, que nunca se solidifican, con independencia de cuánto baje la temperatura. Basando su investigación en el trabajo del físico soviético Lev Landáu, se planteó por qué la mecánica cuántica podría impedir que sistemas de este tipo redujeran su energía y se solidificaran. Su trabajo sobre superfluidez resultó fundamental para el campo emergente.

Feynman investigó asimismo la superconductividad, otro fenómeno a baja temperatura, en el que los materiales pierden su resistencia eléctrica por debajo de determinada temperatura crítica. Las corrientes, una vez están en marcha, siguen fluyendo. De modo parecido, creía Feynman, debe existir un mecanismo cuántico que las mantenga en dichos estados de flujo continuo. John Bardeen, Leo Cooper y J. Robert Schrieffer descubrirían poco después el mecanismo específico en una investigación por la que obtuvieron el premio Nobel. Feynman se sintió frustrado por no haber llegado él a la respuesta, a pesar de sus importantes contribuciones a la superfluidez.

Invitado por Wheeler, Feynman presentó una ponencia sobre la superfluidez del helio líquido en un congreso celebrado en Japón en septiembre de 1953. Le encantó aprender y practicar algunas frases en japonés. Intrigado por los rituales del país nipón, se alojó en un hotel tradicional y decidió compartir baño. De forma embarazosa, se equivocó y entró por accidente en la habitación del famoso físico Hideki Yukawa, que estaba en remojo en la bañera.

El matrimonio de Feynman se enfriaba más deprisa incluso que las frígidas teorías que él estaba explorando. Richard y Mary Lou eran completamente incompatibles. El estilo informal que lo caracterizaba no iba con ella. Le pedía que para ir al trabajo se vistiera con americana y corbata en lugar de ir en mangas de camisa como era habitual en él. Sus colegas la encontraban antipática. Ella demandaba su completa atención, incluso en las ocasiones en que él prefería retirarse a pensar. Muy pronto Feynman empezó a prestarle cada vez menos atención. Su afición a tocar bongós la volvía loca, y sus cálculos la desconcertaban muchísimo. A los pocos años, ella ya le estaba pidiendo la separación.

En su juicio por divorcio, en julio de 1956, Mary Lou daría rienda suelta a su frustración acumulada: «Empieza a trabajar en problemas de cálculo en su cabeza tan pronto como se despierta —testificó—. No puedo hablar con él porque dice que interrumpo su trabajo». Además, sus tambores hacían un «ruido terrible».[7]

El tribunal ordenó a Feynman que le abonara una cantidad de dinero, junto con pagos regulares como pensión alimenticia. Aunque se vio obligado a darle parte de sus bienes, las informaciones sobre el juicio que recogían los periódicos indicaban, con sorna, que Feynman pudo conservar sus tambores.

## EN EL TERRENO DE EINSTEIN

Wheeler impartió su primer curso, de un año de duración, sobre relatividad entre el otoño de 1952 y la primavera de 1953, centrándose este último semestre principalmente en la relatividad general. Entre lo más destacado, hubo una salida de la clase, el 16 de mayo, a la casa de Einstein en Mercer Street para tomar el té y conversar. Allí, los ocho estudiantes graduados que asistían al curso tuvieron la oportunidad sin precedentes de preguntar al inventor de la famosa teoría cualquier cuestión que se les pasara por la cabeza. El universo era el límite. Einstein cautivó a los estudiantes con sus pensamientos sobre la expansión del espacio, su crítica de la mecánica cuántica y otros asuntos. Incluso contestó a una pregunta algo morbosa acerca de qué le ocurriría a su casa después de su muerte. «Esta casa nunca se convertirá en un lugar de peregrinaje al que la gente va a ver los huesos del santo», respondió Einstein.[8]

Albert Einstein, Hideki Yukawa y John Wheeler paseando juntos por el Marquand Park, Princeton, en 1954. (*Fuente*: Fotografía de Wallace Litwin y Josef Kringold, cortesía de AIP Emilio Segrè Visual Archives, Wheeler Collection.)

Cuando estaban a punto de irse, Wheeler le preguntó a Einstein si tenía algún consejo para los jóvenes físicos en ciernes. «¿Quién soy yo para darlos?», contestó Einstein.

Al preparar sus apuntes para el curso, Wheeler acabó conociendo la relatividad general de pe a pa. Encontró una manera sucinta de describirla, que más tarde usaría en su manual clásico: «El espacio actúa sobre la materia, diciéndole cómo moverse. A su vez, la materia reacciona sobre el espacio, diciéndole cómo curvarse».[9]

En la relatividad general, la Tierra se desplaza siguiendo una trayectoria elíptica alrededor del Sol no porque haya fuerzas que actúen a distancia, sino debido a la deformación local del espacio debido a la masa del astro rey. Si el Sol desapareciera de repente, el espacio a su alrededor pronto se aplanaría debido a ondas gravitacionales que viajarían a la velocidad de la luz. Una vez que la región espacial de la Tierra quedara plana como una torta, empezaría a desplazarse en línea recta en lugar de una curva.

No se necesita masa para crear giros o muescas en el espacio. Los campos de energía lo hacen muy bien, porque en las teorías de Einstein la energía y la masa son perfectamente equivalentes. Si se coloca un poco de energía en cualquier región, esta empezará a curvarse. Incluso la energía gravitatoria, debido a ondas espaciales, podría crear su propia deformación. Por lo tanto, se podría imaginar un bucle de retroalimentación en el que las ondas generan sus propias ondas. En otras palabras, la geometría se engendra a sí misma, sin la necesidad de materia.

La relatividad general pronto se convirtió en el lienzo de Wheeler. Aspiraba a elaborar cualquier cosa en física a partir de espacios deformados y campos energéticos. Dejó de lado el concepto de «todo es partículas» y adoptó «todo es campos». Era un giro radical y completo. Antes había pensado que los campos eran una ilusión; ahora empezaba a sentir lo mismo acerca de las cosas materiales. Antaño había creído en la acción a distancia; ahora todo ocurría localmente. Ver cómo el mundo nuevo y valiente de la geometría y los campos daba resultado sería una aventura excitante.

## Una dieta de gusanos

En 1935, un artículo de Einstein y de su ayudante en el IAS, Nathan Rosen, exploraba un tipo intrigante de geometría relativista general en la que dos láminas de espacio-tiempo estaban conectadas por un pasaje estrecho, que se llegó a conocer como «puente de Einstein-Rosen». La figura que construyeron tenía un cierto parecido a un reloj de arena, en el que la parte superior era una región, la inferior otra y el cuello funcionaba como el puente que las conectaba. Einstein y Rosen intentaron usar estas construcciones geométricas como sustitutos de partículas elementales como los electrones.

Wheeler tomó el mismo tipo de estructura y la rebautizó como «agujero de gusano». La imaginó como la superficie de una manzana, que representaba el espacio convencional, con un gusano (la energía que provocaba una deformación extrema) que tragaba atajos espaciales. Los agujeros de gusano resultantes cambiaban la topología (las matemáticas de las conexiones) del espacio. Una vez aparecían estos agujeros de gusano, otros campos de energía podían taladrarlos, lo que les permitía saltar de un punto a otro como por arte de magia.

Una vez que Wheeler empezó a contemplar todas las cosas que los agujeros de gusano podían hacer, tuvo una intuición increíble. Supongamos que un grupo de líneas de campo electromagnético caen en la boca de un agujero de gusano. Parecería que convergen en un punto, imitando lo que haría una carga negativa, como un electrón. Estas líneas engullidas, después de desplazarse a través de la garganta del agujero de gusano, surgirían de una segunda boca. Parecería como si emanaran de otro punto, como si fueran emitidas por una carga puntual positiva, como un positrón. Así, el agujero de gusano parecía crear un par de cargas opuestas. La carga parecía surgir de la pura nada, un efecto que calificó de «carga sin carga».

Wheeler investigó otra estructura, un burujo autónomo de energía al que denominó «geón». Se preguntaba qué ocurriría si un campo electromagnético tuviera una forma tal (una esfera, un donut u otra configuración) que su propia gravedad lo mantuviera atascado indefinidamente. Esta masilla gravitatoria actuaría, a todos los efectos prácticos, como una partícula. Siguiendo la máxima de Einstein de que la energía y la masa son convertibles sin reservas, incluso tendría masa. Wheeler llamó a esta idea «masa sin masa».

Wheeler empezó a soñar con un nuevo tipo de física construida a partir de agujeros de gusano, geones y otros constructos geométricos, junto con campos de energía. La materia sería solo una ilusión en la ciencia naciente de la «geometrodinámica». Se dio cuenta de que necesitaría hacer muchos cálculos para ver si este nuevo modelo radical funcionaba.

Es bien conocido que la relatividad general resulta difícil de resolver de manera exacta, excepto en casos sencillos. Pero en el Proyecto Matterhorn aprendió que las técnicas de computación podrían ser útiles. Simplemente necesitaba estudiantes inteligentes —como John Toll y Kenneth Ford en su trabajo de la bomba H— para dominar las técnicas y hacer que el programa de geometrodinámica despegara. A Wheeler le esperaban paisajes nuevos y espectaculares, y estaba emocionado.

## Charlie y la fábrica de geometría

Los teóricos brillantes aparecen de higos a brevas. Cuando Wheeler conoció a Charles «Charlie» Misner, estuvo absolutamente encantado de encontrar a un estudiante graduado joven, espabilado desde el punto de vista matemático y tan apasionado como él por la relatividad general. Misner había llegado a dominar este campo en su trabajo de estudiante en Notre Dame, al tiempo que adquiría un arsenal increíble de técnicas matemáticas potentes, entre ellas la topología. Se incorporó al programa de graduados de Princeton en el semestre de otoño de 1952. Al igual que Feynman, al principio residió en la Facultad de Graduados y se familiarizó con el paseo hasta el complejo del Laboratorio Palmer. En su primer año, mientras asistía a cursos y trabajaba en un proyecto de desintegración radiactiva con el físico Arthur Wightman, se encontró varias veces con Wheeler en Palmer, y aprovechó la oportunidad para charlar con él sobre la relatividad general. En consecuencia, cuando Wheeler empezó a conjurar agujeros de gusano, geones y otras rarezas de la geometrodinámica, Misner entró en el proyecto desde el principio. Tenía el conocimiento teórico para comprenderlo de manera profunda, hecho que impresionó mucho a Wheeler. Pronto contemplaron investigar juntos hasta donde pudieran, actuando Wheeler como director de la tesis doctoral de Misner.

En sus discusiones con Misner, Wheeler desarrolló un modelo conceptual de gravedad cuántica al que denominó «espuma cuántica», conocido también como «espuma del espacio-tiempo». Imaginó un tipo de microscopio ultrapotente que aumentaba el tejido de la naturaleza y revelaba lo que ocurría a su escala más minúscula, la llamada «longitud de Planck», unos $15 \times 10^{-34}$ centímetros. Un cuatrillón de objetos de este tamaño, situados uno junto al otro, no llegarían a alcanzar la longitud de un átomo. Claramente, para distancias tan minúsculas, sería necesario que las reglas cuánticas entraran en juego. El espacio-tiempo sería «espumoso», retorciéndose al pulso de fluctuaciones cuánticas aleatorias. Surgirían de forma espontánea agujeros de gusano y otras estructuras conectadas, y se disiparían con la misma rapidez, formándose y explotando como burbujas fugaces en la espuma.

Comprender cómo la realidad clásica surgió de una espuma caótica de este tipo requeriría una especie de proceso de optimización que seleccionara el cosmos ordenado que vemos en la actualidad. Wheeler se preguntaba si una especie de suma de historias aplicada al propio espacio-tiempo conseguiría lograrlo. Entre todas las evoluciones posibles del universo, quizá los métodos de Feynman podrían identificar la que tomara la trayectoria óptima a través de un espacio abstracto que representara todas las posibilidades geométricas. El resultado sería una bonita conexión entre la gravitación clásica y la cuántica que explicaría cómo surgió el orden de fluctuaciones cuánticas aleatorias.

Los alumnos de Wheeler acostumbraban a burlarse de él por ser demasiado ambicioso. Solía admitir que en ocasiones la procrastinación lo demoraba a la hora de consumar sus visiones. Además, sus sueños lo llevaban una y otra vez a nuevos lugares. La actitud típica de Wheeler que

John Wheeler en Princeton, en 1967, explicando las diferencias entre procesos clásicos y cuánticos utilizando el método de suma de historias de Feynman. (*Fuente*: © The New York Times/Redux/Contacto.)

invitaba a estas burlas era proponer un programa ridículamente reducido para un proyecto de varias partes y de gran alcance, y solo abordar la primera antes de pasar a otro asunto. Ya vimos cómo esto fue lo que ocurrió con el primer artículo sobre el absorbedor de Wheeler-Feynman.

Con Misner, Wheeler fue también demasiado optimista. Asignó a Misner la tarea de aplicar los métodos de Feynman a la geometrodinámica para producir una teoría cuántica de la gravedad. No se tardaría mucho, insistía Wheeler, sin pensar del todo en las dificultades. «Esta idea de la suma de historias para conseguir la gravedad cuántica, probablemente la puedas resolver en seis meses», le aseguró a Misner.[10]

Este encontró fascinante el concepto de la suma de historias. Lo vio como su enseñanza esencial de que «la realidad avanza por un conocimiento de todas las posibilidades antes de que llegues a ella en la práctica».[11] No obstante, parecía que era necesario conseguir una descripción totalmente clásica (no cuántica) de las conexiones entre el electromagnetismo y la gravitación antes de poder abordar la versión cuántica.

Misner se puso a trabajar y empezó desarrollando teoremas matemáticos relacionados con la relatividad general. En aquella época, Wheeler no conocía muy bien la literatura matemática pertinente y no podía guiarlo demasiado en dicha área. Sin embargo, Peter Bergmann, que echó una ojeada al proyecto en desarrollo, le indicó qué se había hecho antes. Parte del trabajo inicial de Misner, señaló Bergmann, era similar a los resultados publicados en 1925 por el físico matemático George Rainich. Para evitar duplicar los intentos de otros, Misner decidió centrar su tesis en aplicar la suma de historias a la relatividad general, por ambicioso que ello pudiera parecer. Durante el tiempo que pasó en Princeton, haría grandes avances en la formulación del problema y en esbozar futuros pasos para desarrollar una teoría cuántica de la gravedad utilizando los métodos de Feynman. Sin embargo, acabaría por darse cuenta de que completar una teoría como esa no resultaría tan fácil. Por ello, su tesis doctoral, «Esbozo de la cuantización de Feynman de la relatividad general», ofrecería un sólido punto de partida más que una culminación.

Gracias a estudiantes excepcionales como Feynman y Misner, Wheeler empezó a verse a sí mismo como promotor de una nueva escuela de pensamiento, del mismo modo que Bohr en Copenhague. Ciertamente, tenía suficientes proyectos relacionados con la relatividad general y con lo cuántico para seguir trabajando. Esperaba que sus mejores estudiantes siguieran siendo colaboradores a largo plazo, amigos y confidentes. En efecto, muchos de sus antiguos alumnos (entre ellos Ford, Toll y otros) estarían en contacto con él mientras progresaban en su carrera, y colaboraron con él en varios proyectos académicos.

A Wheeler le gustaba tanto trabajar con pensadores jóvenes que abrió la puerta a muchos a los que otros profesores podrían considerar no convencionales. Un ejemplo típico era Peter Putnam, un estudiante interesado en la intersección de la filosofía, la psicología y la física. Era un joven extremadamente pensativo, pero tímido y solitario, que asistió como alumno a las clases de Princeton poco después de que su hermano muriera durante la segunda guerra mundial. Wheeler se sentía muy próximo a él debido a intereses filosóficos mutuos y, posteriormente, lo admitiría como estudiante de posgrado. Tenían muchas conversaciones profundas acerca del papel de la experiencia subjetiva a la hora de modelar la realidad. Sin duda, parte de su camaradería surgía de la pérdida de un hermano en la guerra. Aunque al final Putnam abandonaría la física y languidecería en la pobreza, sus intensos debates influyeron en las ideas posteriores de Wheeler sobre las conexiones entre el conocimiento consciente y el mundo cuántico.

## Los cuatro ases

En la Facultad de Graduados, Misner había adquirido un grupo de buenos amigos que compartían el amor por las matemáticas y la pasión por el póquer y el pimpón. Los cuatro jóvenes pasaron muchos buenos ratos juntos y se mantuvieron en contacto incluso después de aquellos días. Hale Trotter, de origen canadiense, se quedaría en Princeton como profesor de matemáticas y acabaría como catedrático del departamento. Harvey Arnold era un joven estadístico en ciernes. Hugh Everett III se inició en la rama de las matemáticas denominada «teoría de juegos», muy relacionada con la teoría de probabilidades. También asistió a cursos de física, incluidos los de electromagnetismo y mecánica cuántica. Para esta última, el manual era el libro clásico de John von Neumann. El sesudo cuarteto se solía reunir en la habitación de Everett, donde vaciaban copas de jerez y preparaban cócteles, practicaban diversos juegos y mantenían debates intelectuales hasta bien entrada la noche.[12]

Everett era, desde hacía tiempo, un entusiasta de las teorías de Einstein. Cuando tenía doce años le había escrito a este una carta de admiración, en la que le preguntaba qué es lo que mantiene unido el universo. Einstein le envió una respuesta breve y amistosa, en la que se reía cariñosamente de él por su obstinada curiosidad.

El septuagésimo quinto aniversario de Einstein tuvo lugar el 14 de marzo de 1954. Poco antes de la celebración, un comité encabezado por Oppenheimer se reunió para decidir el fallo del premio Albert Einstein, un galardón especial en su honor. El ganador fue Feynman, que recibió 15.000 dólares y una medalla de oro. *The New York Times* dedicó un artículo al logro de Feynman, en el que señalaba que el reconocimiento era el «máximo de su clase y solo cercano al premio Nobel».[13]

El 14 de abril, Einstein impartió una conferencia especial en Palmer como invitado del curso sobre relatividad general de Wheeler, que este enseñaba por segunda vez. Los que organizaban la charla, entre ellos Oscar Greenberg, un estudiante graduado —y posteriormente descubridor de la carga de color en la fuerza fuerte—, que presentó a Einstein, lo mantuvieron en secreto, pues temían una invasión en masa de los que solo querían ver al gran hombre. Naturalmente, Misner era conocedor de la conferencia y no se la quería perder por nada del mundo. Después recordaría que Everett también asistió.

En la conferencia, Einstein destacó su convencimiento de que si bien la mecánica cuántica había tenido un éxito enorme a la hora de predecir los resultados de un experimento tras otro, tenía lagunas lógicas. Encontraba ridículo, por ejemplo, que los observadores humanos y el proceso de medida siguieran siendo una parte integral de la teoría. Si es necesario que haya personas que desencadenen el colapso de una función de onda hasta estados que representen valores medidos concretos, se preguntaba, ¿por qué no podría hacerlo también un ratón? Todo el proceso de la medición cuántica necesitaba una reestructuración objetiva, mecánica y autoritativa.

Aunque el principal impulso de su investigación era la teoría de juegos —inspirada por su clase cuántica de primer año, por sus lecturas de Von Neumann y por la conferencia de Einstein—, Everett comenzó a pensar en las dificultades del problema de la medición cuántica. Casualmente, más o menos por aquella época, Wheeler había empezado a tantear el terreno para ver quién de los graduados estaría interesado en proyectos relacionados con la relatividad general y su cuantización.

En otoño de aquel año, Bohr pasó un semestre en residencia en el IAS para consultar con Wheeler, Oppenheimer, Eugene Wigner y otros. Trajo consigo a su joven ayudante, Aage Petersen. El 16 de noviembre dio una conferencia en la Facultad de Graduados, a la que asistieron Misner, Everett y Petersen. Una de las principales cuestiones que trató fue la teoría de la medición cuántica.

De la misma manera que Einstein no había cambiado de opinión, desde mediados de la década de 1920, en su oposición al lanzamiento cuántico de dados, Bohr no se había apartado de su interpretación única de la física cuántica: la complementariedad. Bohr destacaba que la mecánica cuántica es una especie de caja negra. Las respuestas que obtengamos de ella dependen del tipo de mediciones que realicemos. Si llevamos a cabo un experimento para comprobar las propiedades de las partículas de un sistema, obtendremos una respuesta de tipo partícula. Si pasamos a un experimento de tipo onda, aparecerá una de tipo onda. Creía que nunca se conseguiría un conocimiento completo del mundo subatómico y que siempre habría misterios cuánticos. Como si fuéramos devotos del misticismo oriental, simplemente hemos de aceptar que algunos de los enigmas de la naturaleza no tienen respuesta. La inescrutable manera de hablar de Bohr (un murmullo silencioso) hacia que sus dictámenes fueran todavía más enigmáticos.

Aunque admiraba mucho a Einstein y Bohr, la comunidad de la física cuántica había pasado mayoritariamente a interpretaciones más prácticas de la medición cuántica. La idea de Von Neumann, expresada de manera cohesiva en su manual, ofrecía la mejor expresión de lo que había acabado por conocerse como la «interpretación de Copenhague». Cuando se toma una medida cuántica, seleccionamos un parámetro físico concreto, denominado un «observable». Por ejemplo, si preparamos una manera para ubicar la situación de una partícula, la posición es el observable. Antes de la medición, el sistema cuántico consta de una combinación de posibilidades —por ejemplo, una mezcla de una determinada cantidad de un estado de posición, una determinada cantidad de otro, y así de forma sucesiva—, que se denominan una «superposición de estados». Esta amalgama evoluciona continuamente según la ecuación de Schrödinger. Sin embargo, en el instante en que se toma una medición de posición, todo cambia. El sistema se colapsa de manera aleatoria hasta uno de los estados de posición, como un castillo de cartas inestable que se viene abajo en una dirección arbitraria.

A Everett no le gustaba ninguna de las interpretaciones cuánticas existentes. Cada una de ellas le parecía arbitraria y subjetiva. Una tarde, animado por el abundante jerez, le soltó sus opiniones a Petersen, que se alojaba en la Facultad de Graduados. La física cuántica necesitaba imperiosamente una explicación objetiva, le dijo. La idea de los observables, basada en lo que se mide, parece absurda. ¿Por qué razón la elección de un experimentador humano habría de afectar a los ires y venires del mundo de las partículas?

Estudiantes graduados conversando con Niels Bohr en su visita de 1954 a Princeton. De izquierda a derecha: Charles Misner, Hale Trotter, Niels Bohr, Hugh Everett III y David Harrison. (*Fuente*: Fotografía de Alan Richards, cortesía de AIP Emilio Segrè Visual Archives.)

Petersen se sintió obligado a dar la cara por su mentor. En su opinión, la medición cuántica era algo totalmente establecido. Mientras que la complementariedad de Bohr proporcionaba los fundamentos filosóficos, interpretaciones más detalladas como la de Von Neumann mostraba con exactitud cómo calcular los resultados experimentales. Había muchísimos caminos excitantes que explorar en física. ¿Por qué reinventar la rueda poniendo en cuestión una teoría de tanto éxito como la mecánica cuántica?

Misner presenció el debate con gran interés. Habría más discusiones de este tipo a medida que avanzara el semestre. Misner podía apreciar las dos caras del argumento. Por un lado, simpatizaba con las dudas de Everett frente a la defensa dogmática que Petersen hacía de la opinión general. «Hugh creía que la interpretación de Petersen era intolerable», explicaba.[14] Misner estaba de acuerdo con Everett en que era extraño que la ecuación de Schrödinger funcionara para la evolución continua pero no para explicar la medición. «Esto parece una actitud extraña para una ley fundamental de la física», recordaba haber pensado.

Por otro lado, Misner tenía cuestiones más inmediatas que abordar. Trabajaba duro tratando de resolver la geometrodinámica, con una mirada puesta en el cuanto. Aplicar los métodos de Feynman a la gravitación, aunque planteaba desafíos, ofrecía un problema más tangible que repensar toda la teoría de la medición cuántica en alguna búsqueda quijotesca de la objetividad.

## La función de onda del universo

En su búsqueda de la gravedad cuántica, Misner y Wheeler pronto se dieron cuenta de que la elección de observables (cantidades físicas básicas a medir, el equivalente de posición, momento, energía, etcétera, en la descripción de partículas simples) no resultaba obvia. La relatividad general, en la forma original que Einstein había desarrollado, situaba en posiciones similares el espacio y el tiempo. Uno podía transformarse fácilmente en el otro, como el hielo y el agua. Sin embargo, en cualquier tipo de observación realista nos damos cuenta de cómo algo cambia espacialmente a lo largo de intervalos de tiempo concretos, como el universo que se expande a lo largo de eones. Por lo tanto, el proceso de medición separa de manera natural espacio y tiempo, lo que requiere que el bloque tetradimensional del espacio-tiempo sea tallado en segmentos tridimensionales a lo largo del tiempo. Este cortar en segmentos no puede ser arbitrario; es necesario que respete la dinámica einsteniana. Los físicos Richard «Dick» Arnowitt y Stanley Deser, junto con Misner, encontrarían la solución a este problema formidable varios años más tarde, en lo que se llamó el «formalismo ADM».

Una cuestión más filosófica separaba al observador de lo observado. Si el universo entero era el sistema que se estudiaba, ¿cómo podía tener lugar una observación independiente? Naturalmente, nadie podía abandonar el universo para mirar hacia atrás y medirlo. Por otro lado, cualquiera que se hallara dentro del universo sería parte del sistema. Ver cómo podría operar el concepto de colapso de la función de onda, sin referencia a un observador externo, resultaría problemático. Desarrollar una manera de verificar una medición cuántica sin un colapso de este tipo sería de igual modo abrumador.

Un día, Everett, que había estado pensando mucho sobre alternativas a la interpretación de Copenhague, abordó a Wheeler con una hipótesis nueva y revolucionaria: supongamos que no hubiera colapso. Supongamos que la función de onda de cada sistema cuántico, y de hecho del universo como un todo, siguiera evolucionando tranquilamente según la ecuación de Schrödinger, la ecuación de Dirac y todas las maneras continuas de describir los sistemas cuánticos. Si no hubiera colapso, no sería necesario tener observadores independientes. Por lo tanto podría definirse de manera inequívoca una función de onda del universo.

Solo hay una trampa, y es extraordinaria. Imaginemos para un sistema cuántico básico, como un átomo, que un científico hiciera una observación. Tales mediciones ocurren continuamente y, si se efectúan de forma correcta, suelen resultar en una sola respuesta, no en un conjunto de ellas. En tales casos, la observación, en el instante en el que ocurrió, en lugar de iniciar un colapso provocaría que el propio universo se bifurcara en múltiples posibilidades. Cada rama representaría un resultado diferente, una realidad alternativa, por así decirlo.

Misner estaba intrigado por la hipótesis de Everett, que había visto desarrollarse, pero al mismo tiempo dudaba de ella. Tal como recordaba: «Mi primera reacción general fue que no me gustaban las conclusiones, pero yo respetaba la capacidad de Hugh de razonar de manera lógica. Ciertamente, no me gustaba la hipótesis de Bohr».[15]

Wheeler, sin embargo, estaba entusiasmado por completo. Había estado presionando a los estudiantes graduados para lograr una manera de definir la función de onda del universo, y ahora Everett parecía tener una respuesta posible. Cuando menos, merecía que se le diera una ojeada más detenida, dada la escasez de alternativas consistentes desde el punto de vista lógico. Después de varios debates, Everett decidió desarrollar una tesis doctoral sobre el tema, con Wheeler de director.

## El problema con los geones

Mientras tanto, Wheeler continuaba jugando con agujeros de gusano y geones, en sus diversas formas, como un niño excitado con un juego de construcciones. Al estudiar los geones se había encontrado con un obstáculo serio. Quería hacer que estos fueran un componente clave del mundo de las partículas, y en sus cálculos determinó que el tamaño mínimo de un geón clásico en forma de donut sería aproximadamente del tamaño del Sol. Pero entonces tendría la masa de un millón de soles, por lo que sería difícil que cumpliera los requisitos de una partícula elemental. No obstante, siguió con el tema, pensando que el concepto era demasiado intrigante para, simplemente, abandonarlo. También era concebible que las correcciones cuánticas ayudaran a adelgazar su masa y su tamaño.

Mientras realizaba un breve viaje por Europa, Wheeler escribió a Einstein para pedirle consejo acerca de los geones. Este le indicó que tendrían que discutir el asunto cuando volviera. En octubre de 1954, tuvieron una amistosa conversación telefónica. Einstein le explicó sus hipótesis sobre los geones. Aunque era probable que constituyeran soluciones reales a sus ecuaciones de la relatividad general, probablemente eran muy inestables. Puesto que la gravitación es muy débil comparada con otras fuerzas, sería difícil reunir una configuración estable de campos de energía solo mediante su interacción gravitatoria. Los cuerpos astronómicos estables, como las estrellas y los planetas, están llenos a reventar de masa, no solo de campos amorfos. Después de que Wheeler efectuara más cálculos, determinó que Einstein había tenido razón en ambas cuestiones. Los agujeros de gusano, del tipo que él proponía, resultaban ser asimismo inestables. Cada uno de ellos se evaporaba si se sobrecargaba con materia o energía, como un neumático excesivamente hinchado que explotaba al menor contacto. Wheeler seguía insistiendo en la idea, esperando que de alguna manera pudiera encontrar soluciones estables, como ondas persistentes en un océano turbulento. Empezó a escribir un largo artículo sobre los geones.

Durante el semestre de primavera de 1955, Wheeler estaba exultante porque había de impartir un curso sobre mecánica cuántica avanzada. Como de costumbre, preparó detenidamente las lecciones. Se aseguró de incluir amplias referencias al método de la suma de historias de Feynman. Según el listado de matriculados, tanto Misner como Everett asistirían al curso como oyentes. Los dos amigos, que se habían ido del campus y compartían un apartamento, trabajaban duro en sus respectivos proyectos de tesis. Aunque la investigación de Misner conectaba mucho más estrechamente con el material del curso, Everett tuvo la oportunidad de aprender más acerca de la perspectiva de Wheeler, con la que estaba menos familiarizado.

Cuando Einstein murió el 18 de abril, Wheeler perdió a uno de sus héroes. Los dos habían intimado en los años finales del genio, en especial cuando Wheeler decidió meterse de lleno en la relatividad general. Gracias a este y a otros, el interés en este campo había empezado a aumentar:

resulta irónico que, de manera habitual, las décadas posteriores a la muerte de Einstein se consideren la edad dorada de esta materia.

En algún momento a principios de otoño, Wheeler envió a Feynman una copia anticipada de su tratado de diecisiete páginas sobre los geones. Aparentemente, quería que Feynman le echara un vistazo y pensara en maneras posibles de añadir correcciones cuánticas a la teoría. Con su esposa, Mary Lou (que pronto sería ex esposa), quejándose una y otra vez de su tamborileo, sus cálculos y cualquier otra cosa que le molestara, el que Wheeler le diera la lata con los geones tuvo que ser una grata diversión.

El 4 de octubre, Feynman le contestó con un análisis breve e improvisado de la suma de historias para una posible corrección cuántica de primer orden para los geones, parecido a lo que había hecho con el desplazamiento de Lamb.[16] Lo hizo como una especie de ejercicio mental con el que divertirse, nada convencido de que los geones realistas y estables fueran posibles (de hecho, no lo eran). Le pidió a Wheeler más pruebas del concepto.

El vistazo de Feynman al proyecto nuevo y extraño de Wheeler le hizo pensar en por qué la gravitación difiere radicalmente de las otras fuerzas. La gravedad es muchísimo más débil que el electromagnetismo, tanto que cualquier estructura construida a partir de ella tiene que ser enorme. Un átomo construido con cola gravitatoria en lugar de electromagnética tendría un contorno astronómico. Antes de pensar siquiera en cuantizar la gravitación, concluyó, hay que abordar la cuestión más profunda de por qué la debilidad de la fuerza descuella de manera tan evidente.

Feynman escribiría más tarde en un artículo sobre la gravedad cuántica: «Existe una cierta irracionalidad en cualquier obra en la gravitación ... que se muestra ... en las absurdas creaciones del profesor Wheeler y otras cosas parecidas, porque las dimensiones son muy peculiares».[17] Un ensayo de Bryce DeWitt sobre los usos prácticos de la gravitación, que recibió el primer premio de la Fundación para la Investigación de la Gravedad, en 1953, insistía en algo parecido. Cualquier dispositivo construido de forma exclusiva a partir de la fuerza gravitatoria tendría que ser por obligación de escala planetaria, debido a la debilidad relativa de la interacción. Ensamblar unas configuraciones astronómicamente grandes de este tipo quedaría fuera de nuestras capacidades presentes y requeriría una civilización mucho más avanzada.

En 1955, el adinerado industrial Agnew H. Bahnson Jr. quedó tan impresionado por el ensayo que obtuvo el premio que estableció un centro, el Instituto de Física de Campo, asociado con la Universidad de Carolina del Norte (UNC) en Chapel Hill, con DeWitt como profesor y director de investigación. Cécile DeWitt-Morette, aunque era una investigadora extraordinaria por derecho propio, fue designada para un puesto no permanente como profesora de investigación visitante. El objetivo ostensible del centro era investigar la posibilidad de tecnología de antigravedad para el vuelo, pero DeWitt amplió su misión para explorar las propiedades de la gravitación en general. Con su objetivo ampliado y debido a sus conexiones en la universidad, Wheeler, Feynman, Oppenheimer, Toll y Freeman Dyson manifestaron su apoyo para el instituto. Junto con Princeton y Syracuse (que dirigía Bergmann), se convirtió en un foco importante para el estudio de la gravitación, tanto en su versión clásica como en las especulaciones cuánticas.

La desconcertante cuestión que identificaron Feynman, DeWitt y otros (el desequilibrio en intensidad entre la gravitación y las demás fuerzas de la naturaleza) sigue sin resolverse en la actualidad. Dado que muchos físicos consideran que todas las interacciones naturales tenían la misma intensidad en el momento del Gran Estallido, la peculiar debilidad de la gravedad sigue siendo uno de los misterios más profundos de la ciencia.

## Cuando la realidad se divide

En el otoño de 1955, Everett había analizado detenidamente muchos aspectos de su idea de la función de onda universal —tal como acabó por conocerse el concepto de no colapso— y estaba listo para compartirlos con Wheeler. Así, le proporcionó a este último algunos informes breves, entre ellos uno titulado «Probabilidad en mecánica ondulatoria», que era rico en lenguaje descriptivo y analogías adecuadas.[18] Sobre la base de los comentarios de Wheeler, combinó dichos estudios en un borrador de su tesis.

A diferencia del concepto tambaleante del colapso de la función de onda, el proyecto de Everett era suave como la seda. Una medición no conduciría nunca a una discontinuidad. Más bien, la interacción entre el observador y el sistema que se mide resultaría de manera inconsútil en un determinado estado. Para tener en cuenta casos en los que una medición cuántica podría conducir a uno de varios resultados diferentes, Everett aducía que cada uno de ellos sería un estado final válido, alcanzado mediante una ramificación de la realidad. El observador también se dividiría, en diferentes versiones de sí mismo, casi idénticas, distinguidas únicamente por el resultado de la medición que cada uno contemplara. Ninguna de las copias sabría de las demás, pues vivirían el resto de su vida en ramas de tiempo diferentes por completo. Everett escribió que «tan pronto como se efectúa la observación, el estado compuesto se divide en una superposición para la cual cada elemento describe un estado diferente del objeto-sistema y un observador con un conocimiento (diferente) de ello. Solo la totalidad de estos estados del observador, con su conocimiento diverso, contiene información completa acerca del estado del objeto-sistema; pero no hay comunicación posible entre los observadores descritos por esos estados separados».[19]

Tómese, por ejemplo, el famoso enigma descrito por Erwin Schrödinger en el que se coloca un gato en una caja cerrada con un vial de veneno, un contador Geiger y una muestra radiactiva que tiene el 50% de probabilidades de desintegrarse en un tiempo dado. El sistema está montado de tal manera que si el contador Geiger registra desintegración, el vial se rompe, el veneno se libera y el gato muere. En cambio, si no se dispara el contador Geiger, el vial permanece intacto y el felino se salva. Para destacar lo absurdo de la interpretación de Copenhague, Schrödinger argumentaba que el gato se hallaría en una superposición de muerto y vivo, como un zombi, hasta que se abriera la caja y un observador midiera el sistema.

La interpretación de Everett efectuaba una predicción completamente diferente. Una vez que el sistema estaba preparado de manera que el destino del gato se hallara enmarañado con el de la muestra, la realidad se bifurcaría. En una rama, la muestra se desintegraría, el contador chasquearía, el gato se envenenaría y el observador lloraría. En la otra, el gato viviría y el observador se alegraría. Las versiones feliz y triste del científico, replicadas (excepto por el resultado experimental) en el momento de la medición, no sabrían nada la una de la otra y no tendrían la posibilidad de comparar sus notas. Vivirían en dos ramas alternativas ligeramente diferentes de la realidad, separadas en un reino abstracto de todas las posibilidades. No habría un topetazo cuando la realidad se dividiera, de modo que ninguna encontraría nada inusual. Sin ningún colapso de la función de onda, continuaría fluyendo con la regularidad de un río que se divide en dos.

Aunque a Wheeler le gustaba la idea de una función de onda universal y el enfoque general de Everett para evitar el colapso, en este punto se sentía incómodo con las referencias a la experiencia de la realidad de los observadores. En aquel momento creía que la conciencia no era la provincia de la física, aunque sus opiniones sobre esta cuestión se harían más flexibles a medida que se hiciera mayor. Como no quería que la obra de Everett irritara a los otros miembros del comité de defensa de la tesis, eliminó cualquier referencia a división, percepción, etcétera. Wheeler tampoco quería alarmar a Bohr, del que esperaba que apreciara el trabajo. Para que Bohr lo comprendiera y pensara que suponía un paso adelante, Everett tendría que andar con pies de plomo.

Por ejemplo, una brillante analogía de Everett sobre amebas que se dividían en dos terminó en el suelo de la sala de montaje. Everett imaginaba un organismo unicelular inteligente que se dividía, y que cada copia pensaba que era el original. Algo parecido a esto podía estar ocurriendo en la medición cuántica todo el tiempo y, como la ameba, cada versión creería que es única. Wheeler encontró que la metáfora induciría a error (los experimentadores no son amebas) y la suprimió.

A pesar de que Wheeler revisó a fondo la obra de Everett, Bohr se mostró del todo indiferente. Bohr y Petersen no veían ningún problema con la interpretación existente de la medición cuántica. Lo que sabemos, creían, se basa en los métodos concretos del medidor, como su elección de aparato, y los resultados que obtiene al efectuar determinados experimentos. A partir de esto, podríamos intentar inferir cómo tuvo que haber sido el estado cuántico para producir tales mediciones. La idea de que sabemos lo suficiente acerca del estado cuántico para extraer conclusiones de sus efectos sobre y por el experimentador parecía audaz, pero injustificada e innecesaria.

## A través de las ondas

Desde enero a septiembre de 1956, Wheeler disfrutó de unos meses sabáticos de investigación como profesor visitante Lorenz en la ciudad neerlandesa de Leiden. De los miembros de su familia se llevó consigo solo a Janette y Alison, pues Letitia y Jamie ya habían empezado el instituto. Tres de sus alumnos graduados se unieron también a él: Misner, Putnam y otro joven estadounidense, Joseph «Joe» Weber. Weber estaba interesado en explorar las propiedades de las ondas gravitatorias: rizos en el tejido del espacio-tiempo que emanan de cuerpos voluminosos y fluctuantes (por ejemplo, estrellas que se colapsan) como ondas sonoras emitidas de los diafragmas vibrantes de altavoces. Everett, que todavía no había defendido su tesis, decidió no unirse a ellos.

Wheeler se dirigió a Copenhague en mayo y se reunió con Bohr y Petersen para intentar convencerles de los méritos de la hipótesis de Everett. Necesitaba el concepto de la función de onda universal para eliminar los observadores externos y permitir la descripción de todo el universo en lenguaje cuántico. No había otra alternativa razonable. Era evidente que no había científico mortal que pudiera subirse a una nave espacial, viajar más allá del universo, observarlo y hacer que su función de onda se colapsara, solo para obtener una medición.

Wheeler animó a Everett a unirse a sus discusiones en Copenhague. En cambio, Everett se estaba preparando para un trabajo estival no académico en el Pentágono. Bohr y Petersen no cambiaban de opinión en su oposición al concepto, lo que hizo que Wheeler apremiara a Everett para que revisara más su tesis antes de recibir su doctorado. Al final, la disertación estuvo tan descafeinada y anodina que pocos que no comprendieran ya la idea de Everett podían desentrañar qué es lo que intentaba decir. Desanimado, Everett abandonó la academia para dedicarse a una carrera de investigación militar. (En 1959, tomándose una pausa en su trabajo, viajaría finalmente a Copenhague, pero de nuevo Bohr no quiso cambiar su posición.)

Joe Weber era otro soñador que admiraba la actitud receptiva de Wheeler a las ideas no convencionales. Su fervor por las ondas gravitatorias tiró de este en otra nueva dirección. Einstein había predicho estos pliegues en el tejido de la realidad en uno de sus primeros artículos sobre la relatividad general. Vaciló en su apoyo antes de adoptar de nuevo el concepto en un artículo de 1936 con Nathan Rosen.

Weber calculó el impacto de estas ondas en la Tierra y llegó a la conclusión de que los efectos serían leves. No obstante, quizá un detector lo bastante sensible podría captar las ondas procedentes de una catástrofe estelar, como una explosión colosal de una supernova que señalara el final de la vida de una estrella gigante. Si la explosión de energía inicial fuera lo bastante grande, quizá las ondas podrían notarse todavía a millares de billones de kilómetros de distancia.

La perspectiva de detectar ondas gravitatorias fascinaba a Weber y moldeó su carrera durante muchas décadas. En la Universidad de Maryland, diseñó un aparato del tamaño de una habitación, llamado «bar de Weber», para intentar captar las señales más débiles. Aunque informó de la evidencia de tales ondas, otros no pudieron reproducir sus resultados, pues se necesitaría un detector mucho mayor y más sensible: el Observatorio de Ondas Gravitatorias por Interferometría Láser (LIGO, por sus siglas en inglés), que tuvo éxito por primera vez en septiembre de 2015 (se anunció a principios de 2016), al detectar rizos producidos por un par distante de agujeros negros, que se dirigían en espiral uno contra otro en sus últimos estertores. Otro de los estudiantes de Wheeler, Kip Thorne, que acabó siendo profesor en Caltech, fue uno de los fundadores y el director de dicho proyecto.

Sin embargo, a mediados de la década de 1950, cuando Weber estudiaba con Wheeler, las ondas gravitatorias eran un tema controvertido. En una celebración en 1955 en Berna, Suiza, del quincuagésimo aniversario de la relatividad especial, Rosen dijo que no transportan energía. Basaba su idea en cálculos que demostraban que la energía gravitatoria ha de hallarse agrupada en la cercanía de estrellas y de otros objetos voluminosos, no en el espacio vacío. En un congreso que se celebró dos años después en Chapel Hill, Feynman ofreció una sencilla línea de razonamiento para explicar que las ondas gravitatorias han de tener energía, que se conoció como el «argumento de las cuentas pegajosas».

## Cuentas pegajosas

En septiembre de 1957, los DeWitt (con Cécile como fuerza impulsora) organizaron un gran congreso internacional dedicado a la relatividad general, el primero celebrado en Estados Unidos. Patrocinado por el Instituto de Física de Campo de la UNC en Chapel Hill y financiado por Bahnson, fue tan importante que se lo conoció simplemente como GR1. Tal como recordaba Bryce DeWitt, «fue un congreso al que se asistía únicamente por invitación. Las personas que vinieron, entre otros, eran John Wheeler, Léon Rosenfeld, Tommy Gold, Fred Hoyle y Richard Feynman. Fue un congreso fabuloso».[20]

Wheeler acudió con varios de sus alumnos, entre ellos Misner y Weber, cada uno de los cuales hizo una comunicación. Aunque Everett no asistió, Wheeler envió a DeWitt una copia de la versión, drásticamente recortada, de su tesis, con el título anodino de «Formulación de "estado relativo" de la mecánica cuántica», para su inclusión en las actas del congreso, junto con un segundo artículo que resumía la parte de Wheeler en ella. También se incluían ocho contribuciones de este último y sus alumnos, lo que suponía más de la tercera parte del total de comunicaciones. Otros asistentes al congreso se burlaron educadamente de él por haberse «apoderado» del evento.

Feynman accedió a asistir al congreso como una especie de forastero que, aunque no era experto en gravitación, podría decir a los participantes si sus ideas tenían algún sentido. Cuando llegó al aeropuerto de Raleigh-Durham en el segundo día del congreso, se acercó a una parada de taxis y pidió que lo llevaran hasta la Universidad de Carolina del Norte.[21] Pero como la Universidad Estatal de Carolina del Norte se encuentra en la misma región, el taxista no estaba seguro de si quería ir allí o a Chapel Hill. Feynman tampoco lo sabía, pero tuvo una idea. Preguntó a la central si el día anterior había habido muchas solicitudes por parte de un grupo de personas distraídas que murmuraban «G-mu-nu» (un término de la relatividad general). El operador supo exactamente de inmediato de qué estaba hablando, y ordenó a un taxista que condujera a Feynman directamente a Chapel Hill.

Cuando Feynman llegó al congreso, decidió burlarse de Wheeler por su último proyecto alocado. Tal como recordaba DeWitt, «Feynman apareció y dijo, "Hola, Geón". Le llamó Geón Wheeler».[22]

Feynman no era el único que dudaba de los geones. «Nadie creía en ello —dijo DeWitt—. Pero Wheeler intentaba hacer lo mismo que yo. Intentaba arrastrar la relatividad general de vuelta a la corriente principal de la física. Adoptaba una aproximación de ingeniero. Simplemente, intentaba tomar esta cosa matemática esotérica y hacer de ella algo que se pudiera agarrar y que se pudiera hablar de ella de una manera física».[23]

Además de los geones, Wheeler presentó en el GR1 un cajón de sastre de rarezas relacionadas con la geometrodinámica, que destacaban la idea de los agujeros de gusano y la espumosidad del espacio-tiempo a su escala más diminuta. Introdujo una ingeniosa metáfora acerca de que la experiencia humana del espacio-tiempo es como un océano visto desde un avión, uniforme y calmado. Pero si pudiéramos descender hasta el nivel del mar, aducía, podría parecer turbulento y espumoso. De manera similar, el espacio-tiempo y la escala de Planck bien pudieran estar burbujeando con interconexiones efímeras como miniagujeros de gusano transitorios.

Un punto clave de la discusión en el congreso fue si el espacio vacío podría transmitir energía en forma de ondas gravitatorias. Los participantes aportaron argumentos previos en contra de dicha posibilidad, como la afirmación de Rosen de que estas tienen cero energía. Sin embargo, después de los comentarios de Feynman sobre la necesidad de cuantizar la gravitación, Léon Rosenfeld indicó que aplicar métodos cuánticos a la gravedad requeriría una descripción completa de la radiación gravitatoria, análoga a la que se tenía para las ondas electromagnéticas. De otro modo, los científicos no tendrían una pista para saber por dónde empezar. Por lo tanto, sería mejor que las ondas gravitatorias existieran, o bien la gravedad cuántica nunca despegaría del suelo.

Después de reflexionar intensamente sobre la cuestión, Feynman pensó en una refutación sencilla de la conclusión negativa de Rosen. Imaginemos dos masas situadas cerca una de la otra, pero sin tocarse, que son libres de moverse, como las cuentas de un ábaco. Están conectadas al mismo palo, la primera firmemente y la segunda libre de deslizarse a lo largo del mismo. Ahora imaginemos una onda gravitatoria que pasa por esta parte del espacio y que sacude las masas. La segunda masa se frotará contra el palo, creando calor debido a la fricción en el proceso. Dado que, debido a las leyes de la conservación, la energía necesita proceder de algún lugar, es evidente que se había transmitido a través de la onda gravitatoria. Ergo, las ondas gravitatorias han de transmitir energía.

Si Feynman hubiera estado vivo en 2015, es indudable que se habría mostrado exultante al ver su intuición confirmada por el descubrimiento del LIGO de ondas gravitatorias. Su vida se superpuso durante unos pocos años con el programa. Thorne fue cofundador del proyecto en 1984, junto con Rainer Weiss y Ronald Drever, y vio cómo tenía éxito después de muchas décadas de planificación. De manera apropiada, el título académico de Thorne en el momento del descubrimiento era profesor Feynman de física teórica, emérito, en Caltech.

## La interpretación de los muchos mundos

Después del congreso de Chapel Hill, DeWitt se encargó de la tarea de editar un volumen de *Reviews of Modern Physics* dedicado a sus comunicaciones y discusiones. Puesto que Everett no había asistido y su obra no se había debatido, la inclusión de su artículo (que Wheeler había presentado junto con un análisis) fue un cierto misterio. El título parecía encajar bien con la parte cuántica de la conferencia, pero no tanto con su tema de gravitación, excepto por la idea general de una función de onda universal (descripciones cuánticas sin colapso). No obstante, como tenía el respaldo de Wheeler, DeWitt lo leyó muy detenidamente. Aunque al principio «estaba contentísimo» de que alguien hubiera aportado algo nuevo a la medición cuántica, cada vez se sintió más alarmado por sus referencias displicentes a observadores que participaban en una bifurcación de estados cuánticos. «Me sentí tan anonadado que me senté y escribí ... [una larga] carta a Everett, alternativamente elogiándolo y maldiciéndolo —recordaba DeWitt—. Mis maldiciones consistían en gran parte en citas de Heisenberg en relación a "la transición desde lo posible a lo real" e insistía en el hecho de que "no me siento dividido".»[24]

Everett le mandó una respuesta breve. En ella tuvo la oportunidad de reintroducir, en una nota a pie de página, algo de la explicación sobre la división que Wheeler había cercenado del artículo. Explicaba cómo, después de una medición cuántica, cada copia del observador piensa que su versión de la realidad es la genuina, y también señalaba el hecho de que si no percibes algo no significa que no esté ocurriendo. Les pedía a los lectores (y a DeWitt) que recordaran que los anticopernicanos en la época de Galileo aducían de forma falaz que la Tierra no giraba alrededor del Sol porque nadie notaba que se moviera. Sorprendiéndose por la ingeniosa réplica de Everett, DeWitt exclamó: «Touché!».

La hipótesis de Everett siguió siendo poco conocida hasta 1970, cuando DeWitt escribió una descripción popular de la misma para *Physics Today*. La rebautizó como la «interpretación de los muchos mundos» (MWI) de la mecánica cuántica, que ciertamente era un nombre mucho más descriptivo que «estado relativo». El artículo fue muy debatido, y transmitió el concepto a una audiencia mucho mayor.

DeWitt también decidió, con el permiso de Everett, publicar un libro erudito sobre la MWI. Everett contribuyó al volumen al enviarle una copia arrugada de un borrador inicial de su tesis, antes de que Wheeler lo pusiera en el tajo. A partir de este prototipo, DeWitt obtuvo una imagen mucho más clara del concepto.

Durante el resto de su carrera, DeWitt fue el más ferviente defensor y divulgador de la MWI, destacando cómo cualquier descripción cuántica del universo no podía tener observadores externos. Por lo tanto, la MWI era la única hipótesis existente. No obstante, podía ver claramente por qué otros dudaban de la idea de que la realidad se dividiera de manera incesante en un sinnúmero de copias. Gracias en parte a la defensa de DeWitt y a posteriores mejoras por físicos respetados, como David Deutsch, que hizo investigación posdoctoral dirigido por él y Wheeler, la MWI se ha convertido en una alternativa respetable —al menos en algunos círculos— a la interpretación de Copenhague.

Wheeler tenía sentimientos encontrados acerca de la MWI. En realidad, consideraba que había muchas cosas dignas de ser apreciadas en la función de onda universal, pero se sentía muy incómodo con términos tales como «muchos mundos», «universos paralelos» y «división». ¿Por qué incorporar más de un universo?

Feynman ignoró en gran parte la interpretación de los muchos mundos. Uno de sus pocos comentarios sobre ella lo hizo en la reunión de Chapel Hill, tras una presentación de Deser. Después de que Wheeler mencionara la posibilidad de que la noción de Everett de una función de onda universal podría ser más fácil de aplicar a la gravitación que las técnicas estándares de la electrodinámica cuántica, Feynman respondió: «El concepto de una "función de onda universal" tiene dificultades conceptuales serias. Ello es así puesto que dicha función ha de contener amplitudes para todos los mundos posibles en función de todas las posibilidades de mecánica cuántica en el pasado, y así uno se ve obligado a creer en la realidad igual de una infinidad de mundos posibles».[25]

Tal como Dyson señalaría más tarde, «para Feynman la filosofía no tenía sentido y no le agradaba ninguna de las interpretaciones filosóficas de la mecánica cuántica. Dijo que la teoría es clara y simple si no está oscurecida por la niebla filosófica. El objetivo de la teoría es describir la naturaleza, no explicar la naturaleza».[26] Dyson pensaba también que la MWI tenía poco valor; dijo: «No recuerdo cuando oí por primera vez la interpretación de Everett. Nunca me gustó y consideré que discutirla era una estúpida pérdida de tiempo. Utilizando las palabras de [Wolfgang] Pauli, yo diría que "ni tan solo era errónea"».[27]

Tanto la suma de historias como la MWI postulan hebras paralelas de realidad: verdaderos laberintos del tiempo. Pero, mientras que la primera se ha convertido en un medio aceptado de describir la física de partículas, la segunda sigue siendo polémica. Se podría pensar que los universos paralelos son todos lo mismo, pero las dos aproximaciones tienen diferencias filosóficas clave. En la suma de historias, al realizar una medición cuántica, experimentamos una mezcla de varias trayectorias a través del espacio-tiempo, que realizan las partículas en un ámbito abstracto de posibilidades. Sin embargo, la mezcla no puede separarse en segmentos diferentes observables físicamente. Siempre hay solo un universo y una realidad clásica.

La MWI, en cambio, hace que la división sea real. El mundo que nos rodea (incluido nuestro propio ser) se divide de manera repetida en una red creciente de cronologías. Al igual que en *El jardín de senderos que se bifurcan* de Jorge Luis Borges, en una rama, dos personas podrían ser amigos íntimos y, en otra, enemigos mortales. Quizá en algún giro del destino, en algún universo paralelo chiflado, Feynman actuaría en la película *Con faldas y a lo loco* con Marilyn Monroe, aporreando los tambores en las diversas escenas de la banda de jazz, mientras que los profesores Jack Lemmon y Tony Curtis presentaban una comunicación académica en Chapel Hill. Seguro que a Feynman esto le hubiera encantado.

Estas realidades alternativas parecen demasiado «de ciencia ficción» para muchos físicos inflexibles. Incluso para alguien como Wheeler, al que le encantaban las «ideas locas», pensar en conductos a universos paralelos reales era demasiado. Para él, las afirmaciones indemostrables estaban más próximas a credos religiosos y no representaban la física auténtica. Era como soñar de noche para después despertarse con la luz de la mañana.

## 7

# La flecha del tiempo y el misterioso Señor X

> Si dejamos caer un huevo en la acera, se rompe y salpica en todas direcciones. En cambio, si viéramos la mancha de huevo en la acera, no esperaríamos que se aglutinara para formar un huevo completo y que volviera a nuestra mano. De modo que tendría que ser obvio que las leyes de la naturaleza serían diferentes si invirtiéramos la dirección del tiempo.
>
> RICHARD P. FEYNMAN, notas para el programa «About Time», *The Quotable Feynman*

> Tiempo. ¿Por qué existe una cosa como el tiempo? ¿Por qué tendría que ser unidimensional? El tiempo no puede ser fundamental. Las ideas de «antes» y «después» no funcionan a distancias muy pequeñas. No funcionan en el Big Bang.
>
> JOHN A. WHEELER, citado en Jeremy Bernstein, «What Happens at the End of Things?»

Existe una asimetría marcada entre nuestros recuerdos y nuestras aspiraciones, nuestras reflexiones sobre el pasado y nuestras esperanzas para el futuro. Quizá esto sea para bien. Si pudiéramos «recordar» el futuro, podríamos tener dificultades en lanzarnos a una relación o a un proyecto creativo si supiéramos por adelantado que terminaría en fracaso. Si Richard Feynman hubiera tenido una bola de cristal en 1952, se habría dado cuenta desde el principio de que su matrimonio con Mary Lou estaba condenado al fracaso. Podría no haber trabajado en superconductividad si hubiera sabido que otros (John Bardeen, Leon Cooper y J. Robert Schrieffer) identificarían las principales características de su descripción teórica, aunque Feynman generó importantes intuiciones acerca de la superconductividad e hizo contribuciones significativas en su campo hermano, el de la superfluidez. De forma parecida, si John Wheeler hubiera podido observar detenidamente el futuro, habría evitado llevar un documento clasificado a bordo de un tren. Habría prestado poca atención a los geones, al saber por adelantado que demostrarían ser inestables e indefendibles como partículas, y que permanecerían como artefactos teóricos que finalmente se desvanecerían en la oscuridad.

Tanto los triunfos como los tropiezos nos suelen sorprender. En 1957, Feynman y Wheeler no tenían manera de saber que la década siguiente se demostraría en general fructífera y feliz para cada uno de ellos (con la excepción de la muerte de la madre de Wheeler en 1960). Feynman conseguiría finalmente un matrimonio próspero, experimentaría la alegría de tener hijos, desarrollaría la aclamada serie educativa «The Feynman Lectures on Physics», descubriría características básicas de las partículas elementales y de las fuerzas de la naturaleza, y haría recomendaciones clave que ayudarían a impulsar el campo de la nanotecnología, por no mencionar el hecho de que recibió el premio Nobel por sus primeras contribuciones a la electrodinámica cuántica. Wheeler experimentaría el placer de ver casados a sus hijos; la felicidad de convertirse en abuelo; el honor de recibir los premios Enrico Fermi, Franklin y Albert Einstein; y la satisfacción de convertirse en una autoridad respetada en el campo del colapso gravitatorio de las estrellas, al desarrollar y promover la idea de los agujeros negros.

A diferencia de los humanos, las partículas elementales, desde luego, no tienen manera de comprender su pasado ni su futuro. Si pudieran, de alguna manera, ¿acaso notarían la diferencia? Hasta los primeros años de la década de 1960, la mayoría de físicos creían (aparte de los procesos de medición en los que intervenían humanos) que todas las interacciones entre partículas elementales eran completamente reversibles en el tiempo. Filmad una interacción entre partículas, proyectad el vídeo al revés y la versión invertida será tan común y tan creíble como la imagen en la filmación hacia delante en el tiempo. Posteriormente, un notable descubrimiento en 1964 por James Cronin y Val Fitch, que trabajaban en Princeton, probó que incluso los cuerpos subatómicos podrían, en algunos casos, presentar una distinción entre pasado y futuro.

Cronin y Fitch demostraron que la simetría de la inversión temporal no es una característica universal del mundo de las partículas. Más bien, para algunos procesos, existe una flecha del tiempo de una sola dirección.

## Reflexionando sobre la reflexión

Para apreciar el descubrimiento de Cronin y Fitch, hemos de comprender el concepto de simetría en la física de partículas. Algunas simetrías son continuas, como la invariancia bajo la rotación. Hagamos girar un átomo de hidrógeno en su estado básico (el nivel más bajo de energía), y sus propiedades físicas medidas serán las mismas. La simetría traslacional (movimiento a través del espacio) también es continua: empujemos este mismo átomo un poco a través del espacio vacío y, de forma similar, seguirá siendo el mismo.

Otros tipos de simetría son discretos, e implican un cambio entre un conjunto finito de configuraciones. La simetría de conjugación de carga (cambio de signo), denominada *C*, es un ejemplo. Si cambiamos una partícula de positiva a negativa y no cambia nada más, la simetría *C* se mantiene. Otro ejemplo es la simetría de invariancia de paridad, denominada *P*. La transformación de paridad significa reflejo en un espejo. Matemáticamente, implica invertir el signo de una o más coordenadas espaciales, de positivo a negativo, o a la inversa. Si la simetría *P* se mantiene, cambiar la dirección de una interacción a su imagen especular no afecta al resultado.

Imagine el lector que trabaja para un centro de reciclaje. Alguien le pasa un guante de papel para que sea transformado en pasta. Al lector no le importa si el guante es de la mano izquierda o de la mano derecha; tanto da. La simetría *P* se mantiene. En cambio, si en un partido de béisbol el lector es un receptor diestro y se le da un guante de la mano izquierda, casi con toda seguridad lo cambiará. En este caso, la simetría *P* no se mantiene.

La diferencia entre lateralidad izquierda y lateralidad derecha se denomina «quiralidad». Muchas cosas familiares (guantes, zapatos, conchas, puertas, etcétera) tienen una determinada lateralidad. En la simetría *P*, cambiar la quiralidad no afecta al resultado.

La simetría de inversión temporal, o *T*, es todavía otra simetría discreta, que tiene dos opciones: hacia delante o hacia atrás en el tiempo. Golpear a la vez dos bolas de billar para crear una colisión perfectamente elástica es un ejemplo excelente de un caso en el que la simetría *T* parece cumplirse. El crecimiento de un bebé hasta llegar a adulto es uno de los tropecientos contraejemplos en el mundo natural. Por supuesto, un video del desarrollo humano tiene un aspecto notablemente diferente si se proyecta hacia delante o hacia atrás en el tiempo: un caso de violación de la simetría *T* a una escala mundana.

Por último, existen cuasisimetrías, en las que un cambio produce una ligera diferencia. Protones y neutrones tienen casi la misma masa, que obedece a una cuasisimetría denominada «isoespín». A veces las cuasisimetrías nos informan acerca de conexiones entre partículas. En el caso de protones y neutrones, resulta que ambos están formados por subconstituyentes denominados «cuarks» y «gluones».

Los diagramas de Feynman, con ejes perpendiculares que corresponden al espacio y al tiempo, junto con líneas y garabatos que trazan las trayectorias típicas de las partículas, ofrecen unos medios espectaculares de explorar diversas simetrías. Se les puede usar para demostrar cómo una combinación de simetrías *C, P* y *T* ha de permanecer invariante para todas las interacciones conocidas entre partículas. Por ejemplo, tomemos un electrón que se desplaza hacia la derecha. Cambiemos su carga, y se transforma en un positrón que se desplaza hacia la derecha. Reflejémoslo en el espejo, y se convierte en un positrón que se desplaza hacia la izquierda. Invirtamos ahora la dirección del tiempo, y se transforma en un positrón que se desplaza hacia la izquierda a la vez que viaja hacia atrás en el tiempo. Sobre la base del concepto de positrones de Feynman y Wheeler, representamos esto cambiando la flecha direccional en el diagrama, lo que resulta en un electrón que se desplaza hacia la derecha a la vez que se mueve hacia delante en el tiempo. Hemos dado una vuelta completa, y hemos demostrado que la combinación mágica de *CPT* es igual a ningún cambio en absoluto.

Otra manera de decirlo es que efectuar cualquier par de estas transformaciones combinadas es lo mismo que efectuar la tercera. La combinación de *CP*, por ejemplo, es equivalente a *T*. Si *CP* es invariante, también lo es *T*. Si se viola *CP, T* es también violada.

Para las interacciones electromagnéticas, cada una de las tres transformaciones es invariante. Podemos observarlo midiendo la fuerza repulsiva entre dos electrones, uno a la izquierda y el otro a la derecha, y aplicando cualquiera de las transformaciones. Si se aplica *C*, las dos cargas cambian a positivo, y la fuerza es la misma. Si se aplica *P*, izquierda y derecha se intercambian y la fuerza es la misma. Si ahora hacemos correr la interacción hacia atrás en el tiempo, *T*, la fuerza es la misma. Tranquilizador, pero aburrido.

Más interesante es la interacción débil, implicada en muchas formas de desintegración radiactiva. Los modelos iniciales de esta fuerza suponían también las tres invariancias. Sin embargo, en 1956, los físicos C. N. Yang y T. D. Lee postularon que determinados tipos de desintegración del kaón (mesón K) demostraban una violación de la simetría de paridad. La interacción débil, aducían, poseía un sesgo entre determinados procesos y sus imágenes especulares, como el desequilibrio entre el porcentaje de personas diestras y zurdas. El experimentalista C. S. Wu confirmó de manera espléndida su hipótesis, lo que conllevó el premio Nobel al año siguiente para Yang y Lee.

## Un lanzamiento con la izquierda

Feynman colaboraba rara vez, pues disfrutaba con la diversión de trabajar las cosas por su cuenta. Asimismo, cualquier colaborador tendría que respetar sus cambios de humor. Aunque por lo general era optimista y enérgico, algunos días simplemente quería que se le dejara solo. Si en tal ocasión alguien entraba en su despacho, Feynman podía pedirle bruscamente que se fuera. También era tajante en sus opiniones. Si una idea no le importaba, podía decir que era tonta o estúpida; si no estaba interesado en ella, podía hacer ver que se quedaba dormido. Si se le daba un artículo, a menos que captara inmediatamente su atención (como en el caso del de Wheeler sobre el geón), por lo general lo dejaba sin leer. Feynman creía que era mejor ser honesto que perder un tiempo precioso andándose con rodeos.

No obstante, una de las contribuciones más importantes de Feynman fue colaborativa, en un cierto sentido, con uno de sus colegas de Caltech, Murray Gell-Mann, un físico brillante por derecho propio. Cada uno de ellos trabajaba para rehacer la interacción débil de una manera que tuviera en cuenta la violación de paridad. Debido a que desarrollaron mecanismos similares y eran de la misma institución, decidieron combinar fuerzas y escribir un artículo conjunto.

Una de las motivaciones de Feynman para intentar abordar un nuevo campo de estudio fue una sensación de desazón sobre sus logros en física. Su teoría de la necesidad de renormalización de la electrodinámica cuántica había hecho que esta pareciera sospechosa e incompleta desde el punto de vista matemático. A pesar de los elogios universales por el asombroso poder predictivo de dicha teoría, rechazó la renormalización como un «medio de poner un gran problema bajo la alfombra».[1] El fracaso a la hora de desentrañar la clave de la superconductividad también había sido frustrante.

La interacción débil parecía un objetivo prometedor. Aparte de los esfuerzos iniciales de Enrico Fermi, permanecía en gran parte inexplorada y madura para descubrimientos importantes. Feynman siempre había querido ir más allá de la electrodinámica, y la interacción débil ofrecía un terreno ideal para la investigación. En el verano de 1957, se le ocurrió que una combinación de interacciones de vector (V) y vector axial (A) produciría un modelo de violación de la paridad que no obstante conservara otras cantidades físicas como la carga. La diferencia entre un vector y un vector axial implica una inversión en la dirección que este último adquiere durante las reflexiones.

Para ver la diferencia, póngase el lector ante un espejo, sonría, extienda la mano izquierda y haga una señal de aprobación con el pulgar hacia arriba. Si su reflejo sonríe de manera parecida y hace una señal de aprobación con lo que parece su mano derecha, entonces el pulgar del lector representa un vector. Si el pulgar, tal como se ve en el espejo, de alguna manera se dirige hacia abajo, aunque los dedos se cierren de la manera esperada, representa un vector axial. Extrañamente, parecería que la reflexión de la mano izquierda del lector en el espejo se halla donde debiera estar su mano derecha y que se ve obligada a dirigir el pulgar hacia abajo debido a la manera en que sus dedos se cerraban.

Feynman encontró que la combinación de las dos situaciones, V-A, conducía a la propiedad asombrosa de que los neutrinos siempre son zurdos, lo que quiere decir que el espín de un neutrino (espín arriba o espín abajo) siempre se alinea en la dirección opuesta a su movimiento. Sería como si todos los balones de fútbol lanzados al aire giraran en el sentido de las manecillas del reloj desde la perspectiva de la dirección desde la que fueron lanzados, y nunca en sentido contrario a las manecillas del reloj. En el caso de un balón, siempre se le puede hacer girar más lentamente y hacer que gire en la dirección opuesta. Pero según la información de que se disponía en aquel entonces, los neutrinos tenían que desplazarse a la velocidad de la luz porque se pensaba que carecían de masa (ahora sabemos que tienen una masa minúscula). Por lo tanto no podía hacerse que giraran más lentamente y que cambiaran de dirección.

Al ser los neutrinos siempre zurdos y al interactuar mediante la fuerza débil con otros fermiones zurdos, el cosmos estaba desequilibrado. No era sorprendente que se violara la paridad: la imagen especular de los neutrinos zurdos no podía resultar en neutrinos diestros, pues estos no existían. La teoría correspondía a los datos experimentales al demostrar que la simetría especular no era fundamental en la naturaleza; se aplicaba al electromagnetismo, pero no a la fuerza débil. Cuando Steven Weinberg, Abdus Salam y Sheldon Glashow contribuyeron conjuntamente a la formulación de una teoría unificada de la interacción electrodébil (el electromagnetismo combinado con la fuerza débil), teoría que obtuvo el premio Nobel, el mecanismo V-A estaba incorporado a la teoría.

Feynman estaba muy orgulloso de su formulación V-A. Tal como le contó al historiador científico Jagdish Mehra, «mientras pensaba en ello, mientras lo contemplaba en mi mente, ¡la maldita cosa centelleaba, brillaba con esplendor! Mientras lo contemplaba, sentí que era la primera vez, y la única vez, que yo conocía una ley de la naturaleza que nadie más conocía... Pensé: "¡Ahora me he completado!"».[2]

Mientras se deleitaba en su descripción de la interacción débil, no se daba cuenta de que otros habían llegado a la misma conclusión. Como acabó por descubrir, los físicos E. C. George Sudarshan y Robert Marshak, de la Universidad de Rochester, ya habían identificado el mecanismo V-A. Sobre la base de trabajo completado unos meses antes, enviaron un artículo a una revista diferente casi exactamente al mismo tiempo que Gell-Mann y Feynman enviaban el suyo a *Physical Review*. No obstante, Feynman siguió sintiéndose gratificado por haber contribuido a una de las leyes de la naturaleza recién descubierta.

## La dama del lago

En septiembre de 1958, Wheeler y varios científicos eminentes de Estados Unidos y Europa occidental, así como del bloque oriental (la parte de Europa dominada por la Unión Soviética), convergieron en el complejo de las Naciones Unidas en Ginebra para el Segundo Congreso Internacional sobre los Usos Pacíficos de la Energía Atómica. (Wheeler había asistido también al primer congreso internacional, celebrado en 1954, cuando estaba trabajando en los geones.) Un aspecto especial de la reunión es que norteamericanos y soviéticos compararon notas, por primera vez, sobre sus programas celosamente guardados para la fusión nuclear. No compartieron el aspecto armamentístico, sino más bien el potencial para la producción de energía. A Wheeler le encantó reunirse con científicos soviéticos en una atmósfera amistosa, que ofrecía esperanzas de que la guerra fría concluyera pronto pacíficamente.

A Feynman se le invitó a contribuir a la reunión con una conferencia plenaria sobre la física de partículas, que resumía sus ideas y las de Gell-Mann sobre el estado del campo. Mientras estaba en Ginebra, decidió visitar sus hermosos lagos, donde inició una conversación con una bella muchacha que llevaba un bikini de lunares y que se relajaba en una playa. Su nombre era Gweneth Howarth, y era oriunda de Yorkshire, Inglaterra. Trabajaba muchas horas de niñera para una familia inglesa en Suiza, por un salario reducido. A Feynman le gustó y mencionó la posibilidad de que se convirtiera en su ama de llaves en Estados Unidos, por un salario superior. Aunque ella había pensado viajar alrededor del mundo, incluyendo Australia, accedió a considerar su oferta.

De vuelta en California del Sur, Feynman se informó de los requisitos legales para hacerla venir. Para evitar complicaciones potenciales en el caso de que terminaran teniendo una relación romántica, encontró un colega dispuesto a patrocinarla, lo que le permitiría obtener un visado de trabajo. Llegó en junio de 1959 y se alojó en una parte separada de la casa de Feynman en Altadena. Aunque Gweneth servía como criada, Feynman seguía interesado en ella. Durante el primer año su relación fue ante todo profesional. Aunque ocasionalmente salían juntos, ambos iban también con otras personas. Sin embargo, al año siguiente Feynman comprendió que estaba enamorado de Gweneth y le propuso matrimonio. Ella aceptó, a condición de que, por el bien de su familia, los casara un pastor, no un juez.

El 24 de septiembre de 1960, Dick y Gweneth contrajeron matrimonio. Wesley Robb, decano de la Facultad de Teología de la Universidad de California del Sur, llevó a cabo la ceremonia. El padrino fue el artista armenio Jirayr «Jerry» Zorthian. Fue un matrimonio fuerte y duradero. Gweneth entendía muy bien a Richard y le concedió mucha libertad para que se dedicara a sus sueños. Se lo pasarían bien juntos muchas veces, viajarían a diferentes lugares del mundo y criarían a dos hijos: Carl, nacido en 1962, y Michelle, adoptada en 1968.

Zorthian, que se había convertido en uno de los amigos más queridos de Feynman, era todo un carácter. Se habían conocido en una fiesta. Mientras Feynman ofrecía a los invitados una serenata con ritmo de bongós, Zorthian decidió unirse a la fiesta como un bailarín salvaje. Salió durante un minuto de la habitación, volvió con su pecho desnudo pintado con crema de afeitar y se puso a girar como un loco siguiendo el ritmo. Feynman quedó impresionado y entusiasmado.

A Feynman le encantaba el arte de Zorthian y quería aprender del maestro. Decidieron hacer un trato: se enseñarían el uno al otro pintura y ciencia en sesiones alternas. Bajo la tutela de Zorthian, el talento natural de Feynman para dibujar floreció en una especie de segunda carrera como artista. Hacía esbozos, dibujaba retratos de bailarinas de un bar de gogós local, retrataba a personas que conocía y aprovechaba cualquier oportunidad para practicar. Finalmente, vendió algunas de sus obras bajo el pseudónimo de «Ofey».

## El gran explicador

En Caltech, Feynman era muy apreciado por los estudiantes, que lo consideraban un profesor brillante. Su «aprendizaje» como profesor ayudante de Wheeler y sus años en Cornell refinando su arte le habían resultado útiles. Con energía ilimitada, aspiraba a ser el profesor favorito de los estudiantes, el más divertido y alucinante. Al entrar en el aula, a menudo golpeaba la mesa con gesto teatral, se ponía de pie frente a los alumnos, los desafiaba con una cuestión profunda acerca de la naturaleza y empezaba sus alocadas payasadas.

Tal como informaba *Los Angeles Times*, «una lección por el doctor Feynman es realmente un raro regalo. Por humor y teatro, suspense e interés suele rivalizar con las obras teatrales de Broadway. Y, por encima de todo, chisporrotea claridad».[3]

Feynman empezó un curso llamado Física X, dirigido a estudiantes de primero. Las instrucciones para la hora de clase eran simplemente «Preguntadme cualquier cosa».[4] El curso funcionaría durante muchos años y se convirtió en un emblema de su docencia innovadora.

En el patio de Dabney House, un dormitorio para estudiantes, había un bajorrelieve que representaba a científicos famosos, tales como Euclides, Arquímedes, Isaac Newton y Leonardo Da Vinci, que honraban a una persona situada de pie detrás de un podio central y que se creía que era Galileo. En 1965, los estudiantes aprovecharon la oportunidad para etiquetar la figura central con el nombre de «Feynman», con lo que demostraban cuánto le querían y le respetaban. Algunos de los estudiantes de primer año lo llamaban el «Oráculo de Feynman» y se inclinaban ante él para pedirle ayuda en física.[5]

Su reputación como el «Gran Explicador» se extendería a escala nacional e internacional a lo largo de las décadas de 1960, 1970 y más allá. Se le invitaría a impartir una serie de lecciones, que se registrarían en Cornell en 1964, tituladas *El carácter de la ley física*, y aparecería en numerosos programas de televisión sobre ciencia en Estados Unidos y Reino Unido (por ejemplo, «The Pleasure of Finding Things Out» o «El placer de descubrir las cosas», grabado en 1981, y «Fun to Imagine» o «Es divertido imaginar», grabado en 1983).

Impartió una de sus lecciones más influyentes, «Hay mucho espacio en el fondo», el 29 de diciembre de 1959, en una reunión de la Sociedad Física Americana que Caltech acogió. En la charla, habló de la enorme promesa de la miniaturización, desde enciclopedias impresas en la cabeza de un alfiler hasta motores minúsculos. Ofreció premios de mil dólares a los que fueran capaces de conseguir tales hazañas, un reto que fue aceptado de inmediato. El año siguiente, William MacLellan, un ingeniero de Pasadena, envió a Feynman un motor funcional en miniatura, que medía 0,4 mm de lado, mucho menos que la cabeza de un alfiler. Feynman lo felicitó y rápidamente le envió un cheque por correo.

Se suele considerar que la lección de 1959 de Feynman es una de las fuerzas impulsoras del campo de la nanotecnología. De hecho, fue profético en sus predicciones, en el sentido de que los ordenadores y las tecnologías relacionadas se harían tremendamente más compactos: reducirían su tamaño desde aparatos procesadores del tamaño de habitaciones hasta los teléfonos inteligentes de hoy en día, de tamaño de bolsillo. Continuó manteniendo su interés por la computación y la tecnología, un vestigio de su papel en Los Álamos durante la guerra como uno de los expertos en ordenadores de confianza del laboratorio.

## Los secretos del Señor X

En la primavera de 1963, Wheeler y Feynman asistieron de nuevo juntos a otro congreso, en el que descubrieron que se las felicitaba por una teoría que hacía tiempo habían descartado. Ninguno de los dos había pensado en la teoría del absorbedor de Wheeler-Feynman durante años. La filosofía de Wheeler de «todo es campos» había hecho que la acción a distancia quedara en agua de borrajas. Feynman consideraba que su tesis doctoral era la génesis del método de la suma de historias, pero que en otros aspectos tenía puntos débiles. Con gran sorpresa por su parte, un artículo publicado en 1962 por el físico J. E. Hogarth había resucitado la idea y la había aplicado a la cosmología como una explicación para la flecha del tiempo dirigida hacia delante.

Hogarth retomó los cálculos de Wheeler y Feynman en los que una mezcla igual de señales que se desplazan hacia delante y hacia atrás en el tiempo conducía al efecto de mitigar la radiación (reducción en la aceleración de una partícula cargada mientras esta se desplaza por el espacio). Sin embargo, situó el sistema en una cosmología en expansión de la variedad de Estado Estacionario en lugar de en el espacio estático. Puesto que el espacio se expande, absorbe señales. Hogarth demostró que la dirección de la «flecha cosmológica» (expansión del universo) coincidía con la dirección en la que la mitigación de la radiación tiene el signo matemático correcto. La implicación era que el tipo de expansión de Estado Estacionario constituía el modelo cosmológico correcto porque producía el tipo correcto de dinámica de partículas.

La versión de Hogarth de la teoría del absorbedor de Wheeler-Feynman se había convertido en el foco central del congreso sobre la «Naturaleza del tiempo», organizado por Hermann Bondi y Thomas Gold, los cosmólogos del Estado Estacionario, y que se celebró en Cornell. Fred Hoyle, partidario del Estado Estacionario, asistía también, junto con su joven y dotado alumno graduado Jayant Narlikar. Presentaron una comunicación inmediatamente después de la de Hogarth, y que de manera todavía más explícita conectaba las flechas del tiempo y la teoría del absorbedor con las predicciones del modelo del Estado Estacionario. Otros asistentes importantes fueron el astrofísico Dennis Sciama (que, en aquella época, era partidario del Estado Estacionario), el matemático Roger Penrose, el filósofo Adolf Grunbaum, Charles Misner, Philip Morrison, Léon Rosenfeld y muchos otros.

Feynman se mostró cínico con relación al programa del congreso, al temer que derivaría hacia hipótesis que él no respaldaba. Por ejemplo, sentía que la flecha del tiempo termodinámica (aumento de la energía desordenada) era primaria y no estaba relacionada necesariamente con la cosmología. Creía que la elección de modelo cosmológico tenía que basarse en la evidencia astronómica y no estar guiada por argumentos teóricos pertenecientes a la dirección del tiempo. No había ninguna razón para pensar que la manera en que el espacio se comportaba tuviera algo que ver con las leyes de la termodinámica.

Cuando se enteró de que los debates se grabarían, se molestó mucho. Habló con Gold, y llegaron a un compromiso. Todo lo que dijera se atribuiría anónimamente al «Señor X». Nada indicaría que Feynman había asistido al congreso. Se pediría a los lectores que no citaran lo que dijo (tal como quedaba registrado en las actas del congreso), puesto que no podían verificarse sus comentarios.

Tal como recordaba Narlikar, «Feynman fue muy explícito en esto. Sentía que saber que las actas se grababan haría que moderara sus observaciones, mientras que quería sentirse desinhibido. Señor X fue el compromiso al que se llegó. Es un bonito ejercicio para el lector resolver la X, suponiendo desde luego que el lector no fuera un participante».[6]

Protegido por el anonimato, Feynman se sintió libre de hablar francamente. Como era típico en él, podía exaltarse mucho si no estaba de acuerdo con un conferenciante. Narlikar recordaba un incidente de este tipo:

> Recuerdo la conferencia que dio Dennis Sciama en la que escribió la solución de la ecuación de onda como la integral de un volumen más una superficie. Por alguna razón, a Feynman no le gustó. Después de algunas discusiones aceptó el paso con la advertencia de que la integral de superficie no se llevara hasta el infinito. Probablemente pensaba que el límite al infinito podría no estar bien definido. Al permitirle seguir, después de un par de pasos Dennis dijo: «Tomemos ahora la integral de la superficie hasta infinito». Y Feynman empezó a levantarse de su asiento, amenazando con llegar a las manos, pero Philip Morrison y Tommy Gold lo retuvieron.[7]

El apodo de Feynman, Señor X, sirvió como una especie de broma interna para él mismo. Era congruente con su deseo de mantener una reputación como un tipo promedio con gustos de proletario que resultaba poseer la extraña capacidad de resolver los rompecabezas más complejos en un tiempo récord. No le importaba si otras personas se sentían impresionadas por su título o su condición; estos eran superficiales y no tenían importancia. En cambio, deseaba deleitarlas con su humor, divertirlas con su falta de convencionalismos y cautivarlas con sus ingeniosas hazañas.

Su curso «Física X» surgió de manera parecida de su deseo de ser un «Superman común»: un Clark Kent preparado en cualquier momento para mostrar sus maravillosos poderes.

## La fluctuación cuántica al inicio del tiempo

La contribución de Wheeler al congreso «Naturaleza del tiempo», titulada «Geometría tridimensional como portadora de información sobre el tiempo», reflejaba su creencia continuada de que el universo se había iniciado en un estado caótico: una espuma de fluctuaciones cuánticas en un mar de campos de energía y geometría. Dentro de dicha espuma, el tiempo no estaría definido. El pasado, el presente y el futuro, simplemente, no existirían.

A pesar de esta aleatoriedad primitiva, la aparición de sistemas biológicos en la Tierra, miles de millones de años después, requirió una cierta cantidad de energía ordenada, una situación a la que los físicos se refieren como de «baja entropía». Como sea que la entropía mide la falta de singularidad, la baja entropía corresponde a una cantidad elevada de orden. Esto es lo que necesitaría para poner en marcha la maquinaria del tiempo, que opera en la dirección del aumento de entropía. Entonces, se preguntaba Wheeler, ¿cómo es que se produjo la situación de baja entropía?

Propuso que el universo comenzó con una fluctuación cuántica enorme que lo transformó desde el caos absoluto a un estado muy improbable de baja entropía. En último término, a lo largo de miles de millones de años, este depósito de energía ordenada permitió la evolución de la vida y la existencia de observadores conscientes. Dichos seres inteligentes podían observar el universo y conjeturar cómo podían haber sido sus condiciones iniciales. De ahí que, en una versión del «principio antrópico», nuestra mera existencia impone límites a las condiciones del cosmos primordial, garantizando la realización de un tipo de fluctuación extraordinariamente raro.

Rechazando el concepto de Wheeler de una fluctuación colosal que redujo la entropía, el Señor X indicó que no es científico especular sobre algo tan improbable sin tener ni una pizca de evidencia. En lugar de considerar una situación hipotética tan poco probable, propuso una explicación diferente. A medida que el universo avanza con el tiempo, cada vez se conoce más del pasado. Este conocimiento creciente representa una medida del orden que concuerda con baja entropía. En contraste, el futuro es desconocido; es comparativamente desorganizado y, por lo tanto, tiene una mayor entropía. La discrepancia entre el pasado de baja entropía (de información que aumenta) y el futuro de alta entropía (de acontecimientos desconocidos) produce como resultado una flecha del tiempo natural.

Las reflexiones abstractas de Feynman sobre la flecha del tiempo eran insólitas en él. Generalmente, prefería no dedicarse a la especulación pura, que dejaba a los Wheelers del mundo. Pero, dado el tenor del congreso y al haberse ocultado tras un pseudónimo, quizá se sintió libre para elucubrar.

Wheeler continuaba con su modelo cosmológico. Para cartografiar la evolución del universo a lo largo del tiempo, cortó el espacio-tiempo tetradimensional, en rebanadas tridimensionales. La manera en que cada uno se conectaba con sus vecinos, señaló, condujo a una definición natural del tiempo. Esta remodelación de la relatividad general (desde una teoría congelada a una dinámica) hacía un gran uso del formalismo de Arnowitt, Deser y Misner (ADM), publicado en 1962.

Con el espacio-tiempo de la relatividad general rebanado en espacios tridimensionales, Wheeler quería aplicar la teoría cuántica cambiando las variables deterministas a medidas probabilísticas. Tenía como objetivo que la evolución clásica única se convirtiera en un paisaje de posibilidades. Aspirando a tomar prestado el método de mínima acción que Feynman había aplicado de manera tan brillante a la electrodinámica, esperaba destilar la ruta clásica a partir de un revoltillo cuántico de geometrías desviadas. Era una tarea abrumadora. De nuevo, repetiría la pauta de desarrollar un modelo clásico, intentar cuantizarlo y pedir ayuda a otros. Empezaría molestando a sus amigos en busca de consejo, entre ellos Bryce DeWitt. Se encontraron brevemente en un aeropuerto, un encuentro que conduciría a la bien conocida ecuación Wheeler-DeWitt, un intento de aproximación de la suma de historias a la gravedad cuántica. DeWitt recordaba:

> Tuve una llamada telefónica [de Wheeler] un día alrededor de 1964, diciéndome que pasaría por el aeropuerto de Raleigh-Durham, y que tenía dos horas entre un avión y otro. ¿Querría yo acercarme hasta allí para hablar de física? Yo sabía que estaba fastidiando a todo el mundo con la pregunta «¿cuál es el espacio de dominio para la gravedad cuántica?». Y creo que al final había supuesto en su mente que era el espacio de tres geometrías. No era esta la dirección en la que yo estaba realmente concentrando mis esfuerzos, pero era un problema interesante. De modo que le dije OK y escribí esta ecuación. Encontré un trozo de papel allí, en el aeropuerto. Wheeler se entusiasmó mucho.[8]

DeWitt sabía que no habría observadores externos para medir la función de onda que describía. Por lo tanto, argumentó, la interpretación de Everett proporcionaba la única manera de tratarla de manera consistente.

Wheeler había anticipado estas preocupaciones en los debates que siguieron a su comunicación sobre «Geometría tridimensional»: «El universo no es un sistema que podamos observar desde fuera; el observador es parte de lo que observa —señaló—. La llamada “formulación del estado relativo” de la mecánica cuántica de Everett proporciona una manera autocongruente de describir tales situaciones».[9]

## Wheeler sin Wheeler

Hoyle y Narlikar admiraban mucho a Wheeler y esperaban que él viera los méritos de su perspectiva. Pero sabían que había abandonado la acción a distancia, adoptado un enfoque de campo y apoyado la idea de que el universo cambia de manera significativa a lo largo del tiempo, lo que reflejaba la perspectiva del Gran Estallido y no la del Estado Estacionario. Su concepto de una gran fluctuación primordial era anatema para quienquiera que creyera en un universo con esencialmente la misma composición general para todo el tiempo. Tal como indicaba Narlikar, «empezó estando en contra de la teoría de campo, pero pronto se convirtió y se sintió muy unido a ella. De modo que a pesar de nuestro trabajo, que admiraba, continuaría en favor de la teoría de campo. Desde entonces me he estado refiriendo a la teoría de Wheeler-Feynman como "Wheeler sin Wheeler"».[10]

La concepción de la génesis y de las condiciones iniciales del universo adoptaría una nueva importancia cuando, aproximadamente un año después del congreso, los astrónomos Arno Penzias y Robert Wilson (no el colega anterior de Feynman, sino un científico diferente con este nombre) descubrieron por accidente la radiación del fondo cósmico de microondas (CMB, por sus siglas en inglés) que ocupa todo el espacio: una reliquia enfriada del Gran Estallido incandescente. Buscaban señales de radio galácticas utilizando una antena de bocina en los Laboratorios Bell en Holmdel, Nueva Jersey, cuando advirtieron un siseo persistente de radio. Después de descartar las fuentes del ruido ambiental, pensaron que podía deberse a excrementos de palomas sobre el instrumento. Sin embargo, incluso después de una limpieza, detectaron el mismo ruido. Fueron a Princeton y pidieron consejo al astrofísico Robert «Bob» Dicke.

Sucedía que Dicke había estado buscando restos de radiación de fondo del Gran Estallido. Enfriados por miles de millones de años de expansión cósmica, predijo, tendrían una temperatura de unos pocos grados por encima del cero absoluto. Por ello quedó estupefacto cuando Penzias y Wilson le aportaron datos de señales que concordaban con su predicción. Quedó más sorprendido todavía al descubrir poco después que el grupo de Gueórgui Gámov había realizado un cálculo similar a finales de la década de 1940.

El descubrimiento del CMB resultó ser un punto de inflexión para la aceptación de la propuesta del Gran Estallido. Hasta que sus datos y su análisis se dieron a conocer, la comunidad científica consideraba el Estado Estacionario como otra posibilidad realista. El tratamiento popular de las ideas rivales se había mantenido en equilibrio de manera equitativa. Por ejemplo, en fecha tan tardía como el mes de junio de 1964, *The New York Times* ofrecía este sorprendente titular: «Los científicos revisan la teoría de Einstein» para describir una propuesta de Hoyle y Narlikar. El artículo explicaba: «La nueva teoría se basa en el razonamiento matemático de dos norteamericanos que buscaban escapar de la idea de que una partícula cargada eléctricamente, como un electrón, produce un campo eléctrico. Estos dos eran el doctor Richard P. Feynman, en la actualidad en el Instituto de Tecnología de California, y el doctor John A. Wheeler, de la Universidad de Princeton».[11] Sin embargo, el artículo citaba que Wheeler indicaba que la teoría del absorbedor de Wheeler-Feynman se vino abajo cuando se intentó aplicarla al comportamiento cuántico de las partículas. Esta era la razón por la que ya no la defendía, a pesar de que era noticia casi un cuarto de siglo después de que él y Feynman hubieran empezado a trabajar en ella. De hecho, era «Wheeler sin Wheeler» o, más específicamente, una encarnación temprana de sus pensamientos en evolución sobre la naturaleza de la realidad.

Poco después de la publicación de la evidencia del CMB, la comunidad general de cosmólogos migró casi por completo al campo del Gran Estallido. El Gran Estallido quedó santificado como la teoría prevalente en lugar de ser solo un aspirante principal. Algunos partidarios del Estado Estacionario acabaron por desarrollar una alternativa que implicaba «estallidos» menores dispersos por el espacio de manera que produjeran una radiación de fondo similar a la atribuida al Gran Estallido. La diferencia clave es que en lugar de una única génesis en un momento único, esta aproximación revisada, denominada «cosmología de estado cuasiestacionario», postula numerosos eventos de creación esparcidos por todo el cosmos y que acontecen indefinidamente hacia atrás y hacia delante en el tiempo. Hoy en día, Narlikar sigue siendo uno de los principales defensores de esta opinión minoritaria.

## El lugar más solitario del universo

La comunicación de Misner en el congreso sobre la «Naturaleza del tiempo», «Desplazamientos al rojo infinitos en la relatividad general», empezó con un poco de humor: «Me gustaría hablar de cómo las personas pierden el contacto unas con otras —explicó, refiriéndose a los límites al contacto, conocidos como horizontes—. Dos observadores que podían hablar entre sí se van en direcciones diferentes y finalmente ya no hay la posibilidad de comunicación entre ellos... Esta situación se da en el problema de colapso estelar continuo de Oppenheimer-Snyder».[12]

El «problema de colapso estelar continuo de Oppenheimer-Snyder» es un palabro: ahora llamamos «agujeros negros» a estas situaciones. Pero Misner todavía no había escuchado este término.

Es interesante señalar cómo esta expresión llegó a ser de uso general. Tal como explica la escritora científica Marcia Bartusiak, hacia los primeros años de la década de 1960 Dicke empezó a comparar objetos colapsados gravitatoriamente al «Agujero negro de Calcuta», una prisión del siglo XVIII que tenía muy mala fama porque la gente se hacinaba en ella. El astrónomo Hong-Yee Chiu, que escuchó la comparación de Dicke, pudo haber empleado el término «agujero negro» en una reunión de enero de 1964 de la Asociación Americana para el Avance de la Ciencia en Cleveland (a la que Misner también asistió). Varias revistas que informaron del acontecimiento repitieron la frase.[13]

Sin embargo, el término saltaría a la fama en 1967, cuando Wheeler, al oír la expresión de un miembro del público de una conferencia, empezó a promover su uso como una manera sucinta de describir lo que previamente había denominado un «objeto completamente colapsado desde el punto de vista gravitatorio». Después, Wheeler llegaría a ser conocido como el acuñador del término cuando, incluso reconocido por él mismo, solo fue su promotor. En la actualidad, la expresión «agujero negro» describe de manera general los restos ocultos del colapso catastrófico de una estrella suficientemente grande al final de su vida.

Al haber leído y digerido hacía tiempo el artículo de Robert Oppenheimer y Hartland Snyder, al principio Wheeler había puesto en duda todo el concepto. Sabía que se basaba en el modelo de Karl Schwarzschild, una de las primeras soluciones, y de las más simples, de las ecuaciones de la relatividad general de Albert Einstein. Pero al aplicar este modelo se planteaban varias cuestiones. Para empezar, un umbral, que ahora se denomina «horizonte de eventos», definía dónde el espacio y el tiempo «cambiaban sus lugares» al intercambiar signos (de positivo a negativo para el espacio y lo contrario para el tiempo). ¿Cómo podía atravesar algo una frontera tan extraña? Asimismo, si la dinámica de una estrella gigantesca era lo bastante compleja, ¿qué garantizaría que su núcleo se colapsara en un objeto compacto modelado por una solución tan sencilla como la de Schwarzschild, definida solo por la masa y el radio?

El matemático Martin Kruskal, al que Wheeler conocía del Proyecto Matterhorn, ayudó a dilucidar la naturaleza del horizonte de eventos de un agujero negro al reestructurar la solución de Schwarzschild dentro de un nuevo conjunto de coordenadas. En el sistema de coordenadas revisado, el horizonte de eventos no es una barrera en absoluto; más bien es una membrana permeable a través de la cual puede pasar cualquier cosa (hacia dentro, al menos). Kruskal le contó a Wheeler sus hallazgos en privado. Wheeler quedó tan impresionado que los escribió, y envió el artículo a la revista *Physical Review* firmado por Kruskal, sin decírselo a este previamente. Kruskal se sorprendió al recibir las galeradas, pero al final permitió que el artículo se publicara con su nombre.

El trabajo subsiguiente por parte de Misner y los físicos David Finkelstein y David Beckedorff, un estudiante que trabajaba con Misner, demostró que los horizontes de eventos eran portales en un solo sentido. Todo podía entrar, pero nada podía salir, ni siquiera la luz. Este descubrimiento fue la base de la charla de Misner «Desplazamientos al rojo infinitos» y se convirtió en una de las razones por las que «agujero negro» cuajó como término descriptivo.

Wheeler verificó él mismo estos resultados y prestó mucha atención a modelos informáticos del colapso de estrellas pesadas, que parecían apuntar a agujeros negros como estado final para las que tenían masa suficiente. También advirtió la derivación de Roy Kerr de la solución de un agujero negro en 1963, que tenía en cuenta la rotación además de la masa, y del desarrollo subsiguiente por parte de Ezra «Ted» Newman de un modelo completo de agujeros negros que incluía tres parámetros: masa, carga y rotación. Adicionalmente, prestó mucha atención a la prueba de Penrose en 1965 de que el resultado final del colapso gravitatorio catastrófico era, en determinados casos, una singularidad del espacio-tiempo: un punto central de la densidad infinita. Sopesando toda la evidencia, Wheeler pasó de ser un escéptico de los agujeros negros a un creyente en ellos.

## El problema con los kaones

El congreso sobre la «Naturaleza del tiempo» provocó un contraste total entre la reversibilidad del tiempo a la escala de las partículas y su irreversibilidad a las escalas humana y cósmica. Dicha dicotomía, por ejemplo, fue lo que motivó a Hogarth a revivir la teoría del absorbedor de Wheeler-Feynman, con su equilibrio de señales que se desplazan hacia atrás y hacia delante en el tiempo, y a mostrar cómo podía conducir a una flecha del tiempo cosmológica. Aunque eran conscientes de cómo se viola la paridad durante determinados procesos de partículas, los asistentes al congreso quedaron tranquilizados por la aparente invariancia de *CP* (carga-paridad) y *CPT* (carga-paridad-tiempo). Combinadas, estas invariancias implicaban que *T* (inversión temporal) también ha de mantenerse firme.

Las ideas aparentemente sacrosantas pueden quedar destronadas con rapidez en el mundo de la física de partículas. El experimento de Cronin y Fitch de 1964 que mostraba cómo *CP* se viola en determinados procesos débiles llegó de manera inesperada, como un relámpago. Demostró que, incluso a los niveles más diminutos, algunos de los caminos del tiempo tienen flechas de dirección única.

Su experimento implicaba registrar cómo se desintegran los kaones (mesones K) neutros. Mientras que en la mayoría de circunstancias estas partículas se desintegraban en tres piones, en casos raros lo hacían en solo dos. Esto ocurría aproximadamente en solo una de cada mil desintegraciones, pero aun así demostraba que un proceso que se había creído prohibido en realidad podía producirse. Una tal discrepancia sería imposible si la invariancia *CP* se mantuviera de manera estricta, porque los procesos gemelos eran los mismos cuando se cambiaban las cargas, pero no cuando se daban la vuelta en el espejo. La invariancia *CP* significa que si una de las simetrías es violada, *C* o *P*, ambas tiene que ser violadas para asegurar la preservación de la combinación de ambas. En cambio, cualquier infracción de *CP*, con independencia de lo leve que sea, significa que la simetría de la inversión temporal ya no es absoluta.

En el lado positivo, una simetría rota podría explicar otros desequilibrios. Por ejemplo, en la actualidad existe una enorme abundancia de materia en relación a la antimateria. Todas las estrellas y galaxias que observamos están hechas casi por completo de materia ordinaria. Solo rara vez vemos antimateria en la naturaleza, como un minúsculo componente de la radiación cósmica que llueve sobre la Tierra. ¿Qué causó esta discrepancia colosal? Muchos investigadores creen que la violación de *CP* en el universo inicial es el principal culpable de la desaparición de la mayor parte de su antimateria.

En la ardiente caldera del Gran Estallido, materia y antimateria tuvieron que haberse producido en cantidades iguales. Debido a que el universo era tan caliente y denso, partículas y antipartículas se aniquilaban entre sí continuamente, formando fotones y otras partículas de intercambio sin masa, que a su vez se transformaron de nuevo en pares partícula-antipartícula en un gran equilibrio cósmico. Sin embargo, a medida que el universo se enfriaba, la interacción electrodébil experimentó una rotura de simetría en la que las partículas de intercambio correspondientes a la interacción débil (llamadas $W^+$, $W^-$ y $Z^0$) adquirieron masa, mientras que los fotones que transmitían la interacción electromagnética permanecían sin masa. El carácter pesado de las partículas de intercambio débiles significaba que la fuerza era de corto alcance. Además, debido a que no siempre respetaban la simetría de carga-paridad, la naturaleza comenzó a hacerse ligeramente desequilibrada. La violación de *CP* condujo, a lo largo de eones, a un sesgo todavía más marcado de la materia sobre la antimateria, cuyo resultado es la enorme discrepancia actual.

## Un reticente premio Nobel

Los principales descubrimientos experimentales, como la detección del CMB por Penzias y Wilson, y el descubrimiento de la violación de *CP* en la desintegración de kaones neutros por Cronin y Fitch, suelen atraer la atención del comité de selección del premio Nobel en Estocolmo. Los nuevos métodos teóricos y las ideas no son a veces elecciones tan evidentes. En el caso de la electrodinámica cuántica, en 1955 Willis Lamb y Polykarp Kusch compartieron un Nobel por parte de la evidencia experimental que engendró el campo, a saber, el desplazamiento Lamb y el momento magnético anómalo del electrón.

Una década después, se había hecho evidente lo valiosos que los diagramas de Feynman, la suma de historias y otras técnicas habían sido para la física de partículas, cuán significativos eran los métodos de renormalización de Julian Schwinger y Sin-Itiro Tomonaga, y cuán importante había sido el trabajo de Freeman Dyson al situar bajo el mismo paraguas los tres enfoques. Cada año, el comité de selección del Nobel podía otorgar el premio a hasta un máximo de tres individuos u organizaciones. Por desgracia, esto significaba, en efecto, que Dyson no sería incluido con los demás. En 1965, el Nobel de Física se dividió en tres partes y se adjudicó a Tomonaga, Schwinger y Feynman «por su trabajo fundamental en electrodinámica cuántica, con consecuencias de gran calado para la física de partículas elementales».[14]

Feynman tenía algún presentimiento de que acabaría siendo premiado. Sin embargo, cuando recibió una serie de llamadas telefónicas en plena noche de varios periodistas que le felicitaban y le pedían su reacción, se molestó y se alteró. Había hecho todo aquel trabajo para divertirse, no para ser aplaudido.

En aquel momento, Feynman llevaba una vida feliz y estable que no quería ver perturbada, y disfrutaba de una amplia gama de aficiones, como tocar los tambores y dibujar. Para esta última, adiestrado por Jerry Zorthian, buscaba con frecuencia modelos, por lo general mujeres, que estuvieran dispuestas a ser dibujadas en varias poses. Gweneth confiaba en su marido y no encontraba motivo para mostrarse celosa.

Una de las modelos de Feynman era una joven y brillante estudiante graduada de astrofísica, Virginia Trimble, que siendo una adolescente había aparecido en el número de octubre de 1962 de la revista *Life* como un símbolo de cerebro y belleza. Trimble, una de las primeras mujeres en ser admitida en Caltech, estudiaba las propiedades de estrellas y nebulosas (restos gaseosos de estrellas que explotaron) bajo la dirección del astrofísico Guido Münch cuando Feynman le ofreció una remuneración para que fuera su modelo. Tal como Trimble recordaba,

> Feynman me vio un día mientras cruzaba el campus de Caltech, encontró a Guido Münch (cerca de Robinson, el antiguo edificio de astronomía), y le dijo algo parecido a «Voy de caza. Quizá conoces a la presa». Y así, durante algunos meses, creo que normalmente en martes alternos, yo iba a la residencia de los Feynman durante un par de horas, y recibía 5,50 dólares por hora (¡que era mucho en aquellos días!) y toda la física que pudiera tragar. Gweneth acostumbraba a traernos zumo de naranja y galletas a media sesión.[15]

Trimble se convertiría en una consumada profesora de astrofísica en la Universidad de California, en Irvine, y se casaría con Joe Weber, profesor de la Universidad de Maryland (y antiguo alumno de Wheeler). Años más tarde, fueron juntos a una exposición en Caltech del arte de Feynman y encontraron un boceto de ella: «Joe echó una mirada crítica a una de las vistas posteriores de un torso desnudo —recordaba Trimble— y dijo: "He visto antes esta espalda"».

Trimble recordaba cómo la frenética secuela del anuncio del premio Nobel alteró los planes de Feynman de dibujarla aquella tarde:

> Feynman vino a mi despacho hacia las ocho de la mañana aquel día para cancelar nuestra sesión de dibujo de la tarde. Por suerte yo ya lo sabía, porque mi madre lo había oído en la radio y me había telefoneado alrededor de las seis. Siempre fuimos gente madrugadora. Feynman no lo era, pero aquella mañana incluso se había puesto chaqueta y corbata. Cuando los estudian-

tes graduados le pidieron que les diera una charla especial solo para ellos, el tema que escogió fue la teoría del absorbedor de la radiación, parte de su trabajo de tesis con Wheeler.[16]

El grado de planificación necesario para la ceremonia del premio pronto abrumó a Feynman. Recibió consultas desde Suecia para que preparara listas de invitados e hiciera otras disposiciones. La conferencia científica sería factible, pero otros aspectos, como saludar al rey y agradecerle el premio, sonaban demasiado pomposos para su gusto. Empezó a preocuparse por si metía la pata, de la misma manera que había cometido deslices en los tés formales durante sus días de Princeton. El premio era más un engorro que un mérito, pensaba. Se preguntaba si quizá podría renunciar a él.

Por supuesto, no podía. Dick y Gweneth volaron hasta Estocolmo para la ceremonia, en la que él vistió un esmoquin confeccionado para la ocasión y ella lució un precioso vestido. Durante la presentación científica, se aseguró de reconocer las contribuciones de Wheeler. Quizá su parte favorita fue el baile, en el que él y Gweneth al fin pudieron soltarse.

Después, viajó hasta Ginebra, donde Victor Weisskopf, que se había convertido en director del CERN (Organización Europea para la Investigación Nuclear), lo había invitado para dictar una conferencia. Feynman decidió que, como laureado con el Nobel, probablemente tenía que empezar a vestir traje y corbata para sus charlas. Pero cuando subió al estrado enchaquetado y explicó por qué iba así, el público empezó a gritar «¡No, no, no!».[17] Respondiendo a la petición popular, Weisskopf se acercó a Feynman y le quitó la americana. Feynman se deshizo de la corbata y se quedó otra vez en mangas de camisa, su atuendo habitual. Le dio las gracias a Weisskopf por desmantelar sus pretensiones.

Ser ganador del premio Nobel fue en algún modo un dolor de cabeza para Feynman. Desbordado por las invitaciones y compromisos en los que tenía que hablar, los rechazó casi todos. Las pocas excepciones tenían que ver con la educación, como hablar en escuelas o dictar conferencias sobre lo divertida que es la física para el público en general (algunas de las cuales se televisaron, y se convirtieron en programas populares en la BBC y en otras partes).

A Feynman se le ofrecieron muchos títulos honorarios, a los que categóricamente se negó. Recordaba su duro trabajo en Princeton para obtener su doctorado y no quería desvirtuar el significado de un título consiguiendo uno sin habérselo ganado.

## Tú dices cuarks, yo digo partones

Después de volver a Caltech como el ganador del Nobel, reticente pero merecedor, Feynman se encontró preparado para algo diferente. De las cuatro fuerzas naturales, él ya había hecho contribuciones a las teorías cuánticas del electromagnetismo y a la interacción débil, además de un valeroso intento de desentrañar los misterios de la gravitación. Lo siguiente en su lista era la interacción nuclear fuerte, la fuerza que contrarresta la repulsión electrostática para adherir entre sí protones y neutrones dentro de los núcleos atómicos. La comprensión de esta fuerza había hecho un largo recorrido desde los días de Hideki Yukawa, con el descubrimiento de muchas más partículas que respondían a ella. Las que reaccionaban se clasificaron como «hadrones» (en griego antiguo, «robusto»); las que no, se denominaron «leptones» (en griego, «delicado»). Los hadrones se subdividieron en función de sus propiedades de espín en bariones (de espín de medio número entero, que incluyen protones y neutrones) y mesones (de espín entero, que incluyen piones y kaones). Ejemplos de leptones eran los neutrinos, electrones y muones, cada uno de los cuales ignoraba por completo la fuerza fuerte.

Para un informe sobre el estado de la cuestión de la fuerza fuerte, Feynman podía dirigirse a su propio departamento, donde Gell-Mann era un innovador principal. Gell-Mann había recibido reconocimiento por dos de sus ideas: el sendero óctuple y los cuarks. Gell-Mann propuso el sendero óctuple, nombre que procede del camino de ocho pasos hasta la iluminación en el budismo, como un esquema de clasificación para los hadrones que los organizaba en función de varios parámetros, incluida la carga y un número cuántico conservado llamado «extrañeza», descubierto en ciertas desintegraciones. Las disposiciones revelaron determinadas pautas y simetrías. Aunque algunos de los grupos tenían ocho hadrones (de ahí el nombre), otros incluían uno, diez o veintisiete. El modelo tenía un hueco, lo que condujo a predicciones de una nueva partícula. En 1964, investigadores del Laboratorio Nacional de Brookhaven detectaron la partícula predicha (llamada «barión omega menos») que completaba el modelo y proporcionaba un importante apoyo a la hipótesis de Gell-Mann. Fue un triunfo de la aplicación de la simetría a la física de partículas.

Aquel año, Gell-Mann demostró que su modelo podría explicarse si los bariones estuvieran constituidos por tres tipos de constituyentes, dispuestos en diferentes combinaciones, como las cartas de una mano de póquer. Obtuvo el nombre para estos, «cuarks», de uno de los libros más impenetrables de la literatura, *Finnegans Wake*, de James Joyce, una novela que es un monólogo interior y que contiene la frase «Three quarks for Muster Mark!».* A Gell-Mann le gustó el sonido de cuark, que él pronunciaba como «cuart», y señalaba que cada barión poseía tres de ellos. Una parte delicada era que cada uno tenía una carga fraccional: o bien 2/3 o bien −1/3 de la carga de un protón. Los anticuarks tendrían las cargas opuestas de sus cuarks equivalentes. Dichas cargas fraccionales no se habían detectado nunca en la naturaleza. Sin embargo, si los cuarks estaban siempre confinados, la falta de evidencia para cargas fraccionales no era una cuestión importante. De manera independiente, y por la misma época, el físico George Zweig propuso un modelo parecido, pero llamó «ases» a los componentes.

Feynman estaba interesado de forma parecida en la idea de que protones y neutrones tuvieran constituyentes. Aunque sabía ciertamente del modelo de los cuarks de Gell-Mann, se distanció del mismo. Cuando *The New York Times* publicó en octubre de 1967 un artículo titulado «Dos hombres en busca del cuark», lo que implicaba que ambos colaboraban en el tema, Feynman respondió con una carta al editor: «Aunque yo hice muchas de las cosas que se describen en su artículo, no soy realmente uno de los hombres responsables de haber animado a los científicos a que pensaran por primera vez en los cuarks. Esto es el resultado de una de las grandes ideas que Gell-Mann tiene mientras trabaja por separado».[18]

En lugar de plantear los cuarks sobre la base de grupos de simetría, Feynman buscaba un camino fenomenológico, al analizar los resultados de las colisiones de partículas. A partir de estos datos dispersos, llegó prácticamente a la misma conclusión que Gell-Mann: que los hadrones están constituidos por partículas más fundamentales. Demostró que estas tenían que ser puntuales, como los electrones, pero sensibles a la fuerza fuerte. Quizá por rivalidad con su colega de Caltech, en lugar de cuarks, decidió denominar «partones» a los constituyentes. Este término, en la concepción de Feynman, expresaba más una sensación de partícula estándar, mientras que cuarks, en la imagen original de Gell-Mann, podía ser más amorfa. Feynman publicó un artículo sobre el tema de los partones en 1969.

Aunque el término «partón» tuvo un cierto uso en la década de 1970, la expresión «cuark», más extravagante, acabó ganando. Ahora sabemos

* «¡Tres pintas [de cerveza] para maese Mark!». (*N. del t.*)

que hay seis sabores (tipos) de cuarks: arriba, abajo, extraño, encantado, fondo y cima. Varían de manera importante en su masa, siendo arriba y abajo los más ligeros y más comunes. Los núcleos atómicos familiares están constituidos solo por estos dos. Los otros sabores de los cuarks son más exóticos, se encuentran en rayos cósmicos energéticos y en restos de partículas después de colisiones de elevada energía. Todos los hadrones en la naturaleza, y los producidos en colisionadores potentes, combinan los seis sabores de los cuarks y sus compañeros anticuarks. Por ejemplo, un protón es arriba-arriba-abajo, un neutrón es arriba-abajo-abajo, y un kaón neutro mezcla abajo-antiextraño y extraño-antiabajo.

Cuando los teóricos desarrollaron una teoría de campo cuántica de los cuarks, consideraron como guía la electrodinámica cuántica y los métodos diagramáticos de Feynman. Introdujeron una nueva partícula de intercambio, denominada «gluon», que mediaría la fuerza fuerte, como los fotones hacen para el electromagnetismo. Un diagrama de Feynman ilustra un gluon como un helicoide. Oscar Greenberg —que había estado en la clase de relatividad general de Wheeler cuando visitaron a Einstein— pensó en una manera vibrante de describir el equivalente de la carga eléctrica para la interacción fuerte: carga de color. Cada cuark podría tener una carga de color rojo, verde o azul; un barión combinaría los tres. No se trata de colores reales; el término es simbólico, de la misma manera que lo es «sabor», y no tiene nada que ver con tonalidades. La teoría cuántica de la interacción fuerte acabó siendo conocida como cromodinámica cuántica (QCD, por sus siglas en inglés).

Con el desarrollo de la QCD, junto con la teoría electrodébil que combina la electrodinámica cuántica con la interacción débil, los teóricos a finales de la década de 1960 y principios de la de 1970 estaban muy excitados ante la perspectiva de una gran unificación: la unión de tres de las cuatro fuerzas de la naturaleza en una teoría cuántica unificada que incluía cuarks, leptones, fotones, gluones y los portadores de la interacción débil. Los teóricos propusieron que a temperaturas lo bastante altas, como en el horno abrasador del Gran Estallido, las tres interacciones habrían tenido la misma intensidad, extensión y otras propiedades. Solo cuando el universo se enfrió un poco habrían empezado estas fuerzas a distinguirse unas de otras.

Finalmente, la cuarta interacción, la gravitación, también entraría en la mezcla, esperaban los teóricos. Pero debido a los términos infinitos presentes en los intentos de cuantizar la gravedad y al notable desequilibrio en fuerza entre la gravedad y las demás fuerzas, algunos investigadores prefirieron centrarse primero en las otras tres, hasta que estas cuestiones pudieran desenredarse. No obstante, incluso los intentos de combinar las interacciones fuerte y electrodébil en una Gran Teoría Unificada no tuvieron un éxito completo.

Curiosamente, una distinción rigurosa entre las interacciones fuerte y débil tenía que ver con la invariancia *CP*. La primera conservaba dicha combinación, mientras que la segunda la violaba. Dada la conexión con la simetría de la inversión temporal, era extraño que los procesos fuertes fueran iguales hacia delante y hacia atrás en el tiempo, mientras que las desintegraciones débiles podían mostrar una distinción en algunos casos. ¿No podía el tiempo decidirse sobre si ser reversible, especialmente si se suponía que las fuerzas eran similares a altas energías?

## El alfa y el omega

Aunque los descubrimientos de partículas, como las mediciones de los kaones de Cronin y Fitch, revelaron la rareza del tiempo a las escalas más minúsculas, los resultados cosmológicos eran del mismo modo desconcertantes. Los datos del CMB de Penzias y Wilson demostraban una notable uniformidad en temperatura, con independencia de en qué dirección apuntaran su detector. Esta radiación cósmica de microondas se había liberado cuando se formaron los átomos, unos 380.000 años después del Gran Estallido. La termodinámica nos dice que las temperaturas solo se igualan si las regiones se encuentran en contacto térmico, lo que significa que han de hallarse lo bastante cerca para intercambiar fotones. Sin embargo, para entonces, el universo ya había tenido tiempo de desarrollarse, y las diferentes partes del espacio estaban ampliamente separadas. Dada la falta de oportunidad para que regiones dispares del cosmos se igualaran en su temperatura, ¿por qué la radiación relicta de aquella época tenía que ser tan increíblemente regular? Aquel enigma se conoció como el «problema del horizonte».

Los astrónomos sabían que los datos de Penzias y Wilson no eran muy precisos. Se dieron cuenta de que instrumentos superiores podrían revelar minúsculos rizos en el CMB, que reflejarían regiones algo más densas que formarían las semillas de la estructura. Estas irregularidades menores aumentarían a lo largo de las eras, debido a la aglomeración gravitatoria, para formar estrellas y galaxias. Sondas espaciales como el Explorador de Fondo Cósmico, la sonda de anisotropía de microondas Wilkinson y el satélite Planck acabarían por confirmar estas intuiciones, lo que reveló que el CMB está salpicado con fluctuaciones minúsculas.

No obstante, estas variaciones sutiles no negaban el problema del horizonte, que era la uniformidad de la temperatura a la mayor de las escalas. Wheeler esperaba resolver la cuestión mediante una interpretación cuántica de la geometrodinámica. Tal como había señalado en el congreso sobre la «Naturaleza del tiempo», quizá una teoría totalmente realizada de la gravedad cuántica pudiera explicar por qué la entropía en el cosmos primordial era tan baja. Era concebible que una entropía lo suficientemente baja correspondiera a un cosmos inicial y uniforme, de manera muy parecida a como la baja entropía (un nivel elevado de orden) de un estanque congelado hace que su superficie sea lisa y se pueda patinar sobre ella.

Mientras tanto, Misner intentó una explicación clásica llamada «universo Mixmaster». Basaba su modelo, propuesto en 1969, en una solución anisotrópica de las ecuaciones de Einstein que oscilaban en varias direcciones en lugar de expandirse de manera uniforme. Su pensamiento fue motivado, en parte, por el hallazgo del cosmólogo británico Stephen Hawking de que el universo tuvo que haberse iniciado en una singularidad (estado de densidad infinita), y que enriquecieron los físicos rusos Vladimir A. Belinski, Isaak M. Khalatnikov y Evgeny Lifshitz con resultados que demostraban cómo pudo haber surgido el espacio de una tal singularidad de una manera caótica. (Wheeler había llamado la atención de Misner sobre los métodos de los rusos mientras se hallaba enfrascado en medio de sus propios cálculos.)

Misner calificó de «Mixmaster» a su modelo de universo por una batidora de cocina popular en aquella época. Esperaba que sus propiedades de mezcla (una peculiaridad de la solución cosmológica particular) resultarían lo bastante potentes para alisar el universo en sus primeras fases, lo que explicaría por qué su radiación es tan uniforme en temperatura. Lamentablemente, la mezcla no era lo bastante consistente para hacerlo. Desde el punto de vista matemático, la dinámica agitada de la solución no se mezclaba de manera suficientemente efectiva en el marco temporal necesario. Dejaba una irregularidad consistente, no la tersura propia de un batido que contemplamos en la actualidad.

Si el inicio del cosmos presentó un enigma, las posibilidades de su desaparición ofrecían misterios adicionales. En aquella época los cosmólogos sopesaron dos opciones para un final cósmico. El primero era un

«Gran Colapso» (*Big Crunch*), una inversión del Gran Estallido que vería cómo la expansión cambiaba de marcha y se convertía en una contracción universal. El otro era un «Gran Gemido» (*Big Whimper*), una expansión continua pero que gradualmente se haría más lenta. Dicha deceleración gradual daría a las estrellas billones de años para seguir brillando, pero en la última fase acabarían consumiéndose, una tras otra, lo que conduciría a la muerte térmica (falta de energía utilizable) del universo. El final, en este caso, sería frío y solitario.

Wheeler estaba muy interesado en la situación hipotética del Gran Colapso y sus repercusiones. Junto con el Gran Estallido y los agujeros negros, lo veía como un lugar clave para estudiar las condiciones extremas de la gravedad y su efecto sobre el tiempo y la causalidad. En una entrevista, calificó una vez al Gran Estallido, los agujeros negros y el Gran Colapso «los tres portales del tiempo».[19]

En 1966, en una reunión de la Sociedad Física Americana, Wheeler especuló con que el Gran Colapso presentaría una situación bastante extraña cuando el cosmos empezara a contraerse.[20] Supuso que la expansión cósmica en el Gran Estallido estableció la dirección hacia delante del tiempo y el aumento de la entropía. Después, conjeturó Wheeler, en la era del Gran Colapso, la entropía podría empezar a reducirse, lo que corresponde a una inversión de la dirección del tiempo. Los procesos biológicos podrían invertirse, lo que haría que la gente viviera su vida hacia atrás. Finalmente, la raza humana acabaría por involucionar hasta llegar a organismos unicelulares. A medida que el espacio continuara reduciéndose en tamaño, la Tierra quedaría barrida en una nube de polvo, y el universo se desplomaría en un punto de densidad infinita. Sin embargo, Wheeler reconocía que este escenario de inversión del tiempo era muy especulativo.

## El tiovivo de Gödel

Invertir las manecillas del tiempo era una obsesión del matemático Kurt Gödel, un amigo íntimo de Einstein cuando ambos eran miembros permanentes del (IAS). Gödel era conocido por sus teoremas de la incompletitud, publicados en 1931, que demostraban que ningún sistema lógico es completamente autocongruente. Dichas ideas ayudaron a inspirar al matemático inglés Alan Turing para desarrollar la máquina de Turing, una aproximación sistemática a la computación, que a su vez ayudó a motivar los proyectos teóricos de John von Neumann para los primeros ordenadores electrónicos.

En 1949, por la época del septuagésimo aniversario de Einstein, Gödel presentó a su amigo lo que consideraba que era un descubrimiento importante: una solución rotatoria de las ecuaciones de la relatividad general que permitía excursiones hacia atrás en el tiempo. Si el universo poseía de manera precisa la cantidad adecuada de giro y el tipo y proporción correctos de materia, establecer determinados tipos de bucles por el espacio permitiría excursiones hacia el pasado. De ahí que, en condiciones muy especiales, la teoría gravitatoria de Einstein permitía una especie de viaje en el tiempo. Aunque Einstein reconoció la validez matemática del resultado de Gödel, no encontró que fuera relevante desde el punto de vista físico. Había muchas soluciones a sus ecuaciones; ¿por qué centrarse en esta tan extraña? La comunidad general de físicos olvidó prácticamente el modelo rotativo de Gödel.

A finales de la década de 1960, Gödel padecía alucinaciones paranoicas que afectaron a su salud. Convencido de que alguien intentaba envenenarlo, comía solo con frugalidad y perdió mucho peso. Quedó tan demacrado que necesitaba llevar abrigos para mantener su calor corporal, incluso en cálidos días de primavera. Al mismo tiempo, intentaba recopilar discretamente pruebas suficientes de un desequilibrio en las direcciones de rotación de las galaxias que revelara un giro neto del universo y por lo tanto la posibilidad de viajes hacia atrás en el tiempo. La idea de deshacer los estragos del tiempo lo cautivaba.

Wheeler estaba muy interesado por la obra de Gödel. Hacia 1970, cuando él, Misner y Kip Thorne estaban preparando el manual *Gravitation*, que sería muy influyente, contactaron con él para conocer sus ideas. Para entonces, Misner y Thorne eran profesores en otros lugares (en la Universidad de Maryland y en Caltech, respectivamente), de modo que necesitaban un sitio donde reunirse y poner en común las ideas del libro. Durante una de sus visitas a Princeton para encontrarse con Wheeler, el IAS les cedió generosamente un despacho en el mismo edificio en el que estaba Gödel. Por curiosidad, los tres decidieron llamar a su puerta. Cuando mencionaron el proyecto de su libro, Gödel les preguntó qué es lo que dirían sobre universos en rotación. Su respuesta (nada en absoluto) le decepcionó mucho.

Aunque después Wheeler se enteró de algunos datos que respaldaban un desequilibrio en la rotación de las galaxias e informó de ello a Gödel, no se centró en un modelo del universo tan idiosincrásico. Más bien, su énfasis eran las cosmologías estándar y las características que compartían con situaciones gravitatorias extremas en astrofísica, como los ambientes de espacio-tiempo distorsionados de los agujeros negros.

## Los agujeros negros no tienen pelo

Las fases finales del Gran Colapso tenían cierto parecido con las condiciones ultracompactas de los agujeros negros. Ambas implicaban el derrumbe en una singularidad. Si el tiempo se invertía en el Gran Colapso, se podría preguntar, ¿qué ocurriría en su dirección cuando uno se acercara a un agujero negro?

En tratamientos de la región cerca de un agujero negro empleando las coordenadas de Kruskal, nada sugería que el tiempo se invertiría para nadie que entrara allí. De hecho, los cálculos demostraban que para un astronauta que atravesara un horizonte de eventos (que marca el punto de no retorno del agujero negro), los relojes de su nave espacial seguirían moviéndose hacia delante. Solo desde el punto de observación del mundo exterior parecería que el tiempo se detuviera para el desventurado explorador.

Lamentablemente, para un agujero negro del tipo de Schwarzschild, el viajero sería propulsado más cerca todavía de la singularidad central del mismo. Las fuerzas de marea gravitatorias lo extenderían en la dirección de su movimiento, al tiempo que lo comprimirían en todas las demás direcciones (un proceso que recibió el apodo de «espaguetificación»). Sería rápidamente despedazado. (Para un agujero negro de tipo Kerr o Kerr-Newman, la singularidad central sería un anillo, que en principio podría evitarse.)

Fuera del horizonte de eventos, incluso con los telescopios más potentes, no tendríamos que ver nada de este caos. Tal como Wheeler propuso en 1970 con su discípulo Remo Ruffini, solo observaríamos la masa total, la carga y el giro del agujero negro (el momento angular, en particular).

Para transmitir la idea de que los agujeros negros son anodinos, excepto por estos tres parámetros, Wheeler acuñó la expresión «Los agujeros negros no tienen pelo», que acabó conociéndose como el «teorema sin pelo». Feynman aprovechó la oportunidad para gastarle una broma a Wheeler, acusándolo de pervertido. ¿Cómo podía afirmar una cosa tan obscena?, se burló de él. ¡Quítate que me tiznas, le dijo la sartén al cazo!

En realidad, Wheeler quería decir que los agujeros negros eran como reclutas con la cabeza afeitada, que vistos desde arriba parecen idénticos.

Si el universo terminara en un Gran Gemido, finalmente aquellas estrellas con una masa parecida a la del Sol se hincharían hasta devenir gigantes rojas. Sus envolturas externas se evaporarían en el espacio, dejando atrás enanas blancas. Las estrellas de mayor tamaño se convertirían en supergigantes y explotarían de repente en estallidos de supernovas, dejando tras de sí núcleos compactos que se reducirían de tamaño. Dependiendo de su masa, estos restos se convertirían en estrellas de neutrones (constituidas por material nuclear ultradenso) o bien en agujeros negros.

La entropía del universo se estabilizaría o aumentaría, hasta que el universo alcanzara el estado quiescente de la muerte térmica. Sin embargo, en sus estudios de los agujeros negros, Wheeler se preguntaba si podría haber excepciones. Si un agujero negro se tragara un objeto, ¿engulliría también la entropía del objeto? ¿Podría así un agujero negro eludir la segunda ley de la termodinámica al reducir la entropía total del cosmos? Pronto, una nueva manera de definir la entropía de los agujeros negros aportaría la respuesta.

# 8

# Las mentes, las máquinas y el cosmos

> Vale muchísimos kilómetros hablar contigo sobre cualquier cosa y sobre todo.
>
> JOHN A. WHEELER a RICHARD P. FEYNMAN,
> 28 de noviembre de 1978 (Caltech Archives)

> Sus ideas son extrañas; no me las creo en absoluto. Pero resulta sorprendente con qué frecuencia después nos damos cuenta de que estaba en lo cierto.
>
> RICHARD P. FEYNMAN, refiriéndose a JOHN A. WHEELER,
> en «Inside the Mind of John Wheeler», 1986

A principios de la década de 1970, con la introducción de monitores y pantallas, las simulaciones por ordenador se hicieron mucho más vívidas. Por primera vez, los resultados visuales de los cálculos podían aparecer en tiempo real, directamente ante nuestros ojos. Esto no solo era útil, sino que en algunos casos verlo resultaba fascinante. De manera coincidente, esta era una época de expansión de la mente, estimulada por el rock progresivo, el arte psicodélico, la filosofía oriental y, para algunos, la ingestión de varias sustancias que alteraban la mente.

Una de las experiencias más estupendas para un joven programador o ingeniero de aquella época era jugar al «Juego de la Vida», del matemático John Conway, popularizado por Martin Gardner en la revista *Scientific American*. El juego simulaba organismos biológicos en un retículo bidimensional poblado de ceros y unos, que representaban, respectivamente, a los muertos (o inexistentes) y a los vivos. Correspondía a la categoría de lo que John von Neumann y Stanislaw Ulam llamaron «autómatas celulares», algoritmos simples que determinaban de qué manera el contenido de los cuadrados de una cuadrícula se actualizaba de manera sistemática en función de los valores de sus vecinos.

Las reglas del Juego de la Vida determinan lo que les ocurre a los ceros y unos (representados en una pantalla por cuadrados vacíos y llenos) en cada iteración. Por ejemplo, cualquier cero rodeado por exactamente tres unos «genera» un uno. Cualquier uno rodeado por más de tres unos «muere» debido a la superpoblación y se convierte en un cero. Si su vecino tiene dos o menos unos, muere por infrapoblación. De otro modo, sobrevive y sigue siendo un uno. Sobre la base de tales reglas, paso a paso hay evolución de los patrones hacia otras configuraciones, lo que hace que se parezcan algo a organismos que se arrastran por la pantalla, devorándose unos a otros, procreando y dedicándose a un comportamiento muy propio de los seres vivos. Los expertos en el juego lo encontraban cautivador y podían jugar durante horas, sembrando la pantalla con varias configuraciones iniciales, poniendo en marcha la dinámica y observando cómo los seres artificiales extrañamente animados exploraban su mundo.

Identificándose con la juventud rebelde, Richard Feynman empezó a dejarse crecer un poco más su abundante cabello castaño (manchado de gris) y a vestirse a veces de manera todavía más informal. Por aquel entonces, era un hombre de familia (ciertamente no un *hippie*), pero todavía le gustaba la idea de una vida sin restricciones y viajando. A pesar de encontrarse en la cincuentena y en una fase avanzada de su carrera, era una persona increíblemente llena de vitalidad y abierta a nuevas experiencias. Los estudiantes de Caltech lo trataban como a una estrella de rock.

Dados los antecedentes de Feynman en los cálculos y su interés en la nanotecnología, expresado en su conferencia de 1959, era normal que estuviera cada vez más fascinado por las posibilidades de la simulación mediante ordenador. Parte de su motivación, a medida que avanzaba la década, fue el fuerte interés en este campo que expresó su hijo, Carl, quien acabaría cursando ingeniería informática en el MIT.

Simulaciones como el Juego de la Vida sugerían que el universo podría operar, a un nivel fundamental, como un autómata que procesara valores binarios. Un defensor principal de este punto de vista era Edward Fredkin, profesor de informática del MIT, quien pasó un año como investigador visitante en Caltech. Aunque era previsiblemente cauto con las ideas que carecían de evidencia experimental, Feynman estaba abierto a discutirlas, al menos con Fredkin y otros. Una cuestión relacionada era si la mente humana opera como un procesador digital. Marvin Minsky, otro científico informático del MIT y pionero de la inteligencia artificial, sugirió que el cerebro humano es una especie de máquina procesadora. Feynman conocía bien a Minsky y se sentía cómodo hablando con él acerca de dichas ideas.

Y lo que quizá resultó más sorprendente es que John Wheeler acabaría por adoptar también un punto de vista centrado en la información, ligado a la teoría de la medición cuántica. En la fase final de su carrera investigadora, abandonaría «todo es campos» por «todo es información». Denominaría esa idea como «esto a partir del bit» (*It from bit*). Su defensa y sus argumentos eran tan profundos que algunos informáticos lo llamaban «el abuelo de la información cuántica».

Entre los catalizadores de la transformación de Wheeler se contaban sus interacciones con una nueva generación de estudiantes mucho más familiarizados con los ordenadores y su funcionamiento. Niels Bohr había muerto en 1962 —para los alumnos de Wheeler, historia antigua—, de manera que muchos estaban abiertos a nuevas interpretaciones de la medición cuántica. Ya no se consideraban heréticas las desviaciones de la ideología de Copenhague. El artículo popular de Bryce DeWitt sobre la hipótesis de los muchos mundos de Hugh Everett III, por ejemplo, fue muy bien recibido. Wheeler aplaudió a DeWitt por su popularización de la idea, al tiempo que, de manera educada, se mostraba en desacuerdo con cierta terminología, como «muchos mundos» y «universos paralelos».

La naturaleza del tiempo se introducía de manera clara en el nuevo enfoque de Wheeler. La flecha del tiempo está conectada con la entropía mediante la segunda ley de la termodinámica, que exige que no se reduzca a medida que el tiempo avanza. La entropía, a su vez, está relacionada con la teoría de la información mediante una fórmula que desarrolló Claude Shannon, un pionero de las comunicaciones electrónicas, que define una «entropía de información» concreta para cada sarta de datos. Por lo tanto, conseguir entender el flujo de información es otra manera de intentar modelizar el tiempo. Incluso en su nuevo énfasis en la información y en la medición cuántica, Wheeler no se olvidó de la cosmología, la gravitación y los agujeros negros. En realidad, la exploración del concepto de que los agujeros negros poseen entropía, y que por lo tanto almacenan información, fue una de sus primeras incursiones en la teoría de la información.

## Ocultar la evidencia

A principios de la década de 1970, Wheeler trabajó con varios estudiantes de posgrado en cuestiones relacionadas con los agujeros negros. Uno de sus alumnos excepcionales era Jacob Bekenstein, nacido en México, de padres inmigrantes polacos judíos. Los dos discutían a menudo las propiedades de los agujeros negros, entre ellas el «teorema sin pelo».

Un día, Wheeler bromeaba con Bekenstein que cada vez que colocaba una taza de té caliente junto a un vaso helado y dejaba que se equilibraran, se sentía como si cometiera el crimen de aumentar la entropía del universo.[1] Esto es así porque, según la segunda ley de la termodinámica, debido a la diferencia de temperatura, la energía utilizable se volvería inutilizable. En una situación ordinaria, un proceso de este tipo no podría invertirse, lo que aceleraría algo la llegada definitiva de la muerte térmica. Solo con disponer de un agujero negro para lanzar en él las tazas, bromeaba Wheeler, escondería la evidencia de su crimen al ocultar para siempre cualquier ganancia de entropía. Su observación en broma animó a Bekenstein a pensar en lo que le ocurre a la entropía de cuerpos tragados por agujeros negros.

Inspirado por un artículo de 1970 del futuro matemático Demetrios Christodoulou, uno de los alumnos de doctorado de Wheeler, que demostraba que durante la ingestión de materiales la superficie de los horizontes de eventos de los agujeros negros siempre aumenta o permanece igual pero nunca disminuye, Bekenstein pensó en un sistema brillante para definir la entropía de los agujeros negros. ¿Qué ocurriría si la superficie de los agujeros negros fuera la manera astronómica de codificar la entropía? Las unidades eran diferentes, de modo que sería necesario que hubiera un factor de proporcionalidad. Aun así, igualar los dos ofrecería una manera natural de extender la segunda ley de la termodinámica para que incluyera los agujeros negros. Wheeler no tendría que preocuparse por infringir la ley si lanzara sus bebidas a objetos colapsados gravitacionalmente.

Cuando Stephen Hawking, que estudió las propiedades de los agujeros negros como las condiciones para las singularidades, se enteró de la propuesta de Bekenstein, al principio tenía dudas. Si los agujeros negros poseían entropía, también debían tener temperatura, lo que significa que radiarían hacia el espacio vacío. Cualquier cosa con temperatura no cero, rodeada por un vacío todavía más frío, ha de exudar calor. Pero todos sabían que, según la definición clásica, nada puede escapar de un agujero negro, ni siquiera radiación. No obstante, Hawking era lo bastante amplio de miras para calcular qué ocurriría en una situación cuántica simple. Para su sorpresa, determinó que un agujero negro radiaría muy lentamente hacia el espacio a su alrededor. Este goteo de lo que acabó por conocerse como «radiación de Hawking» haría que su temperatura se redujera de manera gradual hasta que al final alcanzara el equilibrio con el espacio a su alrededor, un proceso que podía durar muchos miles de millones de años, en función del tamaño del agujero negro. Hawking anunció sus resultados en una conferencia asombrosa titulada «Los agujeros negros son blancos por el calor».

La existencia de la radiación de Hawking y de la entropía de los agujeros negros provocó un examen de la cuestión del contenido de información de los agujeros negros. En este contexto, «información» se refiere a patrones de ceros y unos, llamados «bits», de acuerdo con las ideas de Shannon. En su influyente artículo de 1948, «Una teoría matemática de la comunicación», Shannon promovió la idea de que cualquier fragmento de información podría expresarse como filas (secuencias ordenadas) de bits, que podían transmitirse de un lugar a otro y descifrarse. Esto se convirtió en la base de la era digital actual.

Shannon también definió un tipo de entropía (que ahora se llama «entropía de información» o «entropía de Shannon») relacionada con la cantidad de información que contiene una fila. Esto depende del número de posibles resultados y de la probabilidad de cada uno de ellos. Procede de la definición muy anterior de entropía que hizo el físico austríaco Ludwig Boltzmann en termodinámica, que establecía cuántas combinaciones posibles de microestados (disposiciones de partículas) podían llevar al mismo macroestado termodinámico (condición general como temperatura, presión, etcétera). Si toneladas de combinaciones nos dan el mismo resultado general (como configuraciones de moléculas rápidas que corresponden a un gas caliente) el sistema posee una entropía elevada. En cambio, si solo combinaciones raras producen un determinado efecto general, como los patrones de moléculas de agua en un copo de nieve, esto corresponde a una entropía baja. Shannon tradujo esta idea en disposiciones de bits en lugar de moléculas.

En consecuencia, tal como advirtieron Bekenstein y otros, el área de los horizontes de eventos de un agujero negro no solo sirve como una medida de la entropía, sino que también actúa como una estimación del contenido de información. Tal como advirtió Wheeler, si dividimos el horizonte en regiones del tamaño de la longitud de Planck al cuadrado (la escala cuántica), entonces un bit de información (ya sea un cero o un uno) podría ocupar esta área minúscula. Por lo tanto, cuanto mayor sea en área el horizonte de eventos, mayor será la longitud de la fila de dígitos que podrá almacenar. Wheeler llegaría a considerar dicha conexión como el ejemplo por antonomasia de «esto a partir del bit»: modelar la dinámica del universo en la escala cuántica a partir de un alfabeto de dígitos binarios.

## Siempre ha parecido loco

En 1971, mientras todavía se hallaba inmerso en el proceso de escribir *Gravitation*, Wheeler visitó Caltech. Aprovechó la oportunidad para comer con Feynman y Kip Thorne en el restaurante Burger Continental, que servía cocina armenia. Era un lugar agradable y tranquilo cerca del campus, en el que reunirse y debatir ideas.

Mientras cenaban, Wheeler explicó a sus antiguos estudiantes su visión de que las leyes de la física se forjaron en el Gran Estallido. Ahí afuera podía haber otros universos con leyes completamente diferentes. Había de haber alguna razón para que nuestro universo tuviera las leyes concretas que tiene. Quizá, si no fuera así, no habría vida ni entes conscientes para experimentarlo.

Los argumentos de Wheeler eran una variación del «principio antrópico», la idea de que el universo es como es porque si fuera muy diferente, nosotros no estaríamos aquí. Este razonamiento abstracto era anatema para Feynman, puesto que no podía demostrarse ni refutarse. Las historias paralelas estaban bien para los cálculos cuánticos, porque proporcionaban predicciones experimentales que se podían verificar fácilmente por la vía experimental. Pero nadie podía reunir una serie de universos y ver qué ocurría. Así pues, ¿por qué hablar de ello?

Según Thorne, Feynman se dirigió a él y le ofreció algún sabio consejo sobre Wheeler: «Este tipo parece loco. Lo que la gente de tu generación no sabe es que siempre lo ha parecido. Pero cuando yo era alumno suyo descubrí que, si tomas una de sus ideas extravagantes y le vas quitando una tras otra las capas de locura, como si quitaras las capas de una cebolla, en el centro de la idea a menudo encontrarás un potente meollo de verdad».[2] Feynman le contó a continuación a Thorne de qué manera la idea «loca» de Wheeler de que los positrones eran electrones que se desplazan hacia atrás en el tiempo ayudó a su propio trabajo, por el que se le concedió el premio Nobel. Feynman solo tuvo que pelar las capas especulativas del concepto y llegar al meollo de verdad demostrable.

Mucho tiempo después de aquellos días que pasaron juntos en Princeton como profesor y alumno, el tutelaje de Wheeler tuvo claramente una influencia profunda en el pensamiento de Feynman. Desde aprender un tema para enseñarlo hasta expresar conceptos en términos de diagramas, Feynman tomó muchas cosas de la manera sistemática que tenía Wheeler de habérselas con materias nuevas. La valentía de Wheeler de cambiar de repente de dirección y de embarcarse en búsquedas inesperadas tuvo un eco en los cambios igualmente impredecibles de Feynman, desde la electrodinámica cuántica a los superfluidos, a los partones y, por último, a los ordenadores. Al final, también aprendió mucho de la importancia que Wheeler confería a su vida familiar, algo que Feynman adoptó en sus últimos años.

Por supuesto, Wheeler se benefició de tener un antiguo alumno tan brillante del que obtener pensamientos e ideas. Enviaba con frecuencia artículos a Feynman para conocer su reacción espontánea. Dio a algunos de sus alumnos proyectos relacionados con las teorías y métodos de Feynman, por ejemplo, la exploración que hizo Charles Misner de la suma de historias en la gravitación. Por último, y dada su vida familiar relativamente convencional, disfrutó presenciando con todo detalle algunas de las aventuras locas de Feynman.

## John Wyler y la transmogrificación del destino

A mediados de la década de 1970, el estilo poco convencional de Wheeler de diseminar ideas descabelladas, incluyendo su terminología rara y sus diagramas evocativos, se había hecho familiar no solo para sus muchos antiguos alumnos, sino también para la creciente comunidad de teóricos que estudiaban la relatividad general. *Gravitation*, que se convirtió en un evangelio de la filosofía y los métodos wheelerescos, difundió todavía más la palabra. Publicado en 1973 y traducido con rapidez a varios idiomas, el grueso volumen era absolutamente brillante e idiosincrásico. Pasadas décadas desde su publicación, sigue siendo un clásico.

Por aquel entonces, cualquier miembro de la comunidad de la relatividad general podía reconocer casi de inmediato un giro o una imagen dibujada a mano típicos de Wheeler. Era casi como si él hubiera inventado su propio lenguaje, acompañado inevitablemente por su propio estilo de arte científico.

De la misma manera que el modo de hablar suave y enigmático de Bohr era bien conocido en la comunidad cuántica de Copenhague, el estilo y las costumbres de Wheeler también se habían hecho legendarios. Bohr había sido parodiado con frecuencia; ahora le tocaba el turno a Wheeler.

John Wheeler en 1986, dando una clase sobre gravitación usando un diagrama de espacio-tiempo. (*Fuente*: Fotografía de Karl Trappe, cortesía de AIP Emilio Segrè Visual Archives, Wheeler Collection.)

Los miembros de la comunidad de la relatividad general sintieron curiosidad cuando recibieron copias en el correo de un original mecanografiado de un tal John Archibald Wyler, de Princeton, titulado «Rasputín, la ciencia y la transmogrificación del destino».[3] A medida que se leía el texto, se volvía cada vez más absurdo, hasta hacerse completamente ridículo. Lo escribió el físico Bill Press, un alumno de Thorne en Caltech que se había convertido en un maestro a la hora de imitar el estilo de Wheeler, incluso su jerga y los insólitos diagramas.

He aquí, como ejemplo, un fragmento de la ingeniosa parodia, que se publicó en 1974 en la revista *General Relativity and Gravitation* como una contribución al Día de los Inocentes (en Estados Unidos celebrado en abril): «Pongamos que el universo tiene un destino... Dejemos caer en él un filósofo. Este provoca una perturbación momentánea en el vacío del destino, y después se reduce de tamaño en una repetición cataclísmica anual, y desaparece. Dejemos caer en él estudiosos de todas las disciplinas y facciones. También ellos resultan transmogrificados hasta que no queda nada más, solo certeza. Llamemos a la entidad resultante un "pasajero negro" y resumamos la perfección de su estado final. Digamos: "Un pasajero negro no tiene peculiaridades"».[4] El final del artículo incluía una larga lista de agradecimientos, entre ellos saludos a «R. P. Funnyman», «F. Dicey», «S. W. Hacking», «C. W. Miser», «R. Pinarose», etcétera.* Feynman solía dejar que los artículos se amontonaran en su despacho, de modo que, aunque recibiera una copia, podía no haber visto la referencia a «Funnyman».

Es indudable que Wheeler se rio cuando leyó la parodia (que le había enviado «Wyler»). Tenía un maravilloso sentido del humor. Era muy consciente de que otros podían encontrar que su terminología era poco convencional, pero en un cierto sentido de eso se trataba. Sus pintorescas expresiones, tales como «suma de historias» y «agujero de gusano», fueron mucho más memorables que la terminología a la que sustituyeron. Aunque en sentido estricto no fue él quien acuñó el término «agujero negro», su adopción de la expresión la popularizó. De modo que sabía que ser objeto de bromas era un precio que tenía que pagar por ser descriptivo. Después de todo, esto le ocurrió también a Bohr, en divertidos homenajes como el *Journal of Jocular Physics*.**

## El código cósmico

Mientras Wheeler, Bekenstein, Hawking y otros contemplaban el papel que desempeñaba la información en los agujeros negros, Fredkin ya había empezado a imaginar uno todavía más grandioso para los exiguos bits: como elementos del código informático para el mismo universo. Quizá la continuidad de tiempo y espacio es una ilusión. En la escala de Planck, el cosmos bien podía ser discreto, como los píxeles en una pantalla de televisión. Dada la complejidad generada por un simple programa informático, como el Juego de la Vida, quizá el universo esté regido a un nivel cuántico por leyes sencillas que también iteran ceros y unos. Quizá este algoritmo básico genera todas las leyes de la física y otros principios de la naturaleza.

Fredkin no era bien conocido entre los físicos. Era brillante, pero nada convencional y nunca terminó la carrera. No obstante, Minsky corrió el

* Además de ser modificaciones de los apellidos de Feynman, Dyson, Hawking, Misner y Penrose, estos alias pueden traducirse, respectivamente, como Hombre divertido, Peligroso, Carraspera, Tacaño y Clava una rosa. (*N. del t.*)

** Revista de física chusca. (*N. del t.*)

riesgo de incorporarlo, sobre la base de su talento y de sus ideas, al Departamento de Ciencia Informática del MIT. Financiados en parte con subvenciones del Departamento de Defensa, ambos trabajaron en proyectos de inteligencia artificial.

Fredkin y Minsky coincidieron por primera vez con Feynman en una juerga.[5] Mientras se encontraban en Pasadena por un asunto profesional, dispusieron de algún tiempo adicional y decidieron llamar a científicos de la zona a los que admiraban. Consultaron el listín telefónico. Primero lo intentaron con el químico Linus Pauling, premio Nobel, pero tras los primeros pitidos de la señal telefónica no obtuvieron respuesta. Después, a sugerencia de Minsky, marcaron el número de Feynman. Con gran regocijo por parte de ellos, este descolgó el teléfono y tuvieron una conversación fantástica. Aunque no los conocía, los invitó a su casa aquella tarde, y allí hablaron extensamente sobre ordenadores y física. Charlaron hasta bien entrada la noche. Esto marcó el inicio de una conexión fructífera.

En 1974, con la esperanza de aprender más cosas sobre computación, Feynman invitó a Fredkin a Caltech como investigador visitante en su departamento. Fue un año productivo. Fredkin aprendió muchos de los conocimientos de Feynman sobre mecánica cuántica. También resolvió un problema que le había estado devanando los sesos durante años: diseñar algoritmos informáticos reversibles en el tiempo que funcionaran igual hacia delante y hacia atrás. Si la física de partículas (excepto para determinadas desintegraciones de kaones neutros) es simétrica con respecto al tiempo, también tenían que serlo cualesquiera programas de procesamiento que la modelaran. El sistema reversible de Fredkin se conoció como «puerta de Fredkin». Resultó que Charles Bennett, de IBM, ya había introducido una forma de computación reversible, pero el dispositivo de Fredkin seguía siendo un logro. La visita de Fredkin, a su vez, proporcionó a Feynman una ventana al campo emergente de la inteligencia artificial.

## No entres dócilmente*

En 1976, Wheeler alcanzó la edad de jubilación en Princeton. En aquel entonces, estaba muy lejos de abandonar la vida académica. Había demasiadas preguntas intrigantes que explorar. Al tiempo que asumía el título

* *Do not go gentle...*, de un poema de Dylan Thomas. (*N. del t.*)

de profesor emérito, aceptó la generosa oferta de una cátedra posjubilación de la Universidad de Texas, en Austin (los DeWitt también se habían mudado allí). Además, fue nombrado director de un nuevo Centro de Física Teórica. A pesar de tener muchos amigos en Princeton, Wheeler y Janette estaban ansiosos por empezar una nueva fase de su vida en común en el estado de la Estrella Solitaria.

Feynman, mientras tanto, se lo pasaba en grande en California del Sur. Él y Gweneth compraron una autocaravana Dodge Tradesman e hicieron pintar su exterior de marrón y amarillo con diagramas de Feynman. Querían una placa de matrícula que encajara con su motivo. Al hallarse estas limitadas a seis letras, eligieron «Qantum». La autocaravana era perfecta para excursiones de camping y escapadas a una casa en la playa de su propiedad.

A Feynman le encantaba pasar tiempo con sus dos hijos. Michelle suscitaba su dulzura y su devoción paternal. Cada noche, a la hora de acostarse, Feynman le llevaba varios animales de peluche para que elegiera. Después, Feynman fingía ser una radio: ella le pellizcaba la nariz para encontrar cada emisora, mientras él cantaba canciones de diferentes estilos. Ambos reían sin parar ante sus ingeniosas tonterías.[6]

Una vez, cuando Michelle era algo mayor, un amigo suyo cuya familia se iba de vacaciones dejó su mascota, una boa constrictor, en la casa de Feynman, para que le hicieran de canguro durante un mes. Freeman Dyson, en lo que resultó ser su última visita a la casa, recordaba con humor el caos que siguió. Con gran consternación de Feynman, la dieta de la serpiente eran ratones vivos.[7] Después de haber conseguido algunos, Feynman quedó abatido al ver que la boa era demasiado débil para capturar a su presa. En cambio, los ratones empezaron a mordisquear la piel de la serpiente, desfigurándola. Feynman tenía que montar guardia para proteger a la mascota. Los padres del amigo de Michelle se molestaron mucho cuando volvieron de vacaciones y encontraron a su «bebé» con marcas de mordiscos. Nunca más, prometió el científico. Como algo más convencional, Feynman también tuvo varios perros, y disfrutaba enseñándoles trucos.

Con Carl, que entonces era un adolescente, Feynman gozaba intercambiando ocurrencias alrededor de la mesa del comedor familiar, de manera parecida a como había hecho con su propia madre años antes. Ella estaba bien y vivía cerca de ellos, y a menudo los acompañaba a la playa. Aquellos fueron tiempos felices y memorables para todos ellos. Por aquella época, al menos en dos ocasiones diferentes, Wheeler visitó California del Sur y pasó por la casa de los Feynman para cenar. Tal como recordaba posteriormente Carl, «cuando era niño me encantó *Gravitation*, así que me gustó conocer a otro de los autores (ya conocía a Kip Thorne)».[8]

Un invitado frecuente a la cena era Ralph Leighton, amigo de Feynman y compañero de percusión. Compartían la comida y se retiraban al estudio de la casa para tocar juntos los tambores, exultantes y como salvajes.

En una cena en 1977, Feynman puso a prueba a su familia y a Leighton acerca de su conocimiento de geografía. Preguntó si creían conocer todos los países del mundo. Leighton masculló: «Mmm, claro». Después de una pausa para conseguir el efecto dramático, Feynman preguntó: «¿Y qué le ocurrió a Tannu Tuvá?».[9] Cuando era niño, había visto sellos de correos de aquel país, y se preguntó dónde se hallaba y qué le había ocurrido. Feynman y Leighton consultaron la enciclopedia y descubrieron que aquella república había sido incorporada a la Unión Soviética, cerca de la frontera china. Investigando su cultura hasta donde pudieron, que incluía su famoso «canto de garganta», pensaron que la región remota parecía fascinante. Prometieron visitar juntos aquel país algún día, y empezaron a considerar maneras de hacerlo. Pero Feynman no haría nunca ese viaje.

En el verano de 1978, comenzó el deterioro de su salud, que limitaría su capacidad de viajar durante los años siguientes. Lamentablemente, esta sería su última década. A principios de junio, recibió una invitación de Wheeler para participar en un simposio que se planeaba en honor del centenario del nacimiento de Albert Einstein. Wheeler le pidió a Feynman que contribuyera a un panel titulado «Einstein y la física del futuro», o bien que hablara sobre otro tema de su elección.[10] Pero este rehusó educadamente y, en broma, le dijo a Wheeler que había hablado con el Señor X, quien tampoco podría asistir.[11]

En aquella época, Feynman no se hallaba en buena forma. Había empezado a sentir un fuerte dolor en su abdomen. Fue a ver a un médico, que le diagnosticó un liposarcoma, una forma de cáncer. Puesto que la única opción razonable era la cirugía, accedió a someterse al bisturí. Se le extrajo un tumor del tamaño de un balón de fútbol que había estado presionando su bazo y uno de sus riñones. Necesitó varios meses de reposo en casa hasta que pudo ponerse en pie otra vez.

El 28 de julio, Wheeler envió a Feynman una carta para desearle una pronta mejoría: «Bienvenido a casa —escribió—. Tras esta experiencia ... tu desgracia es comparable a la de ser presidente de Caltech ... Cálidos deseos de una pronta recuperación».[12]

En el sobre, Wheeler incluía también algún material de lectura para ayudar a la recuperación de Feynman. Era un texto titulado «Law Without Law» («Ley sin ley»), que era parte de su último artículo, «The Frontiers of Time» («Las fronteras del tiempo»). Motivado por dar una clase sobre la teoría de la medición cuántica, Wheeler había reflexionado de nuevo sobre los misterios de las interacciones en la escala cuántica.

## ¿Quién está en primera? ¿Qué en segunda?* No lo sé, es cuántico

Aquel año, Wheeler inventó un brillante ejercicio mental, llamado el «experimento de elección retardada», diseñado para dilucidar la rareza de la medición cuántica. Lo imaginó como una manera de haber podido convencer a Einstein de que Bohr estaba en lo cierto en sus famosos debates acerca de si la mecánica cuántica, con su lanzamiento de dados probabilístico, podría ser una teoría física completa (Bohr dijo que sí; Einstein que no). Por extraño que parezca, el constructo hipotético de Wheeler fue incluso más allá de la complementariedad de Bohr, que afirmaba que la elección de un observador antes o durante una medición podía influir al fotón, al electrón o a otro objeto subatómico para que mostrara propiedades de onda o de partícula. La variación de Wheeler imaginaba cómo una decisión tomada en el futuro podría afectar retrospectivamente a qué aspecto se exhibiera.

La configuración de Wheeler era sencilla pero inteligente. Imaginó un campo de béisbol con espejos situados en el plato (área de bateo *home plate*) y en cada una de las tres bases. Estos espejos serían de dos clases: la primera base y la tercera tendrían espejos regulares que reflejaran toda la luz, pero el plato y la segunda base tendrían unos espejos especiales medio plateados (semitransparentes) que reflejaran la mitad de la luz y transmitieran la otra mitad. El espejo de la segunda base tendría la propiedad adicional de bajar sobre el suelo o elevarse del mismo si se accionaba un interruptor. Inicialmente, se encontraría en la posición bajada.

Supongamos que el espejo medio plateado en el plato se colocara de tal manera que su parte posterior estuviera dirigida hacia la segunda base, y que un haz de luz se emitiera en diagonal sobre dicho espejo en dirección hacia la primera base. Debido a las propiedades especiales del espe-

* Del título de un *stetch* de Abbott y Costello. (*N. del t.*)

jo, la mitad de la luz rebotaría de este perpendicularmente y se dirigiría hacia la tercera base, mientras que la otra mitad lo atravesaría de manera directa y continuaría hasta la primera base. En una minúscula fracción de segundo, la luz dirigida a la tercera base incidiría en el espejo colocado allí y rebotaría hacia el jardín derecho. De modo similar, la luz dirigida a la primera base se reflejaría hacia el jardín izquierdo. Detectores situados en ambos jardines registrarían la respuesta cuántica esperada: el 50% de la luz original se detectaría en el derecho y el 50% en el izquierdo. Al igual que en la suma de historias de Feynman, ambos resultados se producirían de forma simultánea con igual probabilidad. La luz se extendería sobre dos regiones distintas, como los patrones ondulados en el experimento bien conocido de la doble rendija, diseñado para demostrar el carácter confuso de lo cuántico.

Imaginemos ahora qué ocurriría si se accionara el interruptor de la segunda base, de manera que su espejo medio plateado se elevara hasta el nivel de los demás espejos. Al principio, todo ocurriría igual, con haces dirigidos hacia la primera y la tercera bases en la misma medida. Sin embargo, después de que rebotaran, cada haz incidiría sobre el espejo de la segunda base. Si se orientara en una determinada dirección, el espejo de la segunda base desviaría toda la luz procedente de las bases primera y tercera hasta el jardín derecho (transmitida en el primer caso y reflejada en el segundo), y nada de luz se dirigiría al jardín izquierdo (debido a una anulación de los dos haces en un proceso denominado «interferencia destructiva»). El desenlace sería un resultado completamente diferente: ciento por ciento al jardín derecho, 0% al izquierdo. La luz estaría centrada en un lugar, como una partícula.

La luz toma tiempo para desplazarse; en efecto, su movimiento no es instantáneo. Por lo tanto, imaginemos una situación en la que el haz original se conectó y se desconectó con tanta rapidez que solo un puñado de fotones (o incluso un único fotón) consiguió salir: un paquete de luz confinado en lugar de un flujo continuo. Supongamos, además, que se instruyera a un observador cerca de la segunda base para que accionara el interruptor de su espejo después de que se transmitiera el paquete original, pero antes de que llegara a la segunda base. De manera arbitraria, el mediador decidiría si el espejo de la segunda base tendría que levantarse o bajarse. En función de una elección retardada, reproducida después de que el experimento ya hubiera empezado, se podría seleccionar un resultado u otro: de tipo onda o de tipo partícula.

Por ejemplo, supongamos que se enviara un paquete de luz con la intención de producir un patrón de interferencia de tipo onda con dos picos distintos en los jardines derecho e izquierdo. Pero que después el experimentador cambiara de opinión y accionara el interruptor para que el espejo medio plateado de la segunda base se levantara. La luz incidiría sobre este y se desviaría por completo hacia el jardín derecho, creando un resultado de tipo partícula. ¿Cómo podría la luz, una vez emitida, saber que tenía que transformarse? ¿O acaso accionar el interruptor afectó retroactivamente de alguna manera a las propiedades de la luz transmitida? Si esto fuera posible, entonces la medición cuántica podría operar hacia atrás, al igual que hacia delante, en el tiempo. Experimentos realizados en 1984 y 2007 han confirmado la ingeniosa hipótesis de Wheeler.

Después de haber reflexionado todavía más, Wheeler dio un paso adicional y extendió su experimento de elección retardada al propio universo. En lugar de un campo de béisbol, imaginó un objeto superluminoso, increíblemente distante, como un cuásar (galaxia energética en formación), que haría el papel de plato, y dos galaxias en posiciones apropiadas que servirían como primera y tercera bases. Mediante el proceso de lente gravitatoria (la curvatura de la luz debida a la deformación del espacio), cada una de ellas dirigiría luz desde el cuásar hacia la Tierra, que actuaría como segunda base (donde se toma la decisión de levantar o bajar el espejo medio plateado y desviador) en el modelo del béisbol.

En la Tierra, los astrónomos podrían decidir dirigir un telescopio a cada una de las galaxias que actúan como lentes. Alternativamente, podrían emplear un espejo medio plateado para combinar luz procedente de ambas. Dirigir los telescopios a cualquiera de estas galaxia produciría una solución de tipo partícula en la que la imagen del cuásar aparecería como un punto. En cambio, emplear la opción del espejo produciría una solución de tipo onda en la que la imagen del cuásar estaría manchada en un patrón de rizos. De ahí que los observadores astronómicos, miles de millones de años después de que se emitiera la luz del cuásar, podrían elegir si representarla como una partícula o como una onda. Cuando la complementariedad se encuentra con la cosmología, los resultados son ciertamente extraños.

## Un amigo en apuros

Una vez que Feynman pudo viajar, Wheeler empezó a invitarlo de nuevo a congresos de investigación, ofreciéndole la gama de temas más amplia posible. Cualquier cosa que aportara su antiguo alumno sería fascinante, sin duda. Hastiado acerca de algunos temas especulativos, Feynman solía rechazar las invitaciones, pero en ocasiones las aceptaba.

En 1981, decidió asistir a uno de tales congresos en el área de Austin, que se celebró en el Lakeway World of Tennis Resort and Spa, en el lago Travis. Él y muchos otros físicos encontraban que la temática general del lugar, el tenis, resultaba extremada, *kitsch*. Freeman Dyson, que también asistió, recordaba que la piscina tenía la forma de una raqueta de tenis. Esta resultaría ser la última reunión en la que Feynman y Dyson se encontraran en persona.[13]

Cuando Feynman abrió la puerta de su habitación del hotel, quedó boquiabierto. La majestuosa *suite* era demasiado fantástica y exagerada para sus gustos espartanos: un completo despilfarro de dinero, pensó. La dirección no pudo encontrar para él una habitación más pequeña y más barata; el hotel estaba completo. Así pues, decidió rechazar el lujoso alojamiento y dormir afuera. El clima era propio del desierto y relativamente cálido, de modo que pensó que no sería nada del otro mundo. Sin embargo, cuando cayó la noche, la temperatura descendió, y empezó a tiritar. Cogió un jersey de su maleta y se tapó tanto como pudo.

Al preguntarle un reportero del periódico local *Austin American-Statesman* por qué un profesor de Caltech bien pagado y premio Nobel dormía como una persona sin techo, Feynman replicó: «Soy un gran tonto, pero disfruto de la vida».[14]

Feynman no estuvo mucho tiempo a la intemperie. Sintiendo pena por su viejo amigo, Wheeler lo invitó a alojarse en su casa. Feynman estuvo muy agradecido. Le dijo al periodista: «Una de las cosas que más lamento en mi vida es que no soy tan amable [como Wheeler]. Me siento mal porque no suelo invitar con frecuencia a alumnos a mi casa, ni mantengo la naturalidad que él tiene en sus relaciones con los estudiantes».[15]

## El ritmo de los bongós, el clamor de la multitud

A pesar de reconocer que Wheeler era más amable con los estudiantes que él, lo cierto es que Feynman mantuvo con sus alumnos de Caltech una estrecha relación durante décadas. A Feynman le encantaba pasar el rato con ellos, impresionándolos; estos, a su vez, lo trataban como si fuera Zeus en el monte Olimpo. Se implicó de manera activa en el programa de orientación de la universidad, llamado Frosh Camp,* y participaba con los alumnos de los primeros cursos en varias actividades recreativas, lo que facilitaba que estos conociesen al científico prácticamente tan pronto como llegaban al campus.

Cuando Shirley Marneus, directora del programa de teatro de Caltech, necesitó un percusionista de bongós para la puesta en escena del musical *Guys and Dolls*, el estudiante que hacía de productor le habló del talento de Feynman. En aquel momento, Marneus no había oído siquiera hablar de él, pero pensó que invitarlo a participar parecía una buena idea. Cuando Feynman aceptó, ella descubrió que había obtenido un premio Nobel. Al saludarlo, en deferencia a su categoría, lo llamó «doctor Feynman». Él insistió de inmediato: «Soy Dick». Feynman aceptó al momento la dirección y tuvo dos papeles en la obra: percusionista de bongó y una voz en *off* durante una escena que se desarrollaba tras el escenario y que correspondía a una partida de dados. Al público le encantó.

Feynman quedó enganchado, encontraba los matices de la actuación fascinantes y gozaba siendo uno más de los actores. Esto le dio la oportunidad de despojarse de su imagen por un rato y ser otra persona. Aceptaba de buen grado la dirección de Marneus, apreciando sus consejos expertos sobre cómo hacer que las obras de teatro cobraran vida. Al año siguiente, esta le dio un papel más importante: el gánster Frankie Scarpini en una producción del musical *Fiorello!* Los estudiantes se rieron de buena gana cuando salió al escenario con un vestuario ridículo y sobreactuó.

Marneus creía que un hombre de su nivel pasaría poco tiempo ensayando. Por el contrario, Feynman se quedaba a menudo a los ensayos completos, que duraban varias horas. Cuando no le tocaba actuar, solía sentarse en los pasillos y ayudar a los estudiantes con sus deberes de física, o bien resolvía problemas con ellos en una pizarra entre bastidores. Marneus lo encontraba absolutamente encantador y servicial.

Al Hibbs, un antiguo alumno y colaborador de Feynman, celebraba una vez al año, el Día de los Inocentes, una fiesta de disfraces, que Feynman siempre aprovechaba para disfrazarse y actuar tontamente. En varias ocasiones vistió el atuendo de un monje de Ladakh, o se disfrazó de Dios (con una gran barba gris) o de la reina Isabel II. Marneus se divirtió cuando, para una fiesta que tenía como tema la astronomía, llegó con ropa convencional y se llamó a sí mismo «Sirio».

* Campamento de novatos. (*N. del t.*)

También fue testigo del lado tozudo de Feynman cuando una vez, en un acontecimiento en el campus, un visitante se le acercó con un ejemplar de su libro *QED*, un manual sobre electrodinámica cuántica basado en lecciones que impartió en 1979, y le pidió que le firmara un autógrafo. Feynman estaba a punto de acceder, hasta que el visitante le dijo que su libro era tan bueno que debería ser lectura obligatoria para los estudiantes de instituto. Tras rechazar la sugerencia, Feynman le regañó por intentar obligar a alguien a leer un libro, y rehusó firmarlo. El visitante suplicó, pero este siguió diciendo que no. Viendo que el hombre estaba casi llorando, Marneus persuadió finalmente a Feynman para que cambiara de nuevo de opinión y le firmara el libro.

En octubre de 1981, varios años después de su primera operación, Feynman recibió noticias desoladoras. Su cáncer había vuelto y se había extendido por sus intestinos. Su única opción era una cirugía mucho más radical para eliminar las células cancerosas y gran parte del tejido que las rodeaban. La operación, que duró diez horas, se desarrolló prácticamente sin problemas y parecía que iba a ser un éxito hasta que una arteria principal se desgarró cerca del corazón de Feynman mientras el cirujano lo estaba cosiendo. Perdió tanta sangre que se emitió una llamada urgente solicitando donantes. Por suerte, en cuestión de horas, cientos de voluntarios, entre ellos muchos estudiantes, habían respondido a la llamada, lo que permitió que el querido físico se restableciera. Feynman superó el trance como un hombre más débil, pues se le había extraído una gran cantidad de tejido, pero totalmente agradecido por haber podido salir del aprieto y volver al campus y a la vida de familia.

Al principio, Feynman pensó que debido a su frágil salud tendría que perderse la siguiente producción musical: *South Pacific*. Estaba tan deprimido que su familia insistió en que hablara con Marneus para pedirle un personaje. Ella sugirió que aceptara un papel menor, el de jefe de la isla Bali Ha'i, que aparecería rodeado de bailarinas y percusionistas. Esto requeriría que llevara un traje colorido, con un gran tocado, y que diera algunas órdenes en tahitiano.

«Pero, Shirl —respondió Feynman—, tengo una cicatriz de la operación». La marca era prominente en su vientre, y ese vestuario la dejaría al descubierto. No quería en absoluto que el público sintiera pena por él.

Marneus lo miró de arriba abajo, imaginándolo ya como el jefe: «Tienes la cicatriz porque te sumergiste en el agua para conseguir las perlas. Luchaste con un tiburón, que te mordió. Flotaste hasta la superficie. Las doncellas te subieron a la canoa y te cubrieron con pétalos de flores. Después, la aldea te hizo jefe de Bali Ha'i».

«¿De veras? ¿Fue esto lo que ocurrió? ¡Entonces creo que es mejor que lo haga!», dijo Feynman, imaginándose como un valiente guerrero más que como un paciente recién operado. Nunca se volvió a quejar a Marneus por la cicatriz.

Cuando llegó la hora del inicio de la representación, Feynman echó una cabezadita entre bastidores hasta que le tocó salir a escena. Se armó de valor y energía y puso toda su alma en la representación. El público estaba asombrado y entusiasmado.

Marneus se emocionó con la reacción de la audiencia cuando, poco después de una operación quirúrgica en la que le iba la vida, Feynman apareció por primera vez en escena: «Hubo un momento de silencio estupefacto. Entonces se pusieron a gritar y todos se levantaron y aplaudieron. ¡Realmente, era muy querido!».[16]

Feynman continuaría actuando en otras muchas obras, en papeles tan diversos como el rey de las cloacas en *La loca de Chaillot*, en la que repartía irónicos consejos, o el guardián de un coro de bailarinas en *Cómo triunfar en los negocios sin siquiera intentarlo*.* Era, sencillamente, un actor nato.

## Mentes artificiales

Feynman estuvo encantado cuando el MIT, su *alma mater* de estudiante, aceptó a su hijo Carl en el programa de ciencia informática, y este último decidió ir. Intrigado por la inteligencia artificial y el trabajo de Fredkin y Minsky (que trabajaban allí), Feynman pensó que sería una gran oportunidad. A lo largo de la estancia de Carl en el MIT, el interés de Feynman por los fundamentos de la informática continuó aumentando.

En mayo de 1981, Feynman pronunció un influyente discurso, «Simulando la física con ordenadores», en el que introdujo la idea de computación cuántica. Inició la charla reconociendo la influencia de Fredkin, al que atribuyó su interés creciente en el campo. Después, empezando con el concepto de sistemas digitales simples como los autómatas celulares, explicó de qué manera la física clásica, en su forma determinista, podría ser simulada. Los descubrimientos en computación reversible, destacó, eran

* Piezas teatrales basadas, respectivamente, en las novelas de Jean Giraudoux y Shepherd Mead. (*N. del t.*)

claves para dichas simulaciones, porque la física clásica es reversible en el tiempo.

Para sistemas no deterministas, podría introducirse la probabilidad en los mecanismos, de manera muy parecida a como se programa en el funcionamiento de una máquina tragaperras en un casino. Sin embargo, para modelos realistas de sistemas cuánticos, advirtió Feynman, los autómatas estándares y los ordenadores ordinarios no serían suficientes. Reproducir la extrañeza de la mecánica cuántica requeriría ordenadores cuánticos, basados en superposiciones de estados. Sugirió que se utilizaran o bien electrones con superposiciones de estados de espín arriba y abajo, o bien fotones con combinaciones de polarizaciones en el sentido de las agujas del reloj y en el sentido contrario como elementos cuánticos binarios. Estas generalizaciones cuánticas de bits se acabarían conociendo ampliamente como «bits cuánticos» o «cubits», término que se suele atribuir a Benjamin Schumacher, que estudió con Wheeler.

Estos bits cuánticos podrían ensamblarse en entramados, muy parecidos a los autómatas celulares, en los que cada célula interactuaría con sus vecinas más próximas según las normas de la dinámica cuántica. Tales artefactos llevarían la suma de historias al ámbito cibernético, basándose en la incertidumbre de la naturaleza para transmitir un espectro de información más amplio, hasta que se tomara una medida para resolver la superposición de estados cuánticos en uno de sus componentes y producir el resultado final. En lugar de tomar un camino lineal a la respuesta, intentaría simultáneamente todas las opciones posibles, ahorrando un tiempo considerable. Sería como un laberinto con muchas ratas buscando todas ellas un pedazo de queso; las probabilidades muestran que lo encontrarían muy rápidamente. De forma sorprendente, cuatro décadas después de que Feynman propusiera la suma de historias, todavía hallaba nuevos usos para el concepto.

Feynman continuaba teniendo un gran interés en los estudios de su hijo en el MIT. Mediante su investigación como estudiante en el Laboratorio de Inteligencia Artificial de Minsky, Carl se había implicado en proyectos de procesamiento en paralelo: conjuntos de procesadores de ordenador que trabajaban en tándem para un cómputo más rápido y más efectivo. En 1983, W. Daniel Hillis, un estudiante graduado con el que Carl había trabajado, decidió fundar una compañía llamada Thinking Machines Corporation para diseñar y fabricar una nueva generación de ordenadores, llamados «máquinas de conexión», con un millón de procesadores en paralelo cada uno.

Durante una visita a casa, Carl trajo a Hillis para que conociera a su padre. Aunque inicialmente Feynman reaccionó con escepticismo a los planes de Hillis, pronto se entusiasmó con la idea. Hillis quedó asombrado cuando Feynman, que para entonces ya se hallaba bastante bien para viajar, se ofreció voluntario para trabajar durante algún tiempo en la nueva empresa en el área de Boston. El negocio tomó impulso, y Carl se implicó activamente en la compañía. Varios años después, Feynman escribiría de manera entusiasta: «Hace un año te hubiera dicho que los usos de un ordenador enormemente en paralelo son muy limitados. Ahora, cada vez es más difícil encontrar algo que no pueda hacer».[17]

## Cubits y supercuerdas

Pensando todavía en la teoría de la información sobre agujeros negros, Wheeler continuó predicando la idea de «esto a partir del bit» a quien quisiera escucharle. Aunque tanto él como Feynman se centraron en el lugar del cómputo binario en el universo, sus enfoques diferentes persistieron. En general, Wheeler era el soñador y Feynman el realizador. Wheeler contemplaba las estrellas, el pasado y el futuro, mientras que Feynman consideraba cómo hacer cosas que funcionaran en la Tierra aquí y ahora.

En 1985, muchos físicos teóricos estaban entusiasmados por la «teoría de supercuerdas», una nueva perspectiva para una teoría cuántica unificada de la gravitación y de las demás fuerzas. Desarrollada por Michael Green, de la Universidad de Londres, y John Schwarz, de Caltech, y basada en las ideas de muchos otros, tenía varios elementos inusuales. Primero, sustituía las partículas puntuales, como los cuarks y los electrones, con minúsculas hebras vibrantes de energía, del orden de la longitud de Planck. Debido a su tamaño finito, los términos infinitos en la teoría de campo se convirtieron también en finitos, con lo que se eliminaba la necesidad de renormalización. Asimismo, se basaba en una nueva simetría entre fermiones, los componentes de la materia, y bosones, los portadores de fuerza, que podía transformar unos en otros. Lo que quizá era más sorprendente, tenía sentido desde el punto de vista matemático en solo diez o más dimensiones. Puesto que el espacio-tiempo observable solo tiene cuatro dimensiones, las otras seis estarían enroscadas en una ceñida geometría del orden de la longitud de Planck, y por lo tanto inobservable.

Diversos teóricos prominentes, frustrados por la falta de progreso en la cuantización de la gravedad mediante el uso de métodos estándar (generalizaciones de electrodinámica cuántica), se encomendaron a la teoría de supercuerdas como un prometedor camino de exploración. Sin embargo, tanto Wheeler como Feynman se mostraban escépticos, por razones distintas. El primero consideraba que su alcance no era lo bastante amplio; el segundo, que carecía de la suficiente evidencia.

«Deberíamos considerar cuestiones más generales —dijo más tarde Wheeler—. ¿Por qué la existencia? ¿Por qué el cuanto? Recuerdo que un colega asistió a una conferencia sobre la teoría de cuerdas. Me la describió como algo parecido a un pastor presbiteriano predicando el evangelio.»[18]

«Cuando yo era más joven me había dado cuenta de que muchos hombres viejos del campo no podían entender muy bien las nuevas ideas... como Einstein, que no era capaz de captar la mecánica cuántica —dijo Feynman—. Ahora soy un viejo, y estas son ideas nuevas, y me parecen alocadas, y parece como si estuvieran en la senda equivocada.»[19]

Un artículo publicado aquel año por David Deutsch, «Teoría cuántica, el principio de Church-Turing y el ordenador cuántico universal», presentaba ideas mucho más cercanas para los intereses de Wheeler y Feynman.[20] Deutsch demostraba cómo generalizar máquinas de Turing deterministas en ordenadores cuánticos universales basados en cubits. Evidenciaba que el procesamiento cuántico paralelo podía ser más rápido que los algoritmos lineales estándar. Finalmente, argumentaba que la interpretación de los muchos mundos de Hugh Everett III de la mecánica cuántica era la manera más consistente, desde el punto de vista lógico, de describir las operaciones de un dispositivo de este tipo.

Deutsch no era el único en abogar por la interpretación de Everett. El físico alemán H. Dieter Zeh exploró sus implicaciones en una variación llamada la «interpretación de las muchas mentes», propuesta en 1970. Zeh postulaba que el propio observador no se separa en la observación, sino que permanece en una superposición de estados junto con lo que se está midiendo. En lugar de desmoronarse, su función de onda se enmaraña (ligada al mismo estado cuántico) con la del sistema cuántico observado. Entonces, ¿por qué percibe una medición definida en lugar de una mezcla de posibilidades? Porque, según Zeh, su estado mental se bifurca en diferentes alternativas, cada una con una conclusión separada y definitiva. Puesto que un cuerpo solo tiene una mente que lo guíe, las otras opciones existen, pero resultan inoperativas.

Zeh colaboró en el desarrollo de otra idea relacionada con el concepto de muchas mentes, llamada «decoherencia». Wojcek Zurek, un alumno de Wheeler en la Universidad de Texas, era otro de sus eminentes promotores. La decoherencia postula que tras cada medición cuántica, un sistema se enmaraña con su ambiente. Debido a este enmarañamiento, en un período breve, su superposición se descompone en un estado definitivo concreto, de manera parecida a cómo un árbol que el viento hace que se balancee cada vez más en una dirección acaba por venirse abajo. Solo sistemas minúsculos aislados de su ambiente podrían permanecer en superposiciones durante largos períodos. Para sistemas lo bastante grandes, la exposición al ambiente es constante e inevitable. Así, permanecen en estados definitivos más que en superposiciones, y se denominan «clásicos».

## El veo veo y el circuito autoexcitado

Las interacciones de Wheeler con sus ingeniosos alumnos lo inclinaron cada vez más en la dirección de «todo es información», y dejó en gran parte de lado sus intereses relativistas generales en favor de la teoría de la información cuántica. Su aplicación del experimento de elección retardada al propio universo le dirigió cada vez más hacia proyectos filosóficos, como había sucedido con su mentor, Bohr. «La filosofía es demasiado importante para dejársela a los filósofos», dijo una vez.[21]

Wheeler denominaba a su nueva filosofía el «principio antrópico participativo». Al igual que la complementariedad de Bohr, destacaba el papel del observador. Pero, curiosamente, debido a la elección retardada, dicho observador tiene el poder de modelar tanto el pasado como el futuro. Un ejemplo es el astrónomo que añade un espejo medio plateado a su telescopio y que proporciona fotones de un antiguo cuásar de tipo onda en lugar de uno de tipo partícula. A partir de su trabajo previo en geometrodinámica y espuma cuántica, Wheeler creía que afectar las funciones de onda de estructuras del pasado podía modelar el destino del mismo universo. Quizá la observación humana, por lo tanto, moldeó el universo primordial de tal manera que desarrolló la capacidad de sostener vida. En consecuencia, nuestra especie en la actualidad, con sus poderes de observación de largo alcance y que se extienden hacia el distante pasado, en cierto sentido habría creado las condiciones para su propia existencia. A partir de una analogía electrónica, Wheeler bautizó esta idea como el «circuito autoexcitado» y esbozó un dibujo memorable del mismo como un objeto en forma de «U» que posee un ojo en un lado que mira hacia su propio pasado en el otro.

«El universo no existe "ahí fuera", independiente de nosotros —escribió una vez Wheeler—. Estamos irremediablemente implicados en provocar lo que parece que sucede. No somos solo observadores. Somos partícipes. En un cierto sentido extraño, este es un universo participativo.»[22]

Wheeler comentaba a menudo Veinte preguntas: la versión sorpresa, un juego que dilucidaba el concepto de observaciones que crean algo nuevo. En él, un grupo de amigos acuerdan en secreto jugar al clásico Veinte preguntas con un cambio: al inicio del juego, nadie tendrá pensada una palabra concreta. A la preguntadora (que no estaba en la habitación y no habrá oído la conspiración) no se le dirá su ardid. En lugar de ello, después de que la preguntadora plantee las preguntas, cada uno escuchará las respuestas de los otros y se asegurará de que la suya sea consistente con todas las demás. Naturalmente, esto reducirá cada vez más las posibilidades.

Por ejemplo, supongamos que la inquisidora pregunta: «¿Es un físico?».

Sin pensar en nadie en concreto, el primer jugador dice: «Sí».

Pensando que podría ser Einstein, pregunta: «¿Es alguien que toca el violín?».

El segundo jugador dice: «No».

A continuación, la preguntadora inquiere: «¿Es alguien que toca algún instrumento?».

El tercer jugador dice: «Sí».

La siguiente pregunta es: «¿Es alguien nacido en Europa?».

El cuarto jugador dice: «No».

A la preguntadora se le ocurre plantear: «¿Es alguien que toca los tambores?».

El quinto jugador dice: «Sí».

Esto limita muchísimo las posibilidades. El interrogatorio sigue y, finalmente, cuando apenas le quedan opciones, la encuestadora pregunta: «¿Es Feynman?».

Aunque el grupo no había pensado en Feynman al principio, el último jugador no pudo pensar en ninguna otra persona (o cosa) que encajara en la descripción que todas las demás respuestas esbozaron. De modo que, después de una larga pausa, tuvo que contestar «Sí», lo que generó la respuesta «Feynman» a partir de la consecuencia de todos los «resultados observacionales».

Una conexión profunda entre el juego de Wheeler y «esto a partir del bit» era que todas las preguntas tenían respuestas binarias: sí o no, equivalentes a uno o cero. De ahí que la respuesta no solo era creada por preguntas, sino también que se la podía representar por una ristra binaria de todas las respuestas a las preguntas. De manera similar, las configuraciones del interruptor binario en el experimento de respuesta retardada (que hacía subir o bajar arbitrariamente el espejo clave que determinaba un comportamiento de tipo onda o de tipo partícula) codificaban su resultado. Al aplicar el experimento de respuesta retardada al universo mismo, como hizo Wheeler, se podía imaginar que se codificaban retroactivamente sus propiedades por medio de una serie de decisiones binarias acerca de qué tipos de mediciones cosmológicas tomar.

Cuando en una entrevista se le preguntó a Feynman acerca de las nociones de Wheeler en relación a cómo aparecieron las leyes del universo, aquel declinó intervenir, admitiendo que el tema era demasiado especulativo para su gusto. En la misma entrevista rehusó también opinar acerca de si la interpretación de los muchos mundos podía ser correcta o no. Se centraba en aspectos más pragmáticos.

«En lo que estoy interesado —dijo Feynman—, es en intentar hallar un conjunto de normas que concuerden con el comportamiento de la naturaleza, y no intentar ir mucho más allá de esto. Encuentro que la mayoría de debates filosóficos son útiles desde el punto de vista psicológico pero, al final, cuando se mira retrospectivamente lo que se ha dicho a lo largo de la historia, y que se ha dicho con tanta vehemencia, casi siempre, hasta cierto punto, ¡son tonterías!»[23]

## Retorno a Princeton

La mente de Wheeler siguió siendo increíblemente activa, pero la edad había comenzado a pasar factura. En abril de 1986, se le practicó una operación quirúrgica de triple baipás, a corazón abierto, en el Seton Medical Center. La terrible experiencia lo hizo pensar acerca de su propia mortalidad. En aquella época, el procedimiento era muy arriesgado, y requería que se detuviera el corazón y se le mantuviera en hielo durante dos horas. Después del éxito de la intervención, Wheeler tuvo que permanecer unos dos meses sin ponerse de pie. Por suerte, Janette le proporcionó una gran ayuda.

En junio, ya se encontraba mucho mejor. Sentía que volvía a la vida. En un momento de reminiscencia, escribió a Feynman recordando sus aventuras juntos: «La física era emocionante entonces. Ahora la encuentro incluso más excitante, y uno de estos días voy a interrumpirte de nuevo y darte la lata sobre la física de la información».[24]

Por aquella época, el nombre de Feynman aparecía mucho en las noticias cuando, en respuesta al desastre del transbordador espacial Challenger a principios de 1986, se le invitó a formar parte de la Comisión Rogers que examinaba las causas de la tragedia. De manera característica, y queriendo llegar a sus propias conclusiones objetivas, el científico realizó una investigación independiente. Su atención se dirigió a las «juntas tóricas» de caucho utilizadas para sellar las conexiones de los aceleradores de los cohetes de la lanzadera. En las sesiones, sumergió una junta tórica en agua helada y demostró su falta de resiliencia. Una vez que el informe de la comisión estuvo preparado, consideró que no se comprometía y emitió por su cuenta una crítica mucho más condenatoria, que se incluyó como apéndice. Detallaba los errores cometidos, incluido el fracaso de los funcionarios para anticipar la formación de grietas en varios sistemas, y terminaba con una admonición: «Para una tecnología con éxito, la realidad ha de anteponerse a las relaciones públicas, porque no se puede engañar a la naturaleza».[25]

La mente de Wheeler seguía girando con ideas poco convencionales. En agosto envió a Feynman un artículo especulativo que hacía poco que había terminado, «¿Por qué el cuanto?». En él adjuntaba una nota que informaba a Feynman de su carácter extravagante: «¿Acaso heredé de ti la facultad de inventarme ideas locas?».[26]

Las especulaciones de Wheeler, siempre un poco en los límites, se habían hecho inconmensurablemente abstractas. Eran tan filosóficas que nadie podía imaginar cómo ponerlas a prueba. ¿Qué tipo de datos experimentales podrían resolver preguntas tales como «¿Por qué existimos?».

Pero Wheeler no tenía ningún deseo de ser conocido como un gurú de la del *New Age* o un pseudocientífico. Por ejemplo, se quejó mucho cuando, en una reunión de la Asociación Americana para el Avance de la Ciencia, se encontró sentado junto a parapsicólogos.[27] Feynman tampoco quería estas vinculaciones, pero en 1984 impartió una conferencia titulada «Máquinas minúsculas», que ponía al día sus ideas sobre nanotecnología, en el Instituto Esalen en Big Sur, California, un refugio para adeptos del «*New Age* del hidromasaje», y experimentó con tanques de flotación, para saber lo que el aislamiento y la privación sensorial hacían a sus pensamientos. Sin embargo, Wheeler habría cambiado cualquier día el *jacuzzi* por una playa pedregosa tranquila y solitaria en Maine.

Una descripción en el número de septiembre de 1986 del *Reader's Digest*, «Dentro de la mente de John Wheeler», exageró alguna de sus opiniones, lo que atrajo la atención de muchos creyentes místicos. El artículo sugería que Wheeler había encontrado una conexión entre la ciencia y la religión. En consecuencia, comenzaron a llegarle cartas de devotos potenciales de todo el mundo, como si él fuera el *maharishi* de la física. Dejó que el correo de los seguidores —sin duda lleno de teorías chifladas que querían que él conociera— se amontonara y decidió ignorar el incidente.

A pesar de sentirse vigorizado, a la edad de setenta y cinco, Wheeler creyó que ya era hora de retirarse de su puesto en la Universidad de Texas. Diez años en Austin habían constituido una experiencia increíblemente productiva, que lo llevó a territorio no cartografiado hasta entonces. Pero, al igual que Odiseo después de sus expediciones, estaba listo para volver a casa, que para los Wheeler quería decir la Costa Este y, en particular, la región de Princeton. Después de encontrar una comunidad de jubilados a poca distancia en coche de la Universidad de Princeton, y de solicitar un despacho en Jadwin Hall (el nuevo hogar para la física en la universidad), al que tenía derecho como profesor emérito, todos estuvieron preparados. Se mudaron a finales de febrero de 1987.

## Agujeros de gusano como portales al pasado

En las décadas finales de su carrera, Wheeler mencionó los agujeros negros con mucha más frecuencia que los agujeros de gusano en sus charlas públicas y en sus escritos. Le guiaba el objetivo de centrarse en lo viable, que, a pesar de sus especulaciones de vasto alcance, consideraba una prueba definitiva y crítica. Aunque para entonces los astrónomos habían identificado muchos candidatos de agujeros negros, estos seguían siendo constructos hipotéticos sin soluciones realistas ni estables. Las revistas de física apenas los mencionaban.

No obstante, cuando a mediados de la década de 1980 el astrónomo y divulgador científico Carl Sagan le pidió a Kip Thorne si conocía algunos proyectos creíbles para el viaje interestelar (para usarlos en su novela *Contacto*), este decidió desempolvar los agujeros de gusano y ver si él y su discípulo Michael Morris podían emplearlos (hablando teóricamente) como atajos espaciales. En lugar de agujeros de gusano minúsculos incrustados en la espuma del espacio-tiempo, como Wheeler los había ilustrado, Morris y Thorne buscaron objetos hipotéticos lo bastante grandes y estables para que naves espaciales pudieran atravesarlos con seguridad para alcanzar partes del universo que de otro modo serían remotas.

Morris y Thorne identificaron pronto el ingrediente clave que potencialmente haría atravesables los agujeros de gusano: la materia de la que se conjeturaba que tenía masa negativa. Esculpiendo dicho material, junto con sustancias ordinarias de masa positiva, en disposiciones concretas, podrían crear agujeros de gusano con entradas lo suficientemente espaciosas y recias para permitir un paso seguro y rápido. En principio, un astronauta podría entrar por una boca (entrada) del agujero de gusano, atravesar su garganta (región de conexión), salir indemne a través de una segunda boca un tiempo razonablemente corto después, y explorar una región lejana del universo.

El equipo de investigación reconoció que su sistema de transporte a través del agujero de gusano requeriría tecnologías muy alejadas de las capacidades presentes. Para empezar, su masa total sería comparable a la de una galaxia. Solo una civilización inmensamente poderosa y avanzada tendría la capacidad de construir una estructura tan enorme. Además, no existe material conocido con masa negativa, uno de los ingredientes básicos del agujero de gusano. A pesar de estas advertencias, el artículo que Morris y Thorne publicaron generó un interés considerable en la comunidad de físicos de la gravitación e inspiró otros muchos artículos sobre el tema.

Poco después de completar su primera publicación con Morris, Thorne invitó a otro de sus alumnos, Ulvi Yurtsever, a que aportara su colaboración y desarrollara un segundo proyecto relacionado con el viaje en el tiempo a través de un agujero de gusano. El grupo demostró cómo sería posible manipular agujeros de gusano de tal manera que permitieran viajes al pasado. Esto hizo mucho más creíble el sueño de Kurt Gödel de bucles a través del espacio, que inducen viajes hacia atrás en el tiempo (que en su versión requerían un universo rotatorio).

En la relatividad, viajar hacia el futuro es relativamente sencillo. Suponiendo que los retos tecnológicos pudieran resolverse, se trataría solo de entrar en una nave espacial y trasladarse a una velocidad cercana a la de la luz. Debido a la dilatación del tiempo, nuestro reloj interno funcionaría mucho más lentamente que el de los que dejáramos atrás. Por lo tanto, si retornáramos a la Tierra, nuestros amigos y familiares habrían envejecido más deprisa que nosotros. En otras palabras, en relación a ellos, habríamos efectuado un salto hacia delante en el tiempo. Cuanto más rápido fuera nuestro viaje, mayor sería nuestra dilatación del tiempo, y más lejos hacia el futuro habríamos ido.

Viajar hacia el pasado es mucho más difícil. Tendríamos que soslayar la ley de causa y efecto e invertir las manecillas del tiempo. Pero, como el equipo de Thorne demostró, si una civilización avanzada pudiera crear un agujero de gusano atravesable y hacer que una de sus bocas se acelerara a una velocidad cercana a la de la luz, una nave espacial podría penetrar en dicha boca, atravesar la garganta y salir por la otra boca para viajar hacia atrás en el tiempo. El sistema se basa en la dilatación del tiempo de la primera boca en comparación con la segunda, que haría que la primera se desplazara más hacia el futuro que la segunda.

Por ejemplo, supongamos que una civilización extraterrestre, en nuestro año 1938, construyera un agujero de gusano y acelerara una de sus bocas de manera que en un solo año del tiempo del agujero de gusano envejeciera cien años de nuestro tiempo. Esta boca «viviría» en 2038. La otra boca, en reposo comparada con la primera, habiendo envejecido un año tanto de su tiempo como del nuestro, «viviría» en 1939. Imaginemos, por mor del argumento, que ambas bocas se hallaran lo suficientemente cerca de la Tierra para que un astronauta terrestre pudiera acceder a cada una de ellas y volver a nuestro planeta en un tiempo razonable. En consecuencia, un viajero intrépido podría entrar en la primera en el año 2038, atravesar la garganta del agujero de gusano y aventurarse retornando a 1939 a través de la segunda boca. Si entonces volviera a la Tierra, ¡podría visitar el momento exacto en el que Feynman conoció a Wheeler!

Si el lector es muy aficionado a la ciencia ficción, llegados a este punto pensará probablemente en las paradojas del viaje en el tiempo. Por ejemplo, ¿qué pasaría si nos dirigiéramos a Princeton en 1939 y nos aseguráramos de que Feynman fuera asignado a Eugene Wigner como profesor ayudante en lugar de serlo a Wheeler? Quizá la física de partículas hubiera seguido un camino diferente. Para evitar alterar la historia, Thorne y su grupo propusieron que los viajes hacia atrás en el tiempo han de ser autocongruentes. En otras palabras, cualquier cosa que ocurriera en el pasado ha de coincidir con el curso conocido de los acontecimientos. Es decir, aunque podríamos desempeñar un papel en la historia, como ofrecer consejo al joven Feynman, no podríamos cambiarla realmente. Nuestras escapadas en el pasado serían solo una piedra en el edificio de hormigón del tiempo.

Los agujeros de gusano siguen siendo creaciones hipotéticas. Los astrónomos observacionales están mucho más interesados en los cuerpos celestes conocidos y en los acontecimientos que marcan su desarrollo. De tales eventos, uno de los más excitantes es la explosión de una supernova.

## La supernova de Feynman

Una estrella gigante señala el fin de su vida con una fantástica exhibición de fuegos artificiales. Durante un breve intervalo, las explosiones de la supernova liberan cantidades extraordinarias de energía, más que la que hay en toda una galaxia. Estos estallidos incluyen fotones de diversas frecuencias, neutrinos, ondas gravitatorias y material eyectado de la estrella. Los fotones energéticos calientan el gas interestelar que rodea la estrella explotada, que se combina con el material eyectado para crear pautas de colores conocidas como «restos de supernovas».

Las explosiones de supernovas en una determinada galaxia, incluida la Vía Láctea, son ocurrencias raras. Acontecimientos catastróficos lo bastante cercanos a nosotros para ser visibles al ojo desnudo ocurren solo una vez cada pocos siglos. Por esta razón, los astrónomos se entusiasmaron cuando, el 23 de febrero de 1987, detectaron la explosión de una supernova en la Gran Nube de Magallanes, una galaxia satélite de la nuestra, situada a una distancia de unos dos trillones de kilómetros. Unas pocas horas después de que su colosal liberación de energía luminosa alcanzara nuestro planeta, llegó una andanada de neutrinos invisibles. La detección de estos, mediante el uso de instalaciones especiales situadas a gran profundidad bajo tierra, señaló el alba de la era de la astronomía de los neutrinos.

Joe Weber, acopiando datos mediante el uso de su aparato en la Universidad de Maryland, y el físico Edoardo Amaldi, que empleaba un instrumento similar en Roma, afirmaron haber encontrado evidencia conjunta de ondas gravitatorias procedentes de la explosión. Ambos investigadores afirmaban haber detectado señales similares aproximadamente por la misma época. Sin embargo, la mayoría de astrónomos mantenían que sus instrumentos no eran lo bastante sensibles ni por asomo. Por lo tanto, sus resultados no fueron aceptados de manera general. Si el Observatorio de Interferómetro de Láser de Ondas Gravitatorias hubiera estado en línea en aquel entonces, habría proporcionado la oportunidad perfecta para buscar dichas señales.

Poco después del descubrimiento de la supernova, mientras impartía una lección como profesor invitado en el curso de física para los estudiantes de primer año de Caltech, Feynman dijo: «Tycho Brahe tuvo su supernova, y Kepler la suya. Después, no hubo ninguna durante cuatrocientos años. Ahora tengo la mía».[28] Es probable que quisiera decir que se sentía feliz por haber vivido durante el período de este raro acontecimiento, especialmente porque antes había estado muy cerca de la muerte.

La carrera de Feynman había sido mucho más que una explosión repentina de supernova; brilló de manera consistente y fuerte durante muchas décadas. Sin embargo, las tensiones de su cáncer, recurrente y que se extendía, empezaban a agotarlo físicamente. En octubre de 1986, se había sometido de nuevo al bisturí, y todavía no se hallaba en forma. En solo unos pocos años parecía haber envejecido de manera considerable. No obstante, seguía sin quejarse y siendo optimista, y centraba gran parte de su atención en planificar con Leighton su viaje a Tuvá, que hacía tiempo que comentaban.

Su última operación, y la más agotadora, tuvo lugar en octubre de 1987. Con la extirpación de una cantidad importante de tejido maligno, así como del sano a su alrededor, sus riñones fallaron y necesitó diálisis. Después de aquello, mantener sus actividades diarias se convirtió en un reto importante, pues estaba muy débil y padecía un dolor considerable. No obstante, se sintió obligado a impartir el curso de teoría de partículas elementales que le habían asignado.

A pesar de la cirugía, el cáncer retornó unos pocos meses después, y esa vez ya no era operable. El 3 de febrero de 1988, Feynman, que se encontraba muy enfermo, fue admitido en el Centro Médico de la UCLA. Dada su condición extrema, pidió que no se le aplicaran medidas extraordinarias, solo un final adecuado. Sentía que ya había aportado las mejores de sus ideas al mundo, de manera que no le parecía esencial prologar más su vida. Acababa de completar el segundo volumen de sus divertidas memorias (el primero había sido un importante éxito de ventas), que centraba su mente en el pasado.

En cierto momento, Jerry Zorthian y su esposa lo visitaron. Normalmente, Feynman hubiera hecho el payaso, pero padecía ya mucho dolor. Le vinieron a la memoria los recuerdos de los últimos años de Arline y de su muerte prematura, y comenzó a llorar. Viendo lo exhausto que estaba su amigo, Jerry se despidió de él por última vez. Feynman puso buena cara, y lo apremió a que se marchara y se divirtiera.

Unos pocos días después, el 15 de febrero, Feynman pasó sus horas finales con Gweneth, su hermana Joan y su prima Frances Lewine a su lado. Como se supo después el vicepresidente de la Academia de Ciencias Soviética acababa de enviarle una invitación para visitar Rusia y Tuvá, pero esta llegaría demasiado tarde.[29]

Desde la visita de los Zorthian, había entrado en coma y salido de él varias veces. Durante un breve intervalo de conciencia, apenas con la fuerza para hablar, pronunció lentamente sus últimas palabras: «Odio morir por segunda vez. Es muy aburrido».[30]

Aquel día, los estudiantes de Caltech colgaron en lo alto del edificio de la Biblioteca Millikan una gran pancarta: «Te queremos, Dick». Era su leyenda, su héroe, su Houdini científico. Quizá esperaban que, de alguna manera, pudiera deshacer mágicamente los estragos del tiempo y reaparecer de nuevo allí como un hombre sano, tal como había aparecido milagrosamente en los musicales del campus. Quizá algún día alguien pueda descubrir el secreto de sobrevivir contra toda probabilidad...

## ¿Por qué existimos?

¿Por qué existimos? ¿Por qué la muerte? ¿Por qué terminó tan pronto el tiempo de Feynman en la tierra?

En sus últimas décadas, Wheeler se enfrentó al sobrio reconocimiento de que había sobrevivido a algunos de sus alumnos prominentes. Hugh Everett murió en 1982 de un ataque cardíaco, a la edad de cincuenta y un años. Al menos había vivido lo suficiente para ver que su trabajo se hizo famoso, gracias a DeWitt. Desde entonces, la interpretación de los muchos mundos de Everett ha alcanzado audiencias todavía más amplias mediante referencias en los medios, como el documental de la BBC *Parallel Lives, Parallel Worlds*.

Peter Putnam, con quien Wheeler compartía un profundo vínculo emocional, había dejado el campo de la física poco después de graduarse. Tras enseñar filosofía durante una temporada en el Union Theological Seminary, se trasladó a Houma, Luisiana, para proporcionar servicios legales a familias pobres, al tiempo que trabajaba como bedel por las noches. Su final también careció de solemnidad. Una tarde de 1987, mientras iba en bicicleta, un coche cuyo conductor estaba ebrio lo atropelló y lo mató. Décadas antes, la madre de Peter, Mildred Putnam, había donado una magnífica colección de esculturas a Princeton, en primer lugar para honrar la memoria de su otro hijo (que murió en combate), pero también como tributo a la amabilidad de Wheeler. La John B. Putnam Jr. Memorial Collection todavía alegra el campus.

Wheeler reflexionaba a menudo sobre los que se habían ido. Tenía tantos recuerdos cariñosos de Feynman que apenas sabía por dónde empezar. No obstante, siguió alegre, valorando el tiempo que le quedaba por vivir en la tierra para gozarlo con Janette, junto con sus hijos y nietos. Continuó en activo en la comunidad de físicos, asistiendo a congresos, contribuyendo con ponencias y reuniéndose con jóvenes investigadores. Dividía su tiempo entre Princeton, donde, con la colaboración de su profesor ayudante, Emily Bennett, mantenía un despacho de profesor emérito, y High Island, Maine, el lugar de retiro veraniego donde se congregaban otros miembros de la familia. De manera discreta y generosa, contribuyó a proyectos para la comprensión de la historia de la física. Muchos de sus antiguos alumnos estaban en estrecho contacto con él, en especial Ken Ford, con el que escribió su autobiografía.

Una vez alcanzados los noventa años, entendió que tenía que desacelerar y concentrar sus esfuerzos para lograr un alcance mucho mayor. «¿Por qué existimos?» fue la pregunta en la que eligió concentrarse. Desde luego, no había una respuesta fácil. No obstante, incluso cuando su salud empezó a declinar (tuvo un ataque al corazón en 2001), iba una o dos veces por semana a su despacho para leer su correspondencia, para ponerse al día de cualquier noticia de física y, principalmente, para pensar.

En la mañana del 13 de abril de 2008, un suave domingo de primavera, John Archibald Wheeler murió en la tranquilidad de su casa, a los noventa y seis años de edad, después de sufrir una neumonía. Su obituario en el *The New York Times* citó unas palabras de Freeman Dyson: «El Wheeler poético es un profeta que se yergue, como Moisés, en la cima del monte Fasga, y contempla la tierra prometida que su pueblo heredará algún día».[31]

# Conclusión: El camino del laberinto

La palabra «tiempo» no nos fue dada desde el cielo como un regalo de arriba. La idea del tiempo es una palabra inventada por el hombre; y si tiene perplejidades conectadas con ella, ¿de quién es la culpa? La culpa es nuestra.

JOHN A. WHEELER, citado en el documental *Una breve historia del tiempo* (1991)

Te encuentras en un laberinto de pequeños pasadizos sinuosos, todos diferentes.

*Colossal Cave Adventure* (antiguo juego de ordenador interactivo creado por Will Crowther y Don Woods)

¿Cómo es que hay una conclusión? ¿Por qué terminamos este libro con un capítulo final? ¿Qué es lo que esto dice acerca de la naturaleza del tiempo?

En muchas culturas antiguas, un final siempre constituye un inicio. Las sagas se repiten una y otra vez, palabra por palabra, una generación de oyentes tras otra. La desaparición de la vida conduce siempre a una nueva encarnación.

Los ritmos de la vida cotidiana y los movimientos de los cuerpos astronómicos familiares, como el Sol, la Luna y los planetas, sugieren que el tiempo transcurre en ciclos. Sus pautas se repiten de manera continua, con efectos predecibles. Saber exactamente qué es lo que va a ocurrir resulta tranquilizador. No es extraño que a muchas personas les gusten los rituales, desde las ceremonias religiosas a las fiestas anuales.

Mientras que el tiempo cíclico proporciona calma, el tiempo lineal presenta un reto gratificante. Llegar al final de un libro significa un hito: un esfuerzo creativo completado. Un relato lineal, con una introducción, una parte central y una conclusión, ofrece un sentido de orden y finalidad. Se puede esperar el desenlace con anticipación, para bien o para mal.

El tiempo parece tener muchas flechas. Está la flecha cosmológica del universo en expansión, la flecha termodinámica de la entropía que no se reduce, la flecha evolutiva de la complejidad creciente, la flecha de perfil de desintegración de determinados procesos de interacción débil, la flecha psicológica del conocimiento consciente, etcétera. Sigue siendo un misterio cómo están conectadas todas ellas.

El tiempo cíclico y el tiempo lineal han permanecido tradicionalmente en contraste. Las consideraciones filosóficas hicieron que muchos pensadores escogieran uno u otro; por ejemplo, en debates acerca de si hubo un tiempo antes del Gran Estallido o incluso si acaso hubo un Gran Estallido. En definitiva, los científicos prefieren basar sus modelos en las evidencias y no en la pura especulación. Es evidente que la naturaleza (al menos en el nivel más cercano o clásico) tiene un poco de ambos: algunos procesos son repetitivos, mientras que otros siguen caminos singulares.

Hoy en día encontramos en nuestra vida cotidiana una tercera manera de considerar el tiempo: como un laberinto de muchísimas posibilidades. En la moderna era de la información, gracias a la Red y al hipertexto, nos hallamos en un laberinto de complejidad prácticamente ilimitada. Las obras de Jorge Luis Borges, Philip K. Dick y otros muchos escritores especulativos imaginan el tiempo como un caleidoscopio de realidades alternativas que interactúan entre sí. Ahora descubrimos, debido a la proliferación de opciones en línea que encontramos cada día, que, al igual que en estos libros, nos perdemos para siempre en un jardín de senderos que se bifurcan.

Internet, con su estructura laberíntica, es un emblema del desplazamiento de la ciencia hacia el paralelismo, lejos de la ciclicidad y de la linealidad. La idea esencial es que no hay nada predestinado a moverse en una trayectoria circular, recta o curva. Más bien, el estado natural es que cada componente de un sistema interactúa de todas las maneras posibles: una mezcolanza de opciones.

Solo las leyes de la conservación y otros límites físicos (por ejemplo, la conservación de la carga eléctrica) restringen dichas interacciones. A veces, estas se revisan debido a la evidencia experimental, lo que requiere volver a pensar en cómo se imponen nuevas restricciones.

Finalmente, aparece el hilo de Ariadna a través del laberinto de opciones; un principio organizador. Un mecanismo de selección de este tipo revela la ruta óptima a través del campo de posibilidades. A veces, como en la física clásica, esta es la única que se elige de manera definida; otras veces, como en la física cuántica, establece el pico de la distribución de probabilidades. En el caso de la lectura, un libro (con una introducción, el cuerpo y, sí, una conclusión) podría servir como un agente organizador del tema que trata. Las opciones que tomaron su autor, su editor, etcétera, crean una narración lineal que sirve como guía a través del mayor laberinto de la información.

Tal como Richard Feynman ya intuyó muy pronto, el prototipo de todo esto es la óptica. De manera simplista, imaginamos que la luz se desplaza en rayos, rebota en espejos y se dobla al atravesar lentes porque siempre se halla estrechamente focalizada en un delgado haz. Pero a menos que la luz sea un láser delgadísimo, esta no es la situación real. La lectura que Feynman hizo del principio del tiempo mínimo de Fermat lo informó de que, en general, este comportamiento no es más que la cresta de un batiburrillo invisible de patrones ondulatorios que se interfieren. El tiempo mínimo, como principio organizador, confiere orden a la maraña de ondas luminosas en el espacio, cuyo resultado son los rayos de luz.

Feynman aplicó de forma brillante el mismo concepto de un laberinto de componentes que interactúan (sometidos a las leyes de conservación y a un principio organizador que los guíe) al ámbito de las partículas elementales. Durante un taller en el Instituto Esalen, él mismo describiría su metodología general así: «El juego que practico es muy interesante. Es imaginación dentro de una apretada camisa de fuerza, que consiste en eso: en ajustarse a las leyes conocidas de la física».[1]

John Wheeler se maravillaba ante la hermosa manera en que el enfoque de Feynman de la suma de historias sintetizaba la destilación de toda la gama de posibilidades cuánticas en un resultado definitivo, que relacionaba lo cuántico y lo clásico de una manera sin precedentes. Aunque partículas y campos interactúan de todas las formas físicamente permisibles, un cómputo ponderado de sus series de contactos produce lo que en realidad observamos. El apoyo de Wheeler ayudó a inspirar a otros grandes físicos, como Bryce DeWitt y Charles Misner, para la exploración de otros modelos posibles para la gravedad cuántica. Las preguntas que Wheeler planteó acerca de la medición cuántica condujeron a Hugh Everett a proponer, como una alternativa, su interpretación de los muchos mundos, en la que los observadores se separan en función de los sistemas cuánticos que observan.

Los diagramas de Feynman que ilustran las posibilidades en una aproximación de suma de historias se han convertido en un léxico esencial para los teóricos contemporáneos. Extendidos a las interacciones débil y fuerte, así como al electromagnetismo, han demostrado ser fundamentales en el desarrollo de un Modelo Estándar de física de partículas. Con su descripción general de la interacción entre las fuerzas (con la excepción de la gravedad) y los constituyentes materiales conocidos de la naturaleza, el Modelo Estándar es una de las explicaciones físicas de más éxito de todos los tiempos.

A lo largo de su vida, Wheeler aspiró a comprender los componentes más fundamentales del cosmos. Cambió de parecer sobre esta cuestión varias veces en su carrera, empezando con las partículas, aventurándose en los campos y en la geometría, y al final hurgando en la información. También quería comprender los principios organizadores que hacen que estos componentes adopten patrones reconocibles. Las historias totales, basadas en el principio de mínima acción aplicado a la física cuántica, fue una de estas ideas, pero también consideró otras. Al final, se convenció de que la respuesta tenía que ver con un «circuito autoexcitado»: una simbiosis entre observadores conscientes y lo que observan, a saber, el pasado cósmico. De alguna manera, mediante nuestras miradas hacia atrás en el tiempo, organizamos nuestro propio universo, de entre todas las posibilidades de la espuma cuántica. Por lo tanto, en la mente de Wheeler, las preguntas de «¿Por qué existimos?» y «¿Por qué el cuanto?» quedaban relacionadas de forma inextricable.

En la actualidad, aunque celebramos el Modelo Estándar, reconocemos sus limitaciones y deseamos movernos más allá. Una de sus omisiones flagrantes es que no incluye la materia oscura ni la energía oscura, componentes invisibles del universo reconocidos durante las décadas finales de Wheeler pero que todavía no han sido identificados. La materia oscura es el «pegamento» oculto que mantiene a las galaxias intactas y las une en grupos. Vera Rubin, que asistió a cursos de Feynman y Hans Bethe en Cornell a finales de la década de 1940, demostró la necesidad de este material desaparecido en las décadas de 1960 y 1970 mediante estudios de rotación galáctica realizados en la Institución Carnegie de Washington junto con Kent Ford. Al examinar docenas de galaxias espirales, Rubin y Ford descubrieron que sus estrellas exteriores giraban alrededor de sus ejes centrales a una velocidad mucho más rápida que la que cabía esperar únicamente a partir de la atracción de la materia visible. En consecuencia, hay mucho material galáctico que no puede verse. Observaciones astronómicas ulteriores han confirmado la presencia de materia oscura en todo el universo, pero no su identidad.

La energía oscura, el desconocido propelente de la expansión cósmica que se acelera, es otro gran misterio científico. Tal como a finales de la década de 1990 descubrieron dos equipos de investigación, el espacio no solo se ha ido expandiendo desde el Gran Estallido, sino que también su tasa de crecimiento se ha acelerado. En 2011, los directores de equipos Saul Perlmutter, Brian Schmidt y Adam Riess recibieron el Nobel de Física por su descubrimiento. Nadie sabe qué es lo que causa que el espacio se agrande a un ritmo cada vez mayor. Los científicos no están seguros de si el ritmo se acelerará todavía más, si se hará más lento o si permanecerá estable. Curiosamente, la constante cosmológica, que Albert Einstein desechó después del descubrimiento por Edwin Hubble en 1929 de que las galaxias se alejan unas de otras, ha dado como resultado modelizar bien los efectos de la energía oscura.

En la actualidad hay en marcha investigaciones para descubrir los posibles componentes de la materia y la energía oscuras. Si los investigadores identifican dichos ingredientes, es probable que necesiten modificar el Modelo Estándar para incorporarlos al mismo. Las posibilidades para la materia oscura incluyen los axiones, partículas hipotéticas que propuso el físico Frank Wilczek para explicar por qué la interacción fuerte, a diferencia de la débil, tiene invariancia *CP*, así como compañeros supersimétricos de las partículas ordinarias. Determinadas extensiones hipotéticas del Modelo Estándar que tratan de representar los límites de baja energía de la teoría de supercuerdas predicen estos últimos. La naturaleza de la energía oscura es todavía más difícil de discernir, con pocas pistas creíbles.

Otro enigma contemporáneo, que se remonta a los días de Feynman, Wheeler y DeWitt, es por qué la gravitación es un bicho tan raro. ¿Por qué es mucho más débil que las demás interacciones? ¿Cómo se la podría describir de una manera matemáticamente consistente usando los métodos de la teoría de campo cuántico?

Hoy en día, la propuesta principal para una descripción unificada de las fuerzas naturales, incluida la gravitación, es la teoría M, una generalización de la teoría de supercuerdas que incluye membranas energéticas vibrantes, junto con varias configuraciones de cuerdas (supersimétricas y también no supersimétricas). En lugar de partículas puntuales, sus componentes fundamentales son cordeles del tamaño de la longitud de Planck y membranas, que interactúan entre sí de modos diversos. Son consistentes desde el punto de vista matemático únicamente en espacios de diez u once dimensiones, de las que al menos seis están enroscadas apretadamente en formas parecidas a *pretzels* denominadas «variedades de Calabi-Yau». Los teóricos han modificado los diagramas de Feynman para tener en cuenta objetos extendidos y sus posibles interacciones en estos espacios de dimensiones tan elevadas.

El mayor problema con la teoría M es que ofrece una gama impresionante de posibilidades para las propiedades de sus componentes y para las maneras en que la variedad de Calabi-Yau puede configurarse. Para estas últimas, algunos teóricos estiman alrededor de $10^{500}$ (uno seguido de quinientos ceros) posibilidades: un laberinto increíblemente complejo, más allá incluso de las peores pesadillas de Borges. Reducir el «paisaje» de la teoría M para que incluyera la realidad y nada más sería un proceso abrumador, que requeriría una regla de selección poderosísima. Aunque Leonard Susskind, un físico de Stanford que fue amigo de Feynman, ha propuesto emplear el principio antrópico para realizar el perfeccionamiento, otros han dudado que tenga la fuerza suficiente como principio de selección para descartar tantas alternativas.

Una idea especulativa relacionada es el «multiverso»: un conjunto de más de un universo. A diferencia de los muchos mundos de Everett, los multiversos existirían en el espacio físico, aunque en regiones a las que no podemos acceder. El concepto emprendió el vuelo en la década de 1980, cuando el físico Andréi Linde propuso el concepto de «inflación caótica». En su modelo, una variación del modelo previo de Alan Guth de un universo inflacionario, el universo empieza como un lugar en el que se producen fluctuaciones cuánticas aleatorias en lo que se denomina un «campo escalar». Las fluctuaciones particularmente favorables generan las semillas de universos burbuja, que experimentan intervalos ultrarrápidos de expansión, denominados «eras inflacionarias». Estirar el espacio con muchísima rapidez ayuda a suavizar las diferencias de temperatura, en línea con la uniformidad a gran escala del fondo cósmico de microondas, lo que resuelve la cuestión que Misner identificó cuando desarrolló el universo Mixmaster.

La idea de un multiverso conduce a muchas posibilidades extrañas. Por ejemplo, otro universo burbuja podría producir aleatoriamente un planeta idéntico a la Tierra, pero con diferencias menores, como por ejemplo que John F. Kennedy no muriera asesinado en 1963. En general, el concepto se presta a situaciones históricas alternativas del tipo «¿qué habría pasado si...?».

Adviértase que no se necesitan múltiples universos burbuja para postular Tierras duplicadas o casi duplicadas. Un universo infinito ya serviría. Cuantos más planetas haya en el universo, mayores serán las probabilidades de que el curso de desarrollo de la Tierra ocurra en otro lugar. Quizá otras versiones del lector, en planetas muy parecidos al nuestro, estén ahora mismo acabando de leer otras versiones de este libro. ¡Felicidades a todas!

Ahora hemos llegado a la conclusión de la conclusión, el final de nuestro viaje sinuoso a través del espacio y del tiempo. Nuestra caza de los fantasmas del pasado dio muchas vueltas y giros, entre los que se cuentan encuentros cercanos con alter egos: Geón Wheeler, John Wyler, R. P. Funnyman y el notorio Señor X. Hemos conocido a percusionistas de bongó, artistas locos, electrones ensimismados y una esposa que odiaba el cálculo. Nos hemos quedado fuera de hoteles lujosos y dentro de otros de mala fama. El número de ideas locas que hemos visto aturde la mente. Mientras tanto hemos conservado la cordura mediante un principio reconfortante: tal como nos cuenta la suma de historias, por extraña que sea nuestra senda a través del espacio-tiempo, existen muchas otras que resultan más extrañas todavía.

# Epílogo: Encuentros con Wheeler

Los dos protagonistas de este libro perduran en el recuerdo de los que trabajaron, vivieron, colaboraron y se relacionaron con ellos de una manera u otra, así como de los que estudiaron bajo su dirección. Cientos de alumnos siguieron el curso «Física X» de Richard Feynman en Caltech a lo largo de los años, y todavía recuerdan sus descabelladas y pintorescas demostraciones y su calidez personal. Muchos participaron con él en los musicales o al menos presenciaron cómo tocaba el tambor y sus absurdos disfraces. Después están los millones de personas que vieron sus presentaciones en televisión, en la BBC o en otros lugares.

Aunque nunca conocí personalmente a Feynman, asistí a diversas conferencias de John Wheeler. Recuerdo una charla que dio en una reunión de la Sociedad Física Americana durante la cual, cuando habló de la muerte de su hermano Joe, su voz se quebró y sus ojos se llenaron de lágrimas. Seguía siendo uno de los recuerdos más dolorosos de su vida.

En otra ocasión, fui invitado a una celebración académica con ocasión del nonagésimo aniversario de Wheeler, titulada «La ciencia y la realidad definitiva», promovida por la Fundación John Templeton, que tuvo lugar cerca de Princeton a principios de 2002. La lista de conferenciantes era fabulosa, y cubría un amplio espectro de sus intereses a lo largo de su larga y productiva carrera. Uno de los platos fuertes fue la extensa conferencia de Bryce DeWitt sobre la interpretación de los muchos mundos. Después lo vi charlando en francés con su amada Cécile. Creo que este fue uno de los últimos congresos a los que asistieron juntos, antes de la muerte de Bryce DeWitt, dos años después. Varios físicos jóvenes y prominentes (entre ellos Lisa Randall, Juan Maldacena, Lee Smolin, Max Tegmark y muchos otros) ofrecieron ponencias excelentes sobre su investigación. En cada charla y discusión, Wheeler estuvo sentado en primera fila del gran auditorio, absorbiéndolo todo.[1]

Aquel mismo año, más tarde, recibí una beca Guggenheim para estudiar la historia de las teorías de dimensiones superiores en física. Cuando decidí entrevistar a físicos venerables que pudieran estar familiarizados con aquellos acontecimientos, me vino a la memoria el nombre de Wheeler. Le escribí una carta y él me puso en contacto con su amigo, colaborador y antiguo alumno, Ken Ford. Este me ayudó a concertar una reunión matutina con Wheeler, que todavía conservaba un despacho en el Jadwin Hall de Princeton. Yo estaba emocionado por haber logrado que me concediera varias horas de su tiempo.

Aunque se me había advertido de antemano que la memoria de Wheeler no era perfecta, sus recuerdos durante nuestro encuentro fueron fascinantes. Habló de lo que suponía tener como vecino a Albert Einstein y poder llevar a sus alumnos para que conocieran al famoso físico. Mencionó cómo había intentado convencerle de que la suma de historias de Feynman hacía que la teoría cuántica fuera más digerible. Einstein rehusó cambiar de opinión.

En un aspecto más divertido, Wheeler dijo que una vez el gato de sus hijos había entrado en la casa de Einstein. Este le llamó para hacérselo saber. Después de recuperar el gato, Wheeler le preguntó si había aprendido algo sobre relatividad general.

El mordaz sentido del humor de Wheeler era realmente delicioso. Cuando alabé su libro *Gravitation* (escrito con Charles Misner y Kip Thorne), me dio un ejemplar de la versión en chino. «Bien, aquí tiene la oportunidad de continuar. Lo ha leído en inglés, ahora puede leerlo en chino», me dijo Wheeler con una traviesa sonrisa.[2]

Pude ver por qué los alumnos y colegas de Wheeler le querían y le respetaban tanto. Era un hombre encantador y elegante, excepcionalmente educado y de una notable agilidad mental. Pensaba con intensidad en cómo vivir una vida que estuviera a la vez llena de sentido para él y que fuera de servicio para otros. Nuestra reunión fue una experiencia mágica y transformadora, pues era muy cercano y estimulante. Por aquel entonces, su principal objetivo de investigación abarcaba el significado de la vida o, tal como él lo dijo, «¿Por qué existimos?».

Wheeler acababa de ganar el primer premio Einstein de física gravitatoria, junto con Peter Bergmann. Telefoneó a Bergmann para felicitarle y le dejó un mensaje, pero antes de que pudieran hablar por teléfono, este último falleció.

Yo no estaba seguro de volver a ver de nuevo a Wheeler, pero por suerte surgió otra oportunidad. En junio de 2004, Filadelfia festejó «La Gran Nada», una celebración artística de la vacuidad y la existencia. Se efectuó un poco más allá de la calle de Wheeler. Un avispado grupo de artistas de la Tyler Gallery de la Universidad Temple decidió centrar su espectáculo en las obras del científico, usando el material donado al archivo de la Sociedad Filosófica Americana. Titularon el espectáculo *Mixmaster Universe*.

Entusiasmado por poder asistir a la exposición, me ofrecí para contribuir con un ensayo biográfico sobre Wheeler, para que pudiera distribuirse entre los asistentes. También indiqué que el término «universo Mixmaster» lo había acuñado Misner y sugerí que también lo invitaran a él. Este último vio el espectáculo y pareció intrigado por la variedad de interpretaciones artísticas de su trabajo y el de Wheeler.

En fecha mucho más reciente tuve la suerte de conocer a los doctores Jamie y Jenette Wheeler (el hijo y la nuera de John), primero en una conferencia de la escritora de ciencia Amanda Gefter, y poco después en un debate sobre Feynman que dirigí en el Lantern Theater después de su producción de la obra de Feynman *QED*. En este último encuentro, Jamie Wheeler ofreció un animado relato de la demostración de la lata de sopa de Feynman, que recordaba de su infancia. La historia es siempre mucho más vívida cuando la cuentan testigos de primera mano.

Siempre valoraré la oportunidad que tuve de charlar con John Wheeler y mis otros encuentros con él y sus colegas. Su espíritu persiste en la vida de todos aquellos a los que inspiró con sus intuiciones, su ingenio, su estímulo y su gran generosidad.

# Agradecimientos

Quisiera dar las gracias al claustro docente, al personal y a la administración de la Universidad de las Ciencias de Filadelfia por su cálido apoyo a lo largo de todo este proyecto. Gracias, en particular, a Paul Katz, Suzanne Murphy, Elia Eschenazi, Roberto Ramos, Peter Miller, Kevin Murphy, Sam Talcott, Justin Everett y Jim Cummings por sus sugerencias útiles y por sus ánimos.

Aprecio la amable ayuda de las familias Wheeler y Feynman, que incluyen a James Wheeler, Letitia Wheeler Ufford, Alison Wheeler Lahnston, Carl Feynman, Michelle Feynman y Joan Feynman, con mi agradecimiento por su permiso para publicar correspondencia personal selecta. Estoy muy agradecido por los esclarecedores comentarios y recuerdos de Freeman Dyson, Charles Misner, Virginia Trimble, Jayant Narlikar, Laurie Brown, Shirley Marneus, Cécile DeWitt-Morette, Kurt Gottfried, Kenneth Ford y Linda Dalrymple Henderson. Gracias, asimismo, a Betsy Devine, Frank Wilczek, Alan Chodos, Dean Rickles y Chris DeWitt. Estoy en deuda con John Wheeler y Bryce DeWitt por las entrevistas realizadas en 2002, durante el disfrute de mi beca John Simon Guggenheim Memorial.

Gracias a todos los que se dedican a la historia de la ciencia, a escribir sobre ciencia y a las comunidades literarias que me han animado a escribir, que incluyen a Michal Meyer, Robert Jantzen, Peter Pesic, J. David Jackson, Gregory Good, David Cassidy, Don Howard, Alex Wellerstein, Robert Romer, Joseph Martin, Cameron Reed, Robert Crease, Catherine Westfall, Marcus Chown, Graham Farmelo, Tasneem Zehra Husain, John Heilbron, Gerald Holton, Roger Stuewer, Gino Segre, Jo Alison Parker, Thony Christie, Kate Becker, Corey Powell, Ethan Siegel, Dave Goldberg, Peter Rose, Greg Lester, Mitchell y Wendy Kaltz, Mark Singer, Simone Zelitch, Doug Buchholz, Vance Lehmkuhl, John Ashmead, Theodora Ashmead, David Zitarelli, Peter D. Smith, Roland Orzabal, Michael Gross y Lisa Tenzin-Dolma. Estoy agradecido a Amanda Gefter por una conferencia inspiradora sobre Wheeler, que impartió en la Sociedad Filosófica Americana. Gracias a Victoria Carpenter por sus útiles deliberaciones y colaboraciones sobre la naturaleza del tiempo en la literatura latinoamericana.

Estoy en deuda con M. Craig Getting y K. C. MacMillan, de la Lantern Theater Company de Filadelfia, por ofrecerme la oportunidad de actuar como asesor científico en la producción de la obra *QED* y por invitarme a dirigir un debate sobre Feynman después de su representación. Estoy agradecido, asimismo, a la Tyler Gallery de la Universidad de Temple por invitarme a ser uno de los asesores científicos en un evento artístico en honor de John Wheeler. Estoy agradecido a la Sociedad Filosófica Americana por el acceso a los John Wheeler Papers, y a la Niels Bohr Library and Archives, del Instituto Americano de Física, por el acceso a su Oral Histories Collection, y a los Archives del Instituto de Tecnología de California por el acceso a los Papers of Richard Phillips Feynman.

Este proyecto no hubiera sido posible sin el trabajo extraordinario del equipo editorial de Basic Books, que incluye a T. J. Kelleher, Hélène Barthélemy, Collin Tracy, Jen Kellan y Quynh Do. Estoy agradecido a mi fantástico agente, Giles Anderson, de la Anderson Literary Agency, por su ayuda y sugerencias para este proyecto y por su apoyo continuado en general.

Aprecio muchísimo el amor y el respaldo de mi familia y mis amigos, entre ellos mis padres, Stanley y Bernice Halpern, y mis cuñados Joseph y Arlene Finston, Shara Evans, Lane Hurewitz y Jill Bernstein. Gracias a Michael Erlich y Fred Schuepfer por su amistoso estímulo. Y por encima de todo, muchas gracias a mi esposa, Felicia, por sus sugerencias valiosas e intuitivas, y a mis hijos, Eli y Aden, por su creatividad inspiradora.

# Notas

INTRODUCCIÓN: UNA REVOLUCIÓN EN EL TIEMPO

1. John A. Wheeler, citado en Christopher Sykes (ed.), *No Ordinary Genius: The Illustrated Richard Feynman*, W. W. Norton & Company, Nueva York, 1994, p. 44.

2. Richard P. Feynman, citado en Dick Stanley, «A Pioneer of Thought», *Austin American-Statesman*, 8 de febrero de 1987.

3. Entrevista de Richard Feynman por Charles Weiner el 5 de marzo de 1966, Niels Bohr Library & Archives, American Institute of Physics (AIP), College Park, MD, www.aip.org/history-programs/niels-bohr-library/oral-histories/5020-1

4. Richard P. Feynman, *Classic Feynman: All the Adventures of a Curious Character*, ed. Ralph Leighton, W. W. Norton & Company, Nueva York, 2006, p. 60.

5. C. P. Snow, *The Physicists*, Little Brown and Company, Boston, 1981, p. 143.

6. «Prizes Awarded in Mathematics», *New York Times*, 19 de mayo de 1935.

7. Feynman, *Classic Feynman*, p. 325.

8. Melville Feynman, informado por Richard Feynman en Sykes, *No Ordinary Genius*, p. 39.

9. Ralph Leighton, entrevista en Warren E. Leary, «Puzzles Propel Physicist with Penchant for Probing», *Sunday Telegraph*, 13 de abril de 1986, G6.

10. John Wheeler, citado en John Boslough, «Inside the Mind of John Wheeler», *Reader's Digest*, septiembre de 1986, p. 107.

11. James Gleick, *Genius: The Life and Science of Richard Feynman*, Vintage, Nueva York, 1993, p. 27.

12. John Archibald Wheeler y Kenneth W. Ford, *Geons, Black Holes, and Quantum Foam: A Life in Physics*, W. W. Norton & Company, Nueva York, 2000, pp. 81-82.

## Capítulo 1. El reloj de Wheeler

1. Entrevista a John Wheeler por Thomas S. Kuhn y John L. Heilbron el 24 de marzo de 1962, Niels Bohr Library & Archives, AIP, www.aip.org/history-programs/niels-bohr-library/oral-histories/4957
2. Entrevista a Richard Feynman por Charles Weiner el 5 de marzo de 1966, Niels Bohr Library & Archives, AIP, www.aip.org/history-programs/niels-bohr-library/oral-histories/5020-1
3. Richard P. Feynman a Lucille Feynman, 11 de octubre de 1939, en Richard P. Feynman, *Perfectly Reasonable Deviations (from the Beaten Track)*, ed. Michelle Feynman, Basic Books, Nueva York, 2006, p. 2.
4. John A. Wheeler, entrevista por el autor en su despacho de Princeton, 5 de noviembre de 2002.
5. Charles W. Misner, entrevista telefónica por el autor, 6 de diciembre de 2015.
6. Entrevista a Richard Feynman por Charles Weiner el 5 de marzo de 1966, Niels Bohr Library & Archives, AIP, www.aip.org/history-programs/niels-bohr-library/oral-histories/5020-1
7. Richard P. Feynman, *Classic Feynman: All the Adventures of a Curious Character*, ed. Ralph Leighton, W. W. Norton & Company, Nueva York, 2006, pp. 60, 44.
8. Christopher Riley, «Joan Feynman: From Auroras to Anthropology», en *A Passion for Science: Tales of Discovery and Invention*, ed. Suw Charman-Anderson, FindingAda, Londres, 2015.
9. Joan Feynman, correspondencia mediante mensaje de voz con el autor, 23 de diciembre de 2015.
10. James Wheeler, entrevista telefónica por el autor, 31 de octubre de 2015.
11. Letitia Wheeler Ufford, entrevista telefónica por el autor, 31 de octubre de 2015.
12. Alison Wheeler Lahnston, entrevista telefónica por el autor, 31 de octubre de 2015.

## Capítulo 2. La única partícula en el universo

1. Hermann Minkowski, conferencia impartida en la 80.ª Asamblea de Científicos Naturales y Físicos Alemanes, 21 de septiembre de 1908.
2. Albert Einstein a Vero y Bice Besso, 21 de marzo de 1955, citado en Albrecht Fölsing, *Albert Einstein*, trad. Ewald Osers, Penguin, Nueva York, 1997, p. 741.
3. Informado por Richard P. Feynman en Ralph Leighton (ed.), *Classic Feynman: All the adventures of a Curious Character,* W. W. Norton & Company, Nueva York, 2006, p. 67.

4. Arline Greenbaum a Richard P. Feynman, en Richard P. Feynman, *Perfectly Reasonable Deviations (from the Beaten Track)*, ed. Michelle Feynman, Basic Books, Nueva York, 2006, p. 7.

5. Paul A. M. Dirac, «The Lagrangian in Quantum Mechanics», *Physikalische Zeitschrift der Sowjetunion* 3, n.º 1 (1933), pp. 64-72. Reimpreso en Laurie Brown (ed.), *Feynman's Thesis: A New Approach to Quantum Theory*, World Scientific, Singapur, 2005, pp. 113-121.

6. Kenneth W. Ford, correspondencia con el autor, 28 de diciembre de 2015.

7. John A. Wheeler, entrevista por el autor en su despacho de Princeton, 5 de noviembre de 2002.

8. John Archibald Wheeler con Kenneth W. Ford, *Geons, Black Holes, and Quantum Foam: A Life in Physics*, W. W. Norton & Company, Nueva York, 2000, p. 182.

CAPÍTULO 3. TODOS LOS CAMINOS QUE NO LLEVAN AL PARAÍSO

1. Jorge Luis Borges, *El jardín de senderos que se bifurcan*, Alianza, Madrid, 1971, p. 101.

2. John A. Wheeler a Richard P. Feynman, 26 de marzo de 1942, Papers of Richard Phillips Feynman, Archives, California Institute of Technology.

3. Hans Bethe, citado en Jeremy Bernstein, *Hans Bethe: Prophet of Energy*, Basic Books, Nueva York, 1979, p. 61.

4. Stephane Groueff, *Manhattan Project: The Untold Story of the Making of the Atomic Bomb*, Little Brown and Co., Boston, 1967, p. 202.

5. Lee Edson, «Scientific Man for All Seasons», *New York Times*, 10 de marzo de 1966.

6. Robert Oppenheimer a Raymond Birge, noviembre de 1943, citado en Silvan S. Schweber, *QED and the Men Who Made It: Dyson, Feynman, Schwinger, and Tomonaga,* Princeton University Press, Princeton, 1994, pp. 398-399.

7. Edward Teller, *Memoirs: A Twentieth-Century Journey in Science and Politics,* Perseus, Cambridge, 2001, p. 168.

8. *Ibid.*

9. Entrevistas a John Wheeler por Kenneth W. Ford el 5 de octubre de 1994 y el 12 de abril de 1995, Niels Bohr Library & Archives, AIP, www.aip.org/history-programs/niels-bohr-library/oral-Histories/5908-13-22

10. Richard P. Feynman en Ralph Leighton (ed.), *Classic Feynman: All the Adventures of a Curious Character*, W. W. Norton & Company, Nueva York, 2006, p. 149.

11. Niels Bohr, *Atomic Theory and the Description of Nature*, Cambridge University Press, Cambridge, 1934.

12. H. Tetrode, «Über den Wirkungszusammenhang der Welt. Eine Erweiterung der Klassischen Dynamik», *Zeitschrift für Physik*, n.° 10 (1922), p. 317.

13. John A. Wheeler y Richard P. Feynman, «Interaction with the Absorber as the Mechanism of Radiation», *Reviews of Modern Physics*, 17, n.° 2-3, (abril-julio de 1945), pp. 180-181.

14. John Archibald Wheeler y Kenneth W. Ford, *Geons, Black Holes, and Quantum Foam: A Life in Physics,* W. W. Norton & Company, Nueva York, 2000, p. 19.

15. Richard P. Feynman en Christopher Sykes (ed.), *No Ordinary Genius: The Illustrated Richard Feynman*, W. W. Norton & Company, Nueva York, 1994, p. 55.

## Capítulo 4. Las sendas ocultas de los fantasmas

1. Richard Feynman a Arline Feynman, 17 de octubre de 1946, reproducido en Richard P. Feynman, *Perfectly Reasonable Deviations (from the Beaten Track)*, ed. Michelle Feynman, Basic Books, Nueva York, 2006, p. 69.

2. *Ibid.*

3. Entrevistas a John Wheeler por Kenneth W. Ford el 5 de octubre de 1994 y el 12 de abril de 1995, Niels Bohr Library & Archives, AIP, www.aip.org/history-programs/niels-bohr-library/oral-histories/5908-13-22

4. John A. Wheeler, información en William Laurence, «'Super' Uranium Fission Held Possible; 50% Stronger Than Present Atomic Bomb», *New York Times*, 3 de diciembre de 1947.

5. Richard P. Feynman, informado en G. T. Reynolds y Donald R. Hamilton (eds.), *The Future of Nuclear Science* [resumen preparado por D. R. Hamilton, Princeton University Bicentennial Conference on the Future of Nuclear Science], Princeton University Press, Princeton, 1946.

6. Malcolm Browne, «Physicists Predict Progress in Solving Problem of Gravity», *New York Times*, 5 de noviembre de 1996.

7. Entrevista a Richard Feynman por Charles Weiner el 27 de junio de 1966, Niels Bohr Library & Archives, AIP, www.aip.org/history-programs/niels-bohr-library/oral-histories/5020-3

8. Silvan S. Schweber, *QED and the Men Who Made It: Dyson, Feynman, Schwinger, and Tomonaga,* Princeton University Press, Princeton, 1994, p. 160.

9. Freeman Dyson a Willis Lamb, información en Schweber, *QED and the Men Who Made It*, pp. 218-219.

Capítulo 5. La isla y las montañas: cartografía del paisaje de partículas

1. Entrevista a Richard Feynman por Charles Weiner el 27 de junio de 1966, Niels Bohr Library & Archives, AIP, www.aip.org/history-programs/niels-bohr-library/oral-histories/5020-3
2. Kurt Gottfried, correspondencia con el autor, 20 de mayo de 2016.
3. Richard P. Feynman a Ted Welton, 19 de noviembre de 1949, citado en David Kaiser, *Drawing Theories Apart: The Dispersion of Feynman Diagrams in Postwar Physics,* University of Chicago Press, Chicago, 2005, p. 178.
4. Kaiser, *Drawing Theories Apart*, p. 177.
5. Freeman J. Dyson, *Disturbing the Universe*, Basic Books, Nueva York, 1981, p. 13.
6. *Ibid,* p. 47.
7. Freeman Dyson, correspondencia con el autor, 19 de diciembre de 2015.
8. Mark Kac, *Enigmas of Chance: An Autobiography,* Harper & Row, Nueva York, 1985, p. XXV.
9. Hans Bethe, entrevista de historia oral por Judith R. Goodstein, 17 de febrero de 1982, Archives, California Institute of Technology.
10. Ralph Leighton (ed.), *Classic Feynman: All the Adventures of a Curious Character*, W. W. Norton & Company, Nueva York, 2006, p. 200.
11. Correspondencia de Dyson, 19 de diciembre de 2015.
12. Barry Simon, *Functional Integration and Quantum Physics,* Academic Press, Nueva York, 1979, prefacio, citado en Cécile DeWitt-Morette, *The Pursuit of Quantum Gravity: Memoirs of Bryce DeWitt from 1946 to 2004,* Springer Verlag, Nueva York, 2011, p. 13.
13. Freeman Dyson, «Of Historical Note: Richard Feynman», Institute for Advanced Study, http://www.ias.edu/ideas/2011/dyson-of-historical-note
14. Correspondencia de Dyson, 19 de diciembre de 2015.
15. Bryce DeWitt, entrevista telefónica por el autor, 4 de diciembre de 2002.
16. Cécile DeWitt-Morette, «Snapshots», Institute for Advanced Study, http://www.ias.edu/ideas/2011-dewitt-morette-ias
17. John Archibald Wheeler y Kenneth W. Ford, *Geons, Black Holes, and Quantum Foam: A Life in Physics,* W. W. Norton & Company, Nueva York, 2000, p. 188.
18. Kenneth W. Ford, *Building the Bomb: A Personal History*, World Scientific, Singapur, 2015, p. 1.
19. John A. Wheeler a Richard P. Feynman, 29 de marzo de 1951, reproducido en Richard P. Feynman, *Perfectly Reasonable Deviations (from the Beaten Track)*, ed. Michelle Feynman, Basic Books, Nueva York, 2006, p. 83.
20. Richard P. Feynman a John A. Wheeler, 4 de mayo de 1951, Papers of Richard Phillips Feynman, Archives, California Institute of Technology.

21. Richard P. Feynman, «Nobel Lecture», Nobelprize.org, 11 de diciembre de 1965, http://www.nobelprize.org/nobel_prizes/physics/laureates/1965/feynman-lecture.html (consultado el 25 de junio de 2016).

## Capítulo 6. La vida como una ameba en un mar espumoso de posibilidades

1. Charles W. Misner, Kip S. Thorne y Wojciech H. Zurek, «John Wheeler, Relativity, and Quantum Information», *Physics Today*, abril de 2009, p. 40.
2. John A. Wheeler, citado en John Horgan, «Gravity Quantized?», *Scientific American*, 267, n.° 3 (septiembre de 1992), pp. 18-19. [Hay trad. cast.: «Filosofía cuántica», *Investigación y ciencia* n.° 192 (septiembre de 1992), pp. 70-71.]
3. Richard P. Feynman, «The Character of Physical Law», BBC Television, 1965.
4. Alison Wheeler Lahnston, entrevista telefónica por el autor, 31 de octubre de 2015.
5. John Archibald Wheeler y Kenneth W. Ford, *Geons, Black Holes, and Quantum Foam: A Life in Physics,* W. W. Norton & Company, Nueva York, 2000, p. 232.
6. Richard P. Feynman, *QED: The Strange Theory of Light and Matter*, Princeton University Press, Princeton, 1985, p. 128.
7. «Hubby Got Custody of African Drums», *Star-News*, 18 de julio de 1956.
8. Oscar Wallace Greenberg, «Visits with Einstein and Discovering Color in Quarks: Memories of the Institute for Advanced Study», Institute for Advanced Study, 2015, https://www.ias.edu/ideas/2015/greenberg-color (consultado el 31 de enero de 2017).
9. Charles W. Misner, Kip S. Thorne y John A. Wheeler, *Gravitation,* W. H. Freeman, San Francisco, 1973, p. 5.
10. Entrevista a Charles Misner por Christopher Smeenk el 22 de mayo de 2001, Niels Bohr Library & Archives, AIP, www.aip.org/history-programs/niels-bohr-library/oral-histories/33697
11. Charles W. Misner, entrevista telefónica por el autor, 6 de diciembre de 2015.
12. Peter Byrne, *The Many Worlds of Hugh Everett III: Multiple Universes, Mutual Assured Destruction, and the Meltdown of a Nuclear Family,* Oxford University Press, Nueva York, 2013, p. 57.
13. «Einstein Award to Professor», *New York Times*, 14 de marzo de 1954.
14. Misner, entrevista telefónica, 6 de diciembre de 2015.
15. *Ibid.*
16. Richard P. Feynman a John A. Wheeler, 4 de octubre de 1955, Wheeler Archive, American Philosophical Society.

17. Richard P. Feynman, «Quantum Theory of Gravitation», *Acta Physica Polonica*, n.º 24 (1963), p. 267.

18. Byrne, *Many Worlds of Hugh Everett*, p. 138.

19. Hugh Everett III, «The Theory of the Universal Wave Function», borrador de tesis doctoral, Universidad de Princeton, reproducido en Bryce DeWitt y Neill Graham (eds.), *The Many-Worlds Interpretation of Quantum Mechanics*, Princeton University Press, Princeton, 1973, pp. 98-99.

20. Bryce DeWitt, entrevista telefónica por el autor, 4 de diciembre de 2002.

21. Ralph Leighton (ed.), *Classic Feynman: All the Adventures of a Curious Character,* W. W. Norton & Company, Nueva York, 2006, p. 273.

22. DeWitt, entrevista telefónica, 4 de diciembre de 2002.

23. *Ibid.*

24. Bryce DeWitt, información en Cécile DeWitt-Morette, *The Pursuit of Quantum Gravity: Memoirs of Bryce DeWitt from 1946 to 2004*, Springer Verlag, Nueva York, 2011, p. 94.

25. Richard P. Feynman, citado en Cécile M. DeWitt y Dean Rickles (eds.), *The Role of Gravitation in Physics: Report from the 1957 Chapel Hill Conference,* Edition Open Access, Berlín, 2011, p. 270.

26. Freeman Dyson, correspondencia con el autor, 19 de diciembre de 2015.

27. *Ibid.*

## Capítulo 7. La flecha del tiempo y el misterioso Señor X

1. Richard P. Feynman, citado en «Caltech Nobel Winner Modest on Findings», *Los Angeles Times*, 22 de octubre de 1965, p. 2.

2. Richard P. Feynman, entrevista por Jagdish Mehra, Pasadena, California, enero de 1988, citado en Jagdish Mehra, *The Beat of a Different Drum: The Life and Science of Richard Feynman,* Oxford University Press, Nueva York, 1994, p. 453.

3. Irving S. Bengelsdorf, «Caltech's Feynman Brings Artist's Touch to Physics», *Los Angeles Times*, March 14, 1967, A.

4. James Cummings, conversación con el autor, 25 de enero de 2016.

5. «Groveling frosh humbly seeks physics inspiration from Oracle of Feynman at Dabney», pie de foto, *California Tech*, 28 de octubre de 1965, p. 1.

6. Jayant Narlikar, correspondencia con el autor, 9 de enero de 2016.

7. *Ibid.*

8. Bryce DeWitt, entrevista telefónica por el autor, 4 de diciembre de 2002.

9. John A. Wheeler, «Three-Dimensional Geometry as a Carrier of Information About Time», en *The Nature of Time*, ed. Thomas Gold y D. L. Schumacher, Cornell University Press, Ithaca, 1967, pp. 106-107.

10. Narlikar, correspondencia, 9 de enero de 2016.

11. Walter Sullivan, «Scientist Revises Einstein's Theory», *New York Times*, 21 de junio de 1964.

12. Charles W. Misner, «Infinite Red-Shifts in General Relativity», en *The Nature of Time*, ed. Thomas Gold y D. L. Schumacher, Cornell University Press, Ithaca, 1967, p. 75.

13. Tom Siegfried, «50 Years Later, It's Hard to Say Who Named Black Holes», *Science News*, 23 de diciembre de 2013, http://www.sciencenews.org/blog/context/50-years-later-it's-hard-say-who-named-black-holes (consultado el 24 de junio de 2016).

14. «The Nobel Prize in Physics 1965», Nobelprize.org, http://www.nobelprize.org/nobel_prizes/physics/laureates/1965 (consultado el 25 de junio de 2016).

15. Virginia Trimble, correspondencia con el autor, 10 de febrero de 2017.

16. Virginia Trimble, correspondencia con el autor, 9 de febrero de 2017.

17. Mehra, *Beat of a Different Drum*, pp. 576-577.

18. Richard P. Feynman, carta al editor, *New York Times*, 5 de noviembre de 1967.

19. Linda Anthony, «The Big Bang... the Big Crunch», *Austin American-Statesman*, 20 de mayo de 1979, C15, archivado en Wheeler Papers, American Philosophical Society.

20. Walter Sullivan, «Physicists Muse on Question of Time Running Backward», *New York Times*, 30 de enero de 1966.

## Capítulo 8. Las mentes, las máquinas y el cosmos

1. John Archibald Wheeler y Kenneth W. Ford, *Geons, Black Holes, and Quantum Foam: A Life in Physics,* W. W. Norton & Company, Nueva York, 2000, p. 314.

2. Charles W. Misner, Kip S. Thorne y Wojciech H. Zurek, «John Wheeler, Relativity, and Quantum Information», *Physics Today*, abril de 2009, pp. 44-45.

3. Charles W. Misner, «John Wheeler and the Recertification of General Relativity as True Physics», en *General Relativity and John Archibald Wheeler*, ed. I. Ciufolini y R. A. Matzner. Astrophysics and Space Science Library, Springer Verlag, Nueva York, 2010.

4. John A. Wyler (pseudónimo), «Rasputin, Science, and the Transmogrification of Destiny», *General Relativity and Gravitation*, 5, n.º 2 (1974), pp. 176-177.

5. Julian Brown, *Minds, Machines, and the Multiverse: The Quest for the Quantum Computer,* Simon and Schuster, Nueva York, 2000, p. 60.

6. «An Interview with Michelle Feynman», Basic Feynman, 2005, http://www.basicfeynman.com/qa.html

7. Freeman Dyson, recuerdos personales al autor, Institute for Advanced Study, 9 de diciembre de 2016.

8. Carl Feynman, correspondencia con el autor, 24 de julio de 2016.

9. Richard P. Feynman, información en Ralph Leighton, *Tuva or Bust! Richard Feynman's Last Journey,* W. W. Norton & Company, Nueva York, 1991, p. 248.

10. John A. Wheeler a Richard P. Feynman, junio de 1978, Wheeler Papers, American Philosophical Society.

11. Richard P. Feynman a John A. Wheeler, 14 de junio de 1978, Wheeler Papers, American Philosophical Society.

12. John A. Wheeler a Richard P. Feynman, 28 de julio de 1978, Wheeler Papers, American Philosophical Society.

13. Dyson, recuerdos personales, 9 de diciembre de 2016.

14. Richard P. Feynman, citado en Dick Stanley, «A Pioneer of Thought», *Austin American-Statesman*, 8 de febrero de 1987.

15. *Ibid.*

16. Shirley Marneus, entrevista telefónica por el autor, 21 de febrero de 2017.

17. Richard P. Feynman, citado en David E. Sanger, «A Computer Full of Surprises», *The New York Times*, 8 de mayo de 1987.

18. John A. Wheeler, entrevista por el autor en su despacho de Princeton, 5 de noviembre de 2002.

19. Richard P. Feynman, información en P. C. W. Davies y J. Brown (eds.), *Superstrings: A Theory of Everything?,* Cambridge University Press, Nueva York, 1988, p. 193.

20. David Deutsch, «Quantum Theory, the Church-Turing Principle and the Universal Quantum Computer», *Proceedings of the Royal Society of London* A400, 1985, pp. 97-117.

21. John A. Wheeler, información en Dwight E. Neuenschwander (ed.), «The Scientific Legacy of John Wheeler», *APS Forum on the History of Physics Newsletter*, otoño de 2009, https://www.aps.org/units/fhp/newsletters/fall2009/wheeler.cfm (consultado el 3 de julio de 2016).

22. John A. Wheeler, «The Participatory Universe», *Science*, n.° 81 (junio de 1981), pp. 66-67.

23. Richard P. Feynman, información en Davies y Brown, *Superstrings*, p. 203.

24. John A. Wheeler a Richard P. Feynman, 27 de junio de 1986, Wheeler Papers, American Philosophical Society.

25. Richard P. Feynman, «Personal Observations on the Reliability of the Shuttle», Appendix F, Rogers Commission Report, NASA (1986), http://science.ksc.nasa.gov/shuttle/missions/51-l/docs/rogers-commission/Appendix-F.txt (consultado el 31 de enero de 2017).

26. John A. Wheeler a Richard P. Feynman, 7 de agosto de 1986, Wheeler Papers, American Philosophical Society.

27. John Archibald Wheeler, «A Decade of Permissiveness», *New York Review of Books*, 17 de mayo de 1979, pp. 41-44.

28. David L. Goodstein y Gerry Neugebauer, prefacio especial, en Richard P. Feynman, Robert B. Leighton y Matthew Sands, *Six Not-So-Easy Pieces: Einstein's Relativity, Symmetry, and Space-Time*, Basic Books, Nueva York, 2011, p. xviii.

29 Jagdish Mehra, *The Beat of a Different Drum: The Life and Science of Richard Feynman*, Oxford University Press, Nueva York, 1994, p. 606.

30. Richard P. Feynman, *Perfectly Reasonable Deviations (from the Beaten Track)*, ed. Michelle Feynman, Basic Books, Nueva York, 2006, p. 373.

31. Freeman Dyson, citado en Dennis Overbye, «John A. Wheeler, Physicist Who Coined the Term 'Black Hole', Is Dead at 96», *New York Times*, 14 de abril de 2008.

## Conclusión: El camino del laberinto

1. Richard P. Feynman, citado en Christopher Sykes, ed., *No Ordinary Genius: The Illustrated Richard Feynman*, W. W. Norton & Company, Nueva York, 1994, p. 98.

## Epílogo: Encuentros con Wheeler

1. Para una perspectiva fascinante de la celebración del nonagésimo aniversario de Wheeler, véase Amanda Gefter, *Trespassing on Einstein's Lawn: A Father, a Daughter, the Meaning of Nothing, and the Beginning of Everything*, Bantam, Nueva York, 2014.

2. John A. Wheeler, entrevista por el autor en su despacho de Princeton, 5 de noviembre de 2002.

# Lecturas recomendadas

Bartusiak, Marcia, *Black Hole: How an Idea Abandoned by Newtonians, Hated by Einstein, and Gambled On by Hawking Became Loved*, Yale University Press, New Haven, 2015.

Bernstein, Jeremy, «What Happens at the End of Things?», *Alcade*, n.° 74 (noviembre-diciembre de 1985), pp. 4-12.

Boslough, John, «Inside the Mind of John Wheeler», *Reader's Digest* (septiembre de 1986), pp. 106-110.

Brown, Julian, *Minds, Machines, and the Multiverse: The Quest for the Quantum Computer*, Simon and Schuster, Nueva York, 2000.

Brown, Laurie M. y John S. Rigden (eds.), *«Most of the Good Stuff: Memories of Richard Feynman»*, American Institute of Physics, Washington D. C., 1993.

Byrne, Peter, *The Many Worlds of Hugh Everett III: Multiple Universes, Mutual Assured Destruction, and the Meltdown of a Nuclear Family*, Oxford University Press, Nueva York, 2013.

Carpenter, Victoria y Paul Halpern, «Quantum Mechanics and Literature: An Analysis of *El Túnel* by Ernesto Sábato», *Ometeca*, n.° 17 (2012), pp. 167-187.

DeWitt-Morette, Cécile, *The Pursuit of Quantum Gravity: Memoirs of Bryce DeWitt from 1946 to 2004*, Springer, Nueva York, 2011.

Dirac, Paul, *The Principles of Quantum Mechanics*, Oxford University Press, Oxford, 1930. [Hay trad. cast.: *Principios de mecánica cuántica*, Ariel, Barcelona, 1968.]

Dresden, Max, *H. A. Kramers: Between Tradition and Revolution*, Springer Verlag, Nueva York, 1987.

Dyson, Freeman J., *Disturbing the Universe*, Basic Books, Nueva York, 1981.

Everett, Justin y Paul Halpern, «Spacetime as a Multicursal Labyrinth in Literature with Application to Philip K. Dick's *The Man in the High Castle*», *KronoScope*, 13, n.° 1 (2013).

Farmelo, Graham, *The Strangest Man: The Hidden Life of Paul Dirac, Mystic of the Atom*, Basic Books, Nueva York, 2009.

Feynman, Richard P., *Classic Feynman: All the Adventures of a Curious Character*, ed. Ralph Leighton, W. W. Norton & Company, Nueva York, 2006.

—, *Feynman's Thesis: A New Approach to Quantum Theory*, ed. Laurie M. Brown, World Scientific, Singapur, 2005.

—, *Perfectly Reasonable Deviations (from the Beaten Track)*, ed. Michelle Feynman, Basic Books, Nueva York, 2006. [Hay trad. cast.: *¡Ojalá lo supiera! Las cartas de Richard P. Feynman*, Crítica, Barcelona, 2006.]

—, *QED: The Strange Theory of Light and Matter*, Princeton University Press, Princeton, 1985. [Hay trad. cast.: *Electrodinámica cuántica. La extraña teoría de la luz y la materia*, Alianza. Madrid, 1988.]

—, *The Quotable Feynman*, ed. Michelle Feynman, Princeton University Press, Princeton, 2015. [Hay trad. cast.: *La física de las palabras*, Crítica, Barcelona, 2016.]

—, *«What Do You Care What Other People Think?», Further Adventures of a Curious Character*, ed. Ralph Leighton, W. W. Norton & Company, Nueva York, 2001. [Hay trad. cast.: *¿Qué te importa lo que piensen los demás? Nuevas aventuras de un curioso personaje como le fueron referidas a Ralph Leighton,* Alianza, Madrid, 2011.]

—, y Ralph Leighton, *Surely You're Joking, Mr. Feynman! Adventures of a Curious Character*, ed. Edward Hutchings, W. W. Norton & Company, Nueva York, 1997. [Hay trad. cast.: *¿Está usted de broma, Sr. Feynman? Aventuras de un curioso personaje tal como le fueron referidas a Ralph Leighton*, Alianza, Madrid, 2010.]

Ford, Kenneth, W., *Building the Bomb: A Personal History*, World Scientific, Singapur, 2015.

Gefter, Amanda, «Haunted by His Brother, He Revolutionized Physics», *Nautilus*, 16 de enero de 2014, http://nautilus/issue/9/time/haunted-by-his-brother-he-revolutionized-physics

—, *Trespassing on Einstein's Lawn: A Father, a Daughter, the Meaning of Nothing, and the Beginning of Everything*, Bantam, Nueva York, 2014.

Gleick, James, *Genius: The Life and Science of Richard Feynman*, Vintage, Nueva York, 1993.

Gribbin, John, y Mary Gribbin, *Richard Feynman: A Life in Science*, Penguin Books, Londres, 1997.

Halliwell, J. J., J. Pérez-Mercader y W. H. Zurek (eds.), *The Physical Origins of Time-Asymmetry*, Cambridge University Press, Cambridge, 1996.

Halpern, Paul, *Einstein's Dice and Schrödinger's Cat: How Two Great Minds Battled Quantum Randomness to Create a Unified Theory of Physics*, Basic Books, Nueva York, 2015.

—, *The Great Beyond: Higher Dimensions, Parallel Universes, and the Extraordinary Search for a Theory of Everything*, Wiley, Hoboken, 2004.
—, «Time as an Expanding Labyrinth of Information», *KronoScope*, 10, n.º 1-2 (2010), pp. 64-76.
—, *Time Journeys: A Search for Cosmic Destiny and Meaning*, McGraw-Hill, Nueva York, 1990.
Husain, Tasneem Zehra, *Only the Longest Threads*, Paul Dry Books, Filadelfia, 2014.
Kaiser, David, *Drawing Theories Apart: The Dispersion of Feynman Diagrams in Postwar Physics*, University of Chicago Press, Chicago, 2005.
Krauss, Lawrence M., *Quantum Man: Richard Feynman's Life in Science*, W. W. Norton & Company, Nueva York, 2012. [Hay trad. cast.: *Descubrir a Richard Feynman*, RBA, Barcelona, 2014.]
Leighton, Ralph, *Tuva or Bust! Richard Feynman's Last Journey*, W. W. Norton & Company, Nueva York, 1991.
Mach, Ernst, *The Science of Mechanics: A Critical and Historical Exposition of Its Principles*, trad. Thomas McCormack, Open Court, Chicago, 1897.
Mehra, Jagdish, *The Beat of a Different Drum: The Life and Science of Richard Feynman*, Oxford University Press, Nueva York, 1994.
Misner, Charles W., Kip S. Thorne y John A. Wheeler, *Gravitation*, W. H. Freeman, San Francisco, 1973.
Mlodinow, Leonard, *Feynman's Rainbow: A Search for Beauty in Physics and in Life*, Vintage, Nueva York, 2011. [Hay trad. cast.: *El arco iris de Feynman*, Crítica, Barcelona, 2003.]
Schweber, Silvan S., *QED and the Men Who Made It: Dyson, Feynman, Schwinger, and Tomonaga*, Princeton University Press, Princeton, 1994.
Sykes, Christopher (ed.), *No Ordinary Genius: The Illustrated Richard Feynman*, W. W. Norton & Company, Nueva York, 1994.
Weisskopf, Victor, *The Joy of Insight: Passions of a Physicist*, Basic Books, Nueva York, 1991.
Wheeler, John Archibald, «Time Today», en *The Physical Origins of Time-Asymmetry*, ed. J. J. Halliwell, J. Pérez-Mercader y W. H. Zurek, pp. 1-29, Cambridge University Press, Cambridge, 1996.
Wheeler, John Archibald, y Kenneth W. Ford, *Geons, Black Holes, and Quantum Foam: A Life in Physics*, W. W. Norton & Company, Nueva York, 2000.
Yourgrau, Palle, *A World Without Time: The Forgotten Legacy of Gödel and Einstein*, Basic Books, Nueva York, 2004. [Hay trad. cast.: *Un mundo sin tiempo. El legado olvidado de Gödel y Einstein*, Tusquets, Barcelona, 2007.]

# Índice analítico

Las fotos se indican con el número de página en cursiva

# Índice